VERLAG
FRITZ
MOLDEN

Alexej Pawlowitsch Okladnikow

DER MENSCH KAM AUS SIBIRIEN

Russische Archäologen auf den Spuren fernöstlicher Frühkulturen

MIT 55 ABBILDUNGEN

VERLAG FRITZ MOLDEN · WIEN-MÜNCHEN-ZÜRICH

Illustrationen und Schutzumschlagbild: Presseagentur Nowosti, Moskau-Wien

Aus dem Russischen übertragen von
ERNST NEUMAYR

Titel des russischen Originalmanuskriptes:
NOVOE V ARCHEOLOGII SOVETSKOGO DAL'NEGO VOSTOKA

1. Auflage

Schutzumschlag und Ausstattung: Hans Schaumberger, Wien
Lektor: Peter C. Fluger
Technischer Betreuer: Herbert Tossenberger
Reproduktionen: C. Angerer & Göschl, Wien
Schrift: Garmond Garamond-Antiqua
Satz: Filmsatzzentrum, Deutsch-Wagram
Druck: Astoria, Wien
Bindearbeit: A. Popek, Wien
ISBN: 3-217-00575-9

Inhalt

Vorwort

Die Geschichte hat uns im Zusammenhang mit der Entwicklung der frühen Besiedlung des Fernen Ostens zahlreiche offene Fragen hinterlassen. Gelehrte in aller Welt haben noch vieles zu einem tieferen Verständnis insbesondere jener Probleme beizutragen, die neuere archäologische Funde, also Denkmäler der materiellen und geistigen Kultur der fernöstlichen Völker, aufwerfen. So blieben etwa viele Schriftdenkmäler der Nachbarvölker Chinas bis heute unentziffert. Verschiedene Publikationen stützen sich oft nur einseitig auf chinesische Quellen, die nicht immer den tatsächlichen Verlauf der Geschichte dieser Völker wiedergeben. Die bekannten dynastischen Chroniken Chinas haben zweifellos hohen wissenschaftlichen Wert, doch darf man nicht übersehen, daß in ihnen die Nachbarvölker ganz deutlich in überheblicher, manchmal sogar feindseliger Weise beurteilt wurden. Diese Großmachttradition, die auf der sogenannten chinazentristischen Idee beruht, versuchte, den in chinesischen Randgebieten lebenden Völkern das Recht auf Geschichtlichkeit abzusprechen; ihre Errungenschaften auf politischem, ideologischem und kulturellem Gebiet wurden fälschlich nur als Ergebnis des chinesischen Einflusses betrachtet. Für chinesische Gelehrte – wie zum Beispiel Guo Mo-ro, den Präsidenten der Akademie der Wissenschaften der Volksrepublik China – hat der Umstand keine Bedeutung, daß die Invasionen chinesischer Heere in die Westgebiete (das jetzige Sinkiang) während der Han-, Tang- und Tsch'ing-Zeit, in Perioden also, die Jahrtausende auseinanderliegen, nur vorübergehende

Episoden in der langen Geschichte der Nachbarvölker Chinas darstellen.

Nach Meinung der derzeitigen politischen Machthaber in Peking muß jeder neue Fund der chinesischen Archäologen die alten chinazentristischen Vorstellungen, die Idee eines Han-Großreiches, eines „ewigen" chinesischen Reiches „untermauern". Die Grenzen dieses Reiches erstreckten sich auf Teile der benachbarten Länder, und innerhalb dieser Grenzen hatten die chinesischen Herrscher (unabhängig von der Nationalität der herrschenden Dynastie) das Recht, die in diesen Gebieten wohnenden Völker zu befrieden und in ihre Botmäßigkeit zu bringen. Auf diese Weise wird gegenwärtig vielen nichtchinesischen Völkern, die auf chinesischem Territorium leben, das Recht auf eigene Geschichte und nationale Eigenart bestritten. Es ist wichtig festzustellen, daß eine derartige antiwissenschaftliche Haltung sowohl der Geschichte des Chinesischen Reiches selbst wie der angrenzenden Staaten – der existierenden ebenso wie der unter dem Druck der chinesischen Expansion untergegangenen – völlig widerspricht.

Natürlich sind gewisse Funde im Grenzraum Chinas tatsächlich Denkmäler chinesischer Kultur. Man darf sie aber nicht als ausreichende Grundlage für ernsthafte wissenschaftliche Schlußfolgerungen anerkennen, wie dies von den chinesischen Autoren vorgeschlagen wird. Diese Funde sind sehr unbedeutend angesichts des umfangreichen archäologischen Materials, das chinesische und ausländische Expeditionen in China seit Beginn des 20. Jahrhunderts und insbesondere im ersten Jahrzehnt nach der Gründung der Volksrepublik China ans Licht brachten. Noch geringer wird ihre Bedeutung im Verhältnis zur Gesamtzahl der Denkmäler, die man in den letzten Jahren – dank den Forschungen auf dem ganzen riesigen Territorium der archäologischen Region, zu dem auch China gehört – entdeckte und die zum festen Bestand der Wissenschaft geworden sind.

Das seinem Umfang nach wahrlich ungeheure archäologische Material, das unschätzbare Meisterwerke menschlichen Schaffens aufweist, führte Gelehrte verschiedener Länder zu dem Schluß, daß die zahllosen Völker, die in Nachbarschaft mit dem alten und mittelalterlichen China lebten, ihre eigenen originellen Kulturen schufen, aktive Teilnehmer am historischen Prozeß waren und ihren Beitrag zur gemeinsamen Schatzkammer der menschlichen Zivilisation leisteten. Das chinesische Volk nahm in dieser Entwicklung einen wichtigen, jedoch keineswegs einen exklusiven Platz ein.

Bei der planmäßigen, rein wissenschaftlichen archäologischen Erforschung der Gebiete Ostsibiriens, des Fernen Ostens und Zentralasiens haben sich sowjetische und ausländische Gelehrte große Verdienste erworben. Die Arbeiten dieser Wissenschaftler – vor allem die langjährige Forschungstätigkeit von A. P. Okladnikow – haben Bedeutung nicht nur für das Studium des Paläolithikums und des Neolithikums, der Antike und des Mittelalters, sondern auch – und dies ist besonders wichtig – für spätere Entwicklungsetappen der Völker, die diese Territorien besiedelten und bis in unsere Zeit dort leben.

Im Laufe der Jahrtausende waren Völker mongolischer und tunguso-mandschurischer Herkunft die nächsten nördlichen Nachbarn der Chinesen. Ihre historischen Schicksale gestalteten sich unterschiedlich. Einige von ihnen errichteten einst große Reiche, denen auch China als Bestandteil angehörte, verschwanden aber wieder von der Bühne der Weltgeschichte. Andere – wie z. B. die Völker des sowjetischen Fernen Ostens – wurden durch die Oktoberrevolution zu neuem Leben erweckt und entwickelten sich zu vollberechtigten und aktiven Erbauern der sowjetischen Gesellschaft. In beiden Fällen trifft die Vergangenheit dieser Völker auf das stete Interesse unterschiedlichster Kreise in vielen Ländern der Welt.

Das hier dem Leser vorliegende neue Werk des bekannten sowjetischen Archäologen Akademiemitglied A. P. Okladnikow ist der fernen Vergangenheit Ostasiens und des Fernen Ostens gewidmet. In ihm werden die wichtigen Ergebnisse unzähliger wissenschaftlicher Forschungen resümiert, die der Autor, seine Schüler und Kollegen in der Sowjetunion und im Ausland unternahmen. Der Autor gibt eine Charakteristik der Völker, die Sibirien und den Fernen Osten besiedelten, und entwirft ein lebendiges Bild ihrer vergangenen Kultur, die auf einem hohen Entwicklungsniveau stand. Die archäologischen Denkmäler des sowjetischen Fernen Ostens, die der Autor einer wissenschaftlichen Analyse unterzogen und ausführlich beschrieben hat, zeugen unwiderlegbar von der Originalität der materiellen und geistigen Kultur der Völker Sibiriens und des Fernen Ostens.

Bei der Beurteilung der alten Stammes- und Staatsbildungen der Tungusen, des Reiches Bohai, des Dschurdschenreiches und anderer, unterstreicht der Autor, daß diese – ungeachtet gegenseitiger Kontakte mit China und seiner Kultur – ihre eigenständige nationale Kultur hatten. Darüber hinaus bringt der Autor überzeugende Argumente und Beweise vom Einfluß der alten Kulturen der sibirischen und fernöstlichen Völker auf die chinesische Kultur.

Die Schlußfolgerungen des Akademiemitglieds A. P. Okladnikow zeigen unbestreitbar die Selbständigkeit und Eigenart der Völker Sibiriens und des sowjetischen Fernen Ostens bei der Entwicklung ihrer materiellen und geistigen Kultur und somit die Unhaltbarkeit jeder beliebigen Spielart des Chinazentrismus.

Das Erbe

Der Ferne Osten, die riesigen Räume im Norden Asiens vom Oberlauf des Amur bis zum Stillen Ozean, von den mongolischen Steppen bis hin zur Inselwelt des Pazifiks ziehen schon seit langem die Aufmerksamkeit der Historiker, Archäologen und Ethnographen auf sich, die sich mit den Problemen der Vergangenheit zahlloser und vielsprachiger ethnischer Gruppen befassen. Dabei nimmt der Archäologe einen wichtigen Platz ein, hatte doch die überwiegende Mehrzahl der fernöstlichen Völker oder genauer der ethnischen Gruppen entweder überhaupt kein eigenes Schrifttum oder hatte es irgendwann einmal, wie zum Beispiel die Bohai, Dschurdschen und Kidanen.[1] Es ging dann verloren, als diese Völker von der historischen Arena abtraten, oder es erhielt sich sozusagen nur bruchstückhaft.

Mit Recht gebührt hier der Archäologie ein besonderer Rang bei der Erforschung der Vergangenheit der fernöstlichen Völker, da sie mit den verläßlichsten Quellen, den Funden der materiellen Kultur zu tun hat, die mit ganz bestimmten geschichtlichen Zeiträumen und Epochen zusammenhängen. Dabei stehen ihr solche Daten der materiellen Kultur zur Verfügung, die keinen Veränderungen unterworfen waren, wie das gewöhnlich mit Schriftdenkmälern und Annalen der Fall ist, die durch Abschreiber

[1] Auch Po-hai, koreanisch: Parhae, japanisch: Bokkai, alter Staat in der Ostmandschurei. Dschurdschen: auch Jurčen und Tschurtschenen. Kidanen: auch K'itan.

verändert und von Redaktoren späterer Zeiten überarbeitet werden.

Der besondere Wert archäologischer Quellen liegt darin, daß sie erlauben, so weit in die Tiefen der Vergangenheit vorzudringen, wie das der Historiker nicht kann, dem das Schrifttum die Grenzen setzt.

Der Archäologe dringt konkret bis in die Tiefen der Steinzeit, in die fernen Zeiten nicht nur des späten oder oberen Paläolithikums, sondern ins untere oder frühe Paläolithikum der archäologischen Klassifizierung.

Man kann ohne weiteres sagen, daß sich das Interesse der Forscher und auch breiter Leserschichten im Laufe der Zeit in dem Maße ausweitet, in dem die Forschungen weiterschreiten und sich unsere Kenntnisse auf dem Gebiet der Geschichtswissenschaft vermehren. Und immer lebhafter wird die Diskussion um die Grundprobleme der Vergangenheit der Völker des Fernen Ostens und der angrenzenden Länder Ost- und Zentralasiens, aber auch der weiter entfernten Gebiete wie Australiens und des amerikanischen Kontinents.

Mitunter läßt sich beobachten, wie Hypothesen, Schlußfolgerungen und Entdeckungen sozusagen „explosionsartig" auftreten. Manchmal führen zusammenhanglose und auf den ersten Blick sogar unbedeutende Fakten, die man im Fernen Osten oder etwa in der Wüste Gobi entdeckt, zu neuen Nachforschungen in historisch unerkundeten Gebieten und bringen neue Hypothesen hervor. So war es zum Beispiel in verhältnismäßig naher Vergangenheit, als Nels Nelson, Mitglied der berühmten zentralasiatischen Expedition unter der Leitung von Roy Chapman Andrews, in neolithischen Siedlungen der Mongolei sogenannte „Kernsteine"[2] entdeckte, die man „gobische Nuklei" nannte.

Als dann diese eigentümlichen Artefakte[3] auch in Alaska

[2] Kernstein, Nukleus: Von ihm schlug der Urmensch die primitiven Werkzeuge ab. Auch der übriggebliebene Teil ist ein Werkzeug, zum Beispiel ein Faustkeil. Die russische Archäologie verwendet vorwiegend den Terminus „Nukleus".

[3] Wörtlich: „künstlich Hergestelltes", zum Unterschied von „Eolithen". Die oft schwierige Trennung entfällt, wenn sich der Einfluß einer Formgebung durch den Menschen nachweisen läßt.

entdeckt wurden, sah Nelson in ihnen den Schlüssel zum Problem der Besiedlung des amerikanischen Kontinents durch „die ersten Amerikaner", paläo-indische Stämme, deren Ahnen seiner Meinung nach aus Zentralasien kamen, die Beringsee überquerten und die einst menschenleere Neue Welt besiedelten.

Ein anderes Beispiel ist der in jüngster Zeit endeckte unbegreifliche und auf den ersten Blick geheimnisvolle Zusammenhang mit den Felszeichnungen des pazifischen Gebietes: vom Unterlauf des Amur bis Australien in der einen Richtung, bis Britisch-Kolumbien und zur Insel Vancouver in der anderen.

Es ist natürlich nicht so leicht und einfach, sich auf diesem stürmischen Fluß zurechtzufinden, in diesem, wie man sagen könnte, komplizierten Labyrinth oder Kaleidoskop von Fakten, Konzeptionen und Ideen.

Wir müssen zunächst gewisse Grundthemen herausarbeiten, Probleme von grundsätzlichem Charakter, bestimmte Grundlinien der historischen Analyse, in deren Verfolgung wir mit geringster Anstrengung alles Wichtige, Wesentliche und für den geschichtlichen Ablauf eines für uns interessanten Raumes Charakteristische erläutern können.

Wir brauchen dazu eine bestimmte allgemeine Konzeption des historischen Prozesses und müssen bei der Analyse des Rohmaterials von bestimmten allgemeinen Gesetzmäßigkeiten ausgehen.

In diesem Zusammenhang ist es angebracht, auf die „Hunderte von Millionen der Menschheit" hinzuweisen, die bisher außerhalb der Geschichte standen und nur als deren Objekt betrachtet wurden. Zu diesen Hunderten von Millionen, die – wie Lenin einmal sagte – außerhalb der Geschichte standen, gehörten auch die Völker des zaristischen Rußland und somit auch die sibirischen Ureinwohner, die seit alters die Räume zwischen Ural und Stillem Ozean besiedelten. Diese Völkerschaften sind im Vergleich zu anderen Völkern des zaristischen Rußland, wie etwa ihren unmittelbaren Nachbarn in Mittelasien und Kasachstan – den Kasachen, Kirgisen, Usbeken und Tadschiken –, verhältnismäßig klein an Zahl. Von den 23,5 Millionen der sibirischen Bevölkerung (nach der Zählung von 1959) gehören nur 1,223.000 zu ihnen. Die stärkste dieser Volksgruppen zählt gerade eine Viertelmillion (die

Burjäten 251.000, die Jakuten 232.000) Menschen. Sie vertreten jedoch große, selbständige Sprachfamilien, eigene ethnisch-kulturelle Gruppen und sind „wirtschaftlich-kulturelle Typen".

Eine Gruppe der ugrischen Völker bilden die Chanten und Mansen oder, wie man sie bis zur Revolution nannte, die Wogulen und Ob-Ostjaken, die in den bewaldeten Weiten Westsibiriens wohnen. Zu Ende des 16. Jahrhunderts und in der folgenden Zeit stießen erstmals russische Forschungsreisende jenseits des Urals auf diese Völker. Ihnen benachbart lebten die Samojeden (auch Samodizen), Nenzen und Selkupen. In den Steppen und Waldsteppen Südsibiriens wohnen turksprachige Völkerschaften. Zu ihnen zählen die von den Türken assimilierten Ureinwohner, die früher samojedische und paläoasiatische Idiome sprachen. Unter ihnen sind die Altai (Altai-Kischi), die Chakassen und Tuwinen die zahlenmäßig stärksten. Zu den Turkvölkern Sibiriens zählen auch die nördlichsten Türken der Welt, die am weitesten nördlich lebenden Viehzüchter: Jakuten und Sacha.

Die riesigen Räume der Taiga und Waldtundra östlich des Jenissej durchstreiften seit alters Waldjäger und Rentierzüchter: Tungusen, Ewenen und Ewenken. Die kleinen, beweglichen Gruppen der tungusischen Stämme zogen als Nomaden zwischen Jenissej, Eismeer und Baikal umher, breiteten sich weit östlich des Baikal aus bis hin zu den Steppen Transbaikaliens und der Mandschurei, wo ihr Lebensquell nicht mehr Jagd, Fischfang und Rentierzucht war, sondern die Pferdezucht. Das waren die „berittenen Tungusen", die im Lauf der Zeit von ihren viehzüchtenden Nachbarn die burjätische Sprache annahmen. Zu den Tungusisch sprechenden Stämmen gehören auch die Bewohner des Amurgebietes, die Nanai (frühere Bezeichnung Golden) sowie deren Nachbarn, die Ultschen[4].

Im Baikalgebiet und in Transbaikalien, in der Nähe der Flüsse Udá und Oká, siedelten die halbseßhaften, viehzüchtenden Burjäten, die zum Unterschied von den Jakuten nicht nur Pferde und Rinder, sondern auch Schafe und Ziegen züchteten. Russische Reisende des 17. Jahrunderts sahen an der Angara noch Kamele, in

[4] Ul'ci, oft auch Oltschen.

den Aginsker Steppen treffen wir sie noch heute an. Den äußersten Nordosten Asiens bewohnen die nordöstlichen Paläoasiaten: Tschuktschen-Luorawetlanen, Korjaken-Namyllanen. Einige von ihnen leben seßhaft, sie treiben Handel mit den Produkten des Fischfangs (die seßhaften, „sitzenden" Tschuktschen und Korjaken). Andere ziehen mit ihren Rentieren durch die Tundra. Entlang der Ufer des Unteren Amur und auf der Insel Sachalin leben die Amur-Paläoasiaten, die Niwchen oder, wie sie früher genannt wurden, die Giljaken. An der Beringbucht zieht sich ein schmaler Streifen hin, den Stämme bewohnen, die Jagd auf Robben machen: die Eskimos, die Juiten, Verwandte der Eskimostämme, die seit grauer Vorzeit die Küsten Alaskas, Labradors und Grönlands in Besitz haben. Auf sie trafen die ersten Normannen, die im 10. Jahrhundert in Grönland eindrangen. Zwischen Lena und Kolyma zogen Gruppen von Odul-Jukagiren umher – ein kleines, einst aber weitverbreitetes Volk. Alle diese arktischen Stämme, deren Sprachen mit den anderen großen Volksgruppen des asiatischen Kontinents nichts gemein haben, ja die auch untereinander wenig Gemeinsames haben, erhielten die Bezeichnung „Paläoasiaten". So nannte sie erstmals der bedeutendste Völkerkundler und Sibirologe des 19. Jahrhunderts, Leopold von Schrenck. Er sah in ihnen gewissermaßen Überreste der ältesten „ethnographischen Formationen" Asiens. Die ethnographische Karte Nordasiens erschien ihm wie von Wellen ständig neu aus Zentralasien vordringender Volksgruppen überspült. Zuerst kamen seiner Überzeugung nach die Turkvölker, nach ihnen drangen die Mongolen nach Nord und Ost. Und nur am äußersten Rand des asiatischen Kontinents hielten sich abgetrennt einzelne paläoasiatische Stämme, Reste des uralten ethnischen Reliefs, gleichsam Inseln der ältesten ethnischen Masse. Mit den nordöstlichen Paläoasiaten, den Bewohnern der Arktis, stehen auch die Paläoasiaten Zentralasiens in Verbindung, die nach Herkunft und Kultur rätselhaften Keten und andere nicht minder rätselhafte Stämme, von denen schon vor zweihundert Jahren nur mehr unbedeutende Splittergruppen am Jenissej und im Sajangebiet lebten – Arinen, Assanen und Kotten.

Jede dieser weitverbreiteten Gruppen sibirischer Stämme und

Völkerschaften stellt eine ethnische Welt für sich dar. Ihnen ist eine umfangreiche linguistische und historisch-ethnographische Literatur gewidmet.

Im Verlauf der Erforschung dieser Völkerschaften und ihrer Kulturen entwickelte sich die russische ethnographische Schule; es bildeten sich so bedeutende Wissenschaftler heraus wie S. P. Krascheninnikow, W. G. Bogoras, L. P. Potapow, L. J. Sternberg, W. J. Jochelson und viele andere.

Von den Archäologen erwähnen wir insbesondere M. B. Grjasnow und S. W. Kisseljow, von den Historikern G. F. Miller.

Bei der Erforschung der Sprache, Literatur und Folklore der sibirischen Völker machten sich O. N. Betling, W. W. Radlow, S. A. Kosin und andere einen Namen. Hervorragende Bedeutung fällt politisch Verbannten zu, vom Zarismus in die Tiefen Nordasiens, in die „entfernten Gebiete" Verstoßenen, die in den Randgebieten des zaristischen Rußland unter der dortigen einheimischen Bevölkerung lebten. Zu ihnen gehören W. G. Bogoras-Tan, W. J. Jochelson, W. Löwental und viele andere. Auch aus der sibirischen Bevölkerung[5] gingen schon vor der Revolution bedeutende Forscher hervor: die Burjäten Dorschi Bansarow, M. N. Changalow, Ziben Schamzarano, Gombodschab Zibikow, die Jakuten S. A. Nowgorodow, P. A. Ojunskij, G. W. Xenofontow, der Chakasse N. F. Katanow u. a.

Von nichtrussischen Forschern erwähnen wir Namen wie Matthiassen, Birketh-Smith, Goodmund Hatt, N. Ch. Nelson, Ch. Larsen. Ihre Arbeiten, insbesondere die vielbändigen Publikationen der dänischen Thule-Expedition sowie die nicht minder umfangreichen Arbeiten, die vom amerikanischen Smithsonian Institute herausgegeben wurden, füllen ganze Bibliotheken.

Schon eine kurze Aufzählung der nordasiatischen Völker sollte genügen, um die Tatsache zu erhellen, daß diese einen bestimmten Platz in der Weltgeschichte und menschlichen Kultur einnehmen. Ungeachtet dessen zeigt ein Blick in die historische Literatur über die Völker Sibiriens, daß seit ihren Anfängen bis in die jüngste Zeit

[5] Die nichtrussischen Völker, im besonderen jene Sibiriens, wurden im zaristischen Rußland offiziell „Inorodcy" genannt.

ein Standpunkt vertreten wurde und manchmal sogar vorherrschte, demzufolge die Völker Sibiriens als „geschichtslos" abgetan oder als der Teil der Menschheit betrachtet wurden, der außerhalb der Geschichte stand, nicht als ihr Gestalter galt, sondern nur als Objekt des historischen Prozesses, den andere Völker bestimmten und prägten.

Am deutlichsten treten diese Ansichten der Geschichtswissenschaft im „Europazentrismus" zutage, jener Ideologie, deren Wurzeln tief in die finstere Vergangenheit Europas zurückreichen, angefangen von den „Rittern der ursprünglichen Akkumulation", die den Anstoß gaben. Nach Ansicht der Europazentristen war Europa der Ursprung jeden Fortschritts in der Weltgeschichte. Europa und immer nur Europa! „Das ewige Europa"! Hinter ihm, jenseits der Grenzen der „wahren Zivilisation", lag die dumpfe Welt der Barbaren, lag das unergründliche Asien. Das „goldene, schlummernde Asien" war, nach einem Dichterwort, für immer auf seinen Kuppeln in Schlaf gesunken . . . es waren, anders gesagt, die rückständigen und von europäischer Macht abhängigen Kolonialstaaten. Wollen wir die Entwicklung der europazentristischen Ideen und ihren Einfluß auf die Behandlung der Geschichte der sibirischen Völker besser und klarer verstehen, müssen wir weit in die Vergangenheit der Geschichtswissenschaft, ins 17. und 18. Jahrhundert, zurückgehen. Schon als sie begannen, sich mit der sibirischen Vergangenheit zu beschäftigen, staunten die Gelehrten über die Reichtümer der Kurgane[6] Südsibiriens, aus denen wertvolle goldene Schmuckstücke und Gerätschaften stammten, die den Stempel reifen künstlerischen Geschmacks trugen. Man konnte sich jedoch nicht mit dem Gedanken vertraut machen, daß die alte und reiche Kultur, von der diese Kurgane zeugen, den Vorfahren der jetzigen Bewohner Sibiriens zuzuschreiben sei.

Erstaunen angesichts der Denkmäler einer hohen und alten Kultur in einem von „groben, bösen und wilden Heiden" bewohnten Gebiet schimmert schon in der Arbeit von Nicolaas Cornelius Witsen durch, einem holländischen Gelehrten, dem

[6] Hügelgräber.

Autor der Beschreibung der „Nord en Oost Tartarie"[7]. Unter den vielen Hypothesen über die Schöpfer dieser alten Kultur tauchte im 18. Jahrhundert jene des gelehrten Abtes Jean Sylvain Bailly auf, der sie – den Atlantiden des Plato zuschrieb. In seinen „Lettres sur l'Atlantide de Platon et sur l'ancienne histoire de l'Asie" (Paris 1779) schrieb er, daß Atlantis keineswegs von den Wogen verschlungen und nicht Opfer einer Vulkankatastrophe wurde. Atlantis befand sich vielmehr, wie Bailly versicherte, in der Tiefe des asiatischen Kontinents, etwa in der Gegend des heutigen Minussinsk, am Jenissej, wo in der Vergangenheit ein „aufgeklärtes Volk wohnte, das als erstes die Wissenschaft erfand und das Menschengeschlecht lehrte".

Von wem sonst als den Bewohnern von Atlantis konnten – nach Baillys Meinung – diese grandiosen Kurganfelder stammen, auf denen tonnenschwere Steinplatten standen, von wem die erstaunlichsten Erzeugnisse aus Gold und Silber mit Abbildungen von sagenhaften Ungeheuern, die rätselhaften Stellen, mit Schriftzeichen einer unbekannten Sprache bedeckt?

Ebensolchen Eindruck hinterließen die sibirischen Altertümer auch auf August Wilhelm Schlözer. Er war freilich nicht mit den „Phantastereien" eines Bailly einverstanden, eines Buffon oder Voltaire, die, wie er sich energisch ausdrückte, „die wahren russischen Nachrichten ausnehmend schlecht begriffen und verdrehten". Aber was Sibirien anbelangt, so fänden sich hier, wie Schlözer schreibt, lebendige Spuren aufgeklärter Völker, die sich dort – in der Frühzeit der Geschichte, der übrigen Welt unbekannt – mit Bergbau beschäftigten, die wohl die Bronze, nicht aber das Eisen kannten.

In diesem Geiste durchleuchtete auch der „Vater der sibirischen Geschichte", Gerhard Friedrich Müller, die Geschichte Sibiriens. In seiner monumentalen „Beschreibung des Zarthums Sibierien"[8] versuchte er in jene Zeit vorzudringen, die dem Auftauchen der Russen an den Flüssen Irtysch und Ob voranging. Aber für ihn war das ganze prärussische Sibirien auf die Zeit der Mongolen-

[7] Tartarie, Tartarey usw.: So wurde damals Rußland bezeichnet.

[8] Sankt Petersburg 1756.

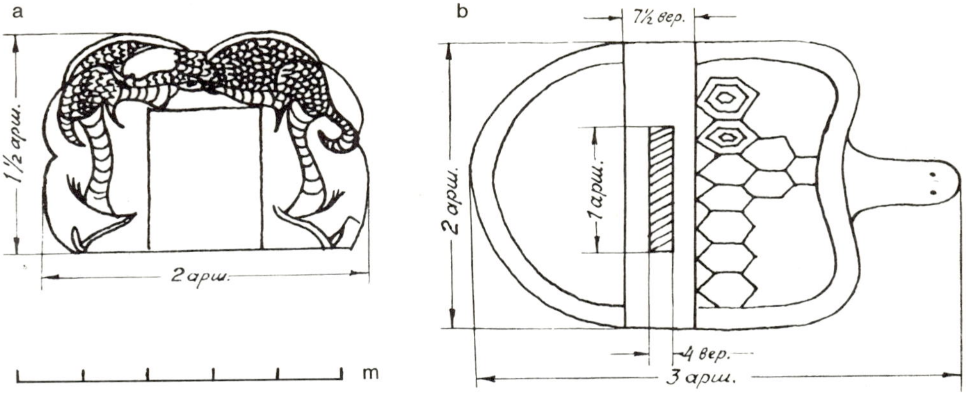

Abb. 1: Dschurdschen-Stele in Form einer Schildkröte, mit Basrelief. (a) Seitenansicht, (b) Draufsicht. Skizzen von J. A. Lopatin aus dem Bericht an die Kaiserliche Archäologische Kommission.

und Tatarenherrschaft beschränkt. Und diese war zudem nur gewissermaßen Präludium zur Schilderung der kriegerischen Ereignisse, die mit dem Beginn des Anschlusses Sibiriens an Rußland in Zusammenhang stehen.

Anders konnte es gar nicht gewesen sein; denn alles, was sich östlich des Ural abspielte, betrachtete G. F. Müller vom Standpunkt der damaligen Historiker, die das Wesen der Geschichte nur in Krieg und Eroberung, im Wirken von Imperatoren und Zaren sahen. Für ihn waren die Völker Sibiriens nicht Subjekt, sondern Objekt des historischen Prozesses.

Der Gedanke, daß die bodenständigen Völker Sibiriens unfähig zu selbständigem historischem Leben und kulturellem Schaffen seien, fand stärksten und endgültigsten Ausdruck in den Ansichten eines so bedeutenden Historikers wie August Wilhelm Schlözer. In seinem „Nestor" schrieb er vom gewaltigen Ausmaß und zugleich von der welthistorischen Bedeutung der Geschichte Rußlands und seiner Völker. Die alte russische Geschichte sei geradezu ein unheimlicher Begriff, er erzittere fast vor ihrer Größe ... „Schlagt die Annalen aller Zeiten und Länder auf und zeigt mir eine Geschichte, welche die russische überträfe oder sich auch nur mit ihr vergleichen könnte ..." Es sei die Geschichte nicht irgendeines Landes, fährt Schlözer fort, sondern eines ganzen Erdteils, nicht eines Volkes, sondern einer Vielzahl von Völkern, die sich voneinander durch Sprache, Religion, Sitten und Herkunft unterscheiden, aber durch Glück, Schicksal und Eroberungen unter einer Herrschaft vereint seien. Er werde beweisen, daß die russische Geschichte grenzenlos weitgespannt sei, was die Vielzahl der entweder überhaupt noch nicht oder ungenügend beschriebenen Völker betreffe, die einen Teil jenes großen Ganzen ausmachten und Glieder seien dieses Riesenkörpers. Weiters sei sie über die Maßen wichtig hinsichtlich ihres unmittelbaren Einflusses auf die übrige alte Geschichte, sei es die europäische oder die asiatische.

Diese Worte sind im Grunde von Anfang bis zum Ende richtig. Derselbe Schlözer nimmt jedoch in seiner „Nordischen Geschichte“ innerhalb der „Algemeinen Welthistorie durch eine Geselschaft von Gelehrten in Teutschland und Engeland ausgefertigt“ (sic!) einen entgegengesetzten Standpunkt ein. Die Geschichte des Nordens beginnt nach seinen Worten erst mit dem neunten Jahrhundert, da erst damals, mit der Christianisierung, das Schrifttum beginnt und, wie Schlözer wörtlich fortfährt, „vor schriftlichen Denkmälern lässt sich keine Geschichte denken; und vor dem 9ten Jahrhundert findet sich vom ganzen Norden kein schriftliches Denkmal mehr. Nicht, weil solche in der Barbarey des Mittelalters verloren gegangen: sondern weil vor dieser Epoche keine gewesen waren, und auch nicht seyn konnten; denn die Schreibkunst war bis dahin im ganzen Norden unbekannt. So gutherzig aber kann ich mir doch keinen Geschichtsgelehrten vorstellen, der die Epoche der Geschichte über die Epoche der Schreibkunst hinauszurücken erlauben möchte! Mit der Kunst zu schreiben ward der Norden erst durch das Christenthum beglückt.“ Wohl ließ Schlözer neben der eigentlichen sibirischen Geschichte, die sich auf Grund eigener Schriftquellen dieses oder jenes Volkes ergibt, also neben der Geschichtswissenschaft in ihrer „edleren Bedeutung“, durchaus die Existenz einer anderen Geschichte gelten, einer Geschichte der Völker, die kein eigenes Schrifttum hatten, die wir nur aus schriftlichen Dokumenten ihrer kulturell höherstehenden Nachbarn kennen, aus Berichten fremder Beobachter und Reisender, die oft die lokalen „Völkerhistorien“, d. h. Überlieferungen und Legenden, ausgiebig benutzen konnten. Dies aber war seiner Meinung nach schon eine eigene

Geschichte, eine „Beschreibergeschichte“, eine Historie zweiter Sorte.

Schlözer nimmt auch, wofür ihm Anerkennung gebührt, mit großem Interesse Stellung zu den „aus der Erde gegrabenen“ historischen Zeugnissen, unter anderem zu den sibirischen Denkmälern, die G. F. Müller im Auftrag der Russischen Akademie der Wissenschaften untersucht hatte.

Nun war freilich zu seiner Zeit die Archäologie noch keine wissenschaftliche Disziplin, und sein kritisches Verhalten gegenüber den Gedankengängen der „Antiquare“ sowie angesichts der Daten der Lokalhistorie oder genauer gesagt gegenüber jenen, die ihnen mehr entnehmen wollten, als sie hergeben konnten – sein Verhalten gegenüber all dieser „Phantasterei“ war nicht ganz unbegründet. Lieder, Grabinschriften und die Überlieferung helfen auch bei der Erforschung der Frühgeschichte des europäischen Nordens nicht mehr, meinte Schlözer.

Im weiteren stellt er im „Nestor“ die Frage, wie dieser Norden bis zu seiner Entdeckung ausgesehen haben mag und meint, das wisse niemand und es könne auch niemand wissen. „Wie die dort siedelnden Menschen lebten, ähnlich Wilden, ohne jede Beziehung mit Andersstämmigen und ohne Mittel, wenn sie etwas Denkwürdiges geschaffen hätten, dieses wenigstens der nächsten Generation zu überliefern, wie könne man sich vorstellen, daß von ihnen eine Geschichte existiere, obwohl eine solche in unsren historischen Systemen ein ganzes Buch füllen würde.“

Schlözer beschränkt sich nicht auf die formale Seite der Angelegenheit, sozusagen auf die Quellen: Er geht weiter und entwickelt eine bestimmte historische Konzeption, in der sich seine Weltanschauung als Historiker spiegelt und die das Wesen seiner Sicht der Menschheitsgeschichte ebenso charakterisiert wie auch den Platz, den in diesem Prozeß die Völker des Nordens einnehmen.

Indem er speziell von den Finnen und im weiteren Sinne von deren Stammesverwandten spricht, schrieb Schlözer wörtlich: „Allein alle diese, zum Theil uralte, zahlreiche, und weitausgebreitete Nationen, haben (die einzigen Madscharen ausgenommen) auf dem Schauplatze der Völker niemals Rollen gespielt; sie gehören nicht zu den imperiosis populis: Sie haben nie einen Eroberer gezeugt, sondern sind von je her die Beute ihrer Nachbarn gewesen. Daher haben sie auch keine eigene Jahrbücher; sondern ihre ganze Geschichte steckt in derjenigen ihrer Überwinder."

Auf diese Weise haben also gemäß Schlözers Betrachtungen alle nordischen Stämme, die nicht zu den „imperiosis populis" zählen, keinen Platz in der Weltgeschichte. Sie sind geschichtslos, unhistorisch.

Extremster Ausdruck des Europazentrismus waren die theoretischen Übungen deutscher Historiker, Anthropologen und Völkerkundler in der Zeit des Tausendjährigen Reichs. Schon lange vor Hitler bemühten sie sich, die Eroberungspolitik des germanischen Imperialismus zu „begründen". So entstanden die Werke eines G. Kassina, deren Grundidee die Überlegenheit der alten Arier über alle Völker Asiens und Europas war. O. Gandert und W. Löwenthal übertrugen diese Gedanken in ihren archäologischen Arbeiten auf Sibirien. Der erste führte den Einfluß des arischen Europa bis zum Baikal, der zweite bis zum Land der Ainu. G. Schmidt, einer der bedeutenden deutschen Archäologen, der die Kultur der neolithischen bemalten Keramik in Europa erforschte, bemühte sich, die Ur-Indogermanen im Tal des Gelben Flusses nachzuweisen! Bolko von Richthofen sah diesen Einfluß gar bis Nordamerika reichen.

Natürlich lebten die Stämme Sibiriens und Nordasiens nicht isoliert von anderen Völkern der Frühgeschichte. Sie übernahmen viel sowohl von ihren näheren als auch ihren weiter entfernten Nachbarvölkern. Doch hatten sie gleichzeitig ihr eigenes Kulturerbe und eigneten sich nicht nur viel Nützliches von außen an, sondern gaben einiges auch anderen Völkern weiter.

Das betrifft sowohl die Völker Nordeuropas bis zu den Hängen des Urals, wie auch andere, asiatische Völker, etwa jene Zentralasiens und des entfernteren Ostasiens.

In diesem Zusammenhang ist zu sagen, daß neben dem Europazentrismus lange eine äußerlich entgegengesetzte, im Wesen aber identische Richtung existierte, die man analog „asienzentristisch" nennen kann. Die Bezeichnung stammt von dem hervorragenden russischen Orientalisten und ausgezeichneten Kenner der Kulturen Ostasiens, dem Akademiemitglied N. J. Konrad.

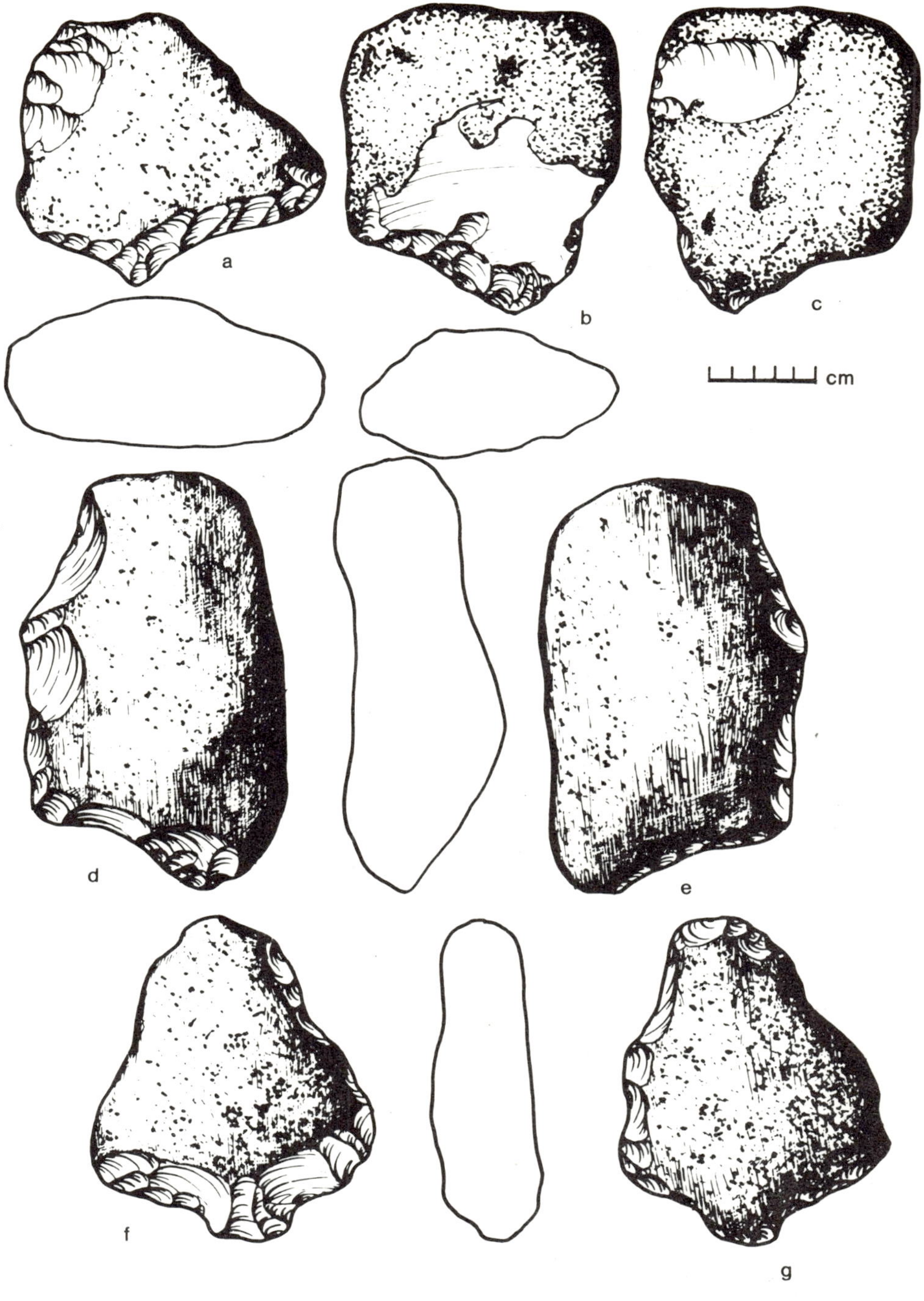

Abb. 2: Archaische Steinwerkzeuge: (a) aus Filimoschki, (b, c, d, e) aus Kumary, (f, g) aus Ust-Tu.

Als man im 19. Jahrhundert die glänzenden Entdeckungen im Nahen und Mittleren Osten machte, bildete sich ein „panbabylonischer“ Standpunkt heraus, dessen Verfechter, etwa ein Hugo Winkler, sich bemühten, alle fortschrittlichen Errungenschaften der Kultur und alle progressiven Ideen des frühen Altertums aus dem Land der Sumerer und Babylonier herzuleiten.

Die verbreitetste, hartnäckigste und zugleich aggressivste Form des Asienzentrismus ist jedoch der „Chinazentrismus“. Gerade diesen hatte N. J. Konrad im Sinn, als er nicht vom harmlosen und ungefährlichen Panbabylonismus der Vergangenheit, sondern vom Asienzentrismus unserer Tage schrieb und ihn als reaktionäre und gefährliche Erscheinung in der Geschichte der Weltkultur abkanzelte, die dem Humanismus und der internationalistischen Ideologie spotte.

Diese asienzentristische Richtung hat ihre Wurzeln schon im sklavenhaltenden China der Yin-[9] und Zhou-[10] (auch Dschou, Tschou, Chou) Dynastie, d. h. sie reichten mehr als dreitausend Jahre in die Geschichte zurück. Das war die Ideologie der Sklavenhalter, die die ganze Welt und das Universum in zwei Teile teilte: in das Reich der Mitte und die übrige Welt der Barbaren. Später war es die Ideologie der Feudalherren, die nicht nur die versklavten Bauern des eigenen Landes ihrer Herrschaft unterwerfen wollten, sondern auch die Bevölkerung aller Nachbarländer. In unserer Zeit finden wir die Überbleibsel dieser uralten Anschauung in der chauvinistischen Ideologie der Maoisten wieder, die das Erbe des alten Konfuzianismus antraten. Daß in jüngster Zeit den Lehren des Konfuzius ein erbitterter Kampf angesagt wurde, nimmt eigentlich wunder.

Der Einfluß dieser Ansichten zeigt sich in verschiedener Weise bei der Behandlung der kulturellen und politischen Beziehungen zwischen den Völkern Sibiriens und Zentralasiens auf der einen und des antiken China auf der anderen Seite, wobei häufig die Rolle des alten China zum Schaden einer echten historischen Perspektive und einer besseren Einschätzung der Errungenschaf-

[9] 商 = yin, anderer Name Schang.

[10] 周 = zhou.

ten der Völker Sibiriens und Zentralasiens ungerechtfertigt überschätzt wurde.

Für die feudalen Historiker Chinas ist die Gegenüberstellung ihrer eigenen Geschichte und jener der umliegenden Völker, die man einfach „Barbaren" nannte, typisch. Vom Standpunkt einer Großmachtideologie gesehen, standen die „Barbaren" dem auserwählten Volk als stumpfe und passive Masse gegenüber, die eine bestehende Kultur nur zerstören oder annehmen konnte.

Selbst in jenen Fällen, wo das Studium der frühen Geschichte der nordasiatischen Völker unbestreitbare Errungenschaften im kulturellen oder gesellschaftlichen Bereich entdeckt (zum Beispiel die Existenz früher selbständiger Staaten wie jener der Bohai), schrieben gewisse Historiker dies häufig nur dem wohltätigen Einfluß der „zivilisierten" Nachbarn auf die „Barbaren" zu, dem China der Tang-Dynastie etwa oder dem Japan der Nara-Epoche.

Die älteren japanischen Historiker versuchten ihrerseits, die Eroberungen auf dem Festland und die Bemühungen, dort eine eigene „Sphäre gemeinsamer Blüte" zu schaffen, durch historische Schlußfolgerungen zu untermauern. Über den Chauvinismus der japanischen Historiker schrieb seinerzeit höchst kritisch der hervorragende russische Orientalist und Japanologe Dmitrij Posdnejew, ein aufrichtiger Freund des japanischen Volkes, und widerlegte ihre Ausdeutungen. Auch einige russische Orientalisten des 19. Jahrhunderts erklärten die Entstehung des Dschurdschenreiches Jin[11] fälschlich durch den Einfluß des feudalen China.

Ungeachtet ihrer scheinbaren Gegensätzlichkeit sind der Europazentrismus und der Asienzentrismus im Wesen ein und dasselbe, nämlich die Idee der rassischen Überlegenheit einiger Völker und der Minderwertigkeit anderer. Daraus entsteht im Detail die Überbewertung des politischen, wirtschaftlichen und kulturellen Einflusses eines Volkes Asiens, eines beliebigen Landes, auf die Nachbarvölker und Länder und dementsprechend die Unterbewertung der schöpferischen Rolle und Aktivität der anderen. Beide Ansichten sind extrem und im Grunde chauvinistisch. Die eine verficht den Gedanken der uralten Überlegenheit

[11] Auch Dschin, Chin oder Kin.

der „weißen", europäischen Rasse, die andere bemüht sich, diese Überlegenheit a priori einem asiatischen Volk, einem Land und einer Kultur zuzuschreiben. „Das Licht kommt aus dem Osten", versichern die einen, „das Licht kommt aus dem Westen", behaupten die anderen.

Es war nur folgerichtig, daß von Beginn der historischen Erforschung Sibiriens die Gelehrten sich entschieden gegen die Ansichten Schlözers wandten: Vertreter dieser progressiven Richtung in der Historiographie Sibiriens waren Michail Lomonossow und Stepan Krascheninnikow. Für sie war der eigentliche Schöpfer der russischen Geschichte und ihr Hauptheld das russische Volk selbst. Indem sie dem russischen Riesenvolk Gerechtigkeit widerfahren ließen, sahen sie zugleich die Geschichte Sibiriens von einem neuen Standpunkt, nämlich als Geschichte der dort wohnenden alteingesessenen Stämme und Völker. Die alten Kulturen und das Leben der sibirischen Völker, die Religionen, Glaubensvorstellungen und poetischen Mythen, das alles fanden sie in gleichem Maß interessant und lehrreich.

St. Krascheninnikow fand auf Kamtschatka, das damals gerade das allmähliche Ende der Steinzeit erlebte, keineswegs Wilde, sondern Menschen wie wir, ja sogar Philosophen, die, wie er sagte, bestrebt waren, „die Gedanken der Vögel und Fische zu deuten". Krascheninnikow eröffnete sich hier eine ebenso große wie unerforschte Welt.

Zu Ende des 19. Jahrhunderts schrieb der sibirische Völkerkundler G. N. Potanin über die Steppenvölker: „Die Voreingenommenheit der Gelehrten gegenüber den Steppenvölkern hemmt die Entwicklung der Wissenschaft. Unsere arische Überheblichkeit, eine falsche historische Perspektive . . . und die Mutlosigkeit eines Denkens, das ganz in der Routine befangen ist, hindert die Erarbeitung richtiger Ansichten über die Rolle dieser Barbaren und über die Geschichte der geistig-kulturellen Entlehnungen."

Später schrieb ein anderer hervorragender russischer Erforscher der sibirischen Stämme, N. G. Bogoras, über die Bewohner des äußersten Nordens: „Die Kultur der Polarstämme ist eigenartig, ja ich würde sagen, fast wunderbar. Kleine Gruppen von Jägern, die ganz am Rande des ewigen Eises leben und sich die tägliche

Nahrung mit der Harpune aus dem kalten und stürmischen Meer fangen, waren imstande, aus Walfischrippen und Schneeplatten warme Wohnstätten zu errichten, sie fertigten Boote aus Fellen, den Bogen aus Knochenplatten, die sie mit Sehnen umwickelten, sie erzeugten raffinierte Harpunen, Fanggeräte aus gespaltenem Fischbein, Geschirre für die Hunde, die den mit Knochen beschlagenen Schlitten zogen, und manches andere. Viele dieser polaren Erfindungen gelangten weit in den Süden zu Stämmen, die in glücklicheren Breiten wohnten, und wurden sogar von Europäern übernommen. Die künstlerische Begabung der arktischen Völker, ihre Stickereien, Zeichnungen, Skulpturen, Schnitzarbeiten, übertreffen das Niveau der weiter südlich wohnenden Stämme bei weitem und halten jeden anderen Vergleich aus."

Zu analogen Ansichten gelangte auch einer der bedeutendsten Erforscher des sibirischen Nordens, A. Th. Middendorf. Auch die profiliertesten Vertreter westlicher Wissenschaft, gründliche Erforscher der Kultur der Völker des Nordens – wie etwa Fridtjof Nansen – stellten immer wieder fest, daß auch diese Völker ihre Geschichte und ihre Verdienste für die Entwicklung der Menschheit haben.

„Auf viele Menschen unserer Gegenwart" – schrieb Nansen über die Eskimos – „macht die Größe unseres Jahrhunderts mit allen seinen Errungenschaften und Fortschritten, von denen wir täglich hören, und die gleichsam unbestritten die Überlegenheit der hochbegabten weißen Rasse beweisen, einen überwältigenden Eindruck. Für diese Menschen wäre es sehr lehrsam, ihre Aufmerksamkeit einmal besonders auf die Entwicklung der Eskimos zu lenken, auf deren Erzeugnisse und Erfindungen, mit deren Hilfe sie alles Lebensnotwendige schaffen, noch dazu unter den Bedingungen einer Natur, die ihnen nur die kargsten Mittel zur Verfügung stellt." So ist es zu erklären, daß fortschrittlich eingestellte Gelehrte des 19. und 20. Jahrhunderts, die Nachfolger der Aufklärer des 18. Jahrhunderts, die Meinung vertreten, daß jedes Volk seinen Beitrag zur Weltgeschichte und zur Kultur der Menschheit leiste.

Die Geschichte der Menschheit erschöpfte sich für uns nie als etwas nur von Europäern oder einigen einzelnen asiatischen

Völkern Geschaffenes. Uns ist der „Europazentrismus“ unverständlich und ebenso fremd wie der „Asienzentrismus“. In diesem Zusammenhang verdient Erwähnung, was Autoren des 19. Jahrhunderts wie Peschel und Hiekisch sagten. In seiner Inaugural-Dissertation „Die Tungusen“ zitiert Hiekisch die Worte Peschels: „Ob diese Cultur eine von diesem Volk geschaffene war oder blos eine von den Chinesen entlehnte, ist eine andere Frage. Jedenfalls geht Plath zu weit, wenn er bei diesen Völkern keine eigenthümliche Entwicklung der Cultur sieht, sondern Alles nach chinesischem Muster geschaffen betrachtet; weit richtiger scheint Peschels Ansicht, wenn er sagt, daß die Chinesen manches von den Tungusen gelernt haben mögen, was wir ihrem Erfindungsgeist jetzt zuschreiben.“ Das Kardinalproblem ist also nach Hiekischs Meinung die Frage, ob diese Kultur von diesem Volk selbst geschaffen wurde oder nur von den Chinesen übernommen worden ist. In Beantwortung dieser Frage stellt sich Hiekisch eindeutig auf die Seite Peschels, wenn er schreibt: „Eine Nation, welche staatsgründend auftritt, so tief in das Geschick der Völker des ganzen östlichen Asiens eingreift, überall wo sie erobernd, aber schonend gegen die bestehende Cultur sich zeigt, wie es die Mandschu gethan haben, kann unmöglich selbst aller Cultur baar gewesen sein, um so weniger, da ihre Vorfahren im Mittelalter schon eine bedeutend hohe Stufe der Civilisation eingenommen hatten, wie es aus der Geschichte der grossen Liao hervorgeht.“ In Fortsetzung seiner Gedanken heißt es weiter: „Wenn nun auch die tungusischen Völker zur Zeit, wo sie als Mandschu erobernd auftreten, also im 17-ten Jahrhundert, auf einer niedrigeren Culturstufe stehen als ihre Vorfahren im Mittelalter, die Liao, so ist das erklärlich durch die Herrschaft der Mongolen unter den Tschingiskhaniden, die überall verwüstend und verheerend auftreten.“

Wie wir weiter sehen werden, bestätigen die neuesten Forschungen, insbesondere der Archäologie, die Gedankengänge Peschels und Hiekischs über die Selbständigkeit der Kultur der tungusischen Völker im allgemeinen, der „eigentlichen“ Tungusen genauso wie ihres südlichen mandschurischen Brudervolks im besonderen. Der moderne Historiker berücksichtigt dabei, daß

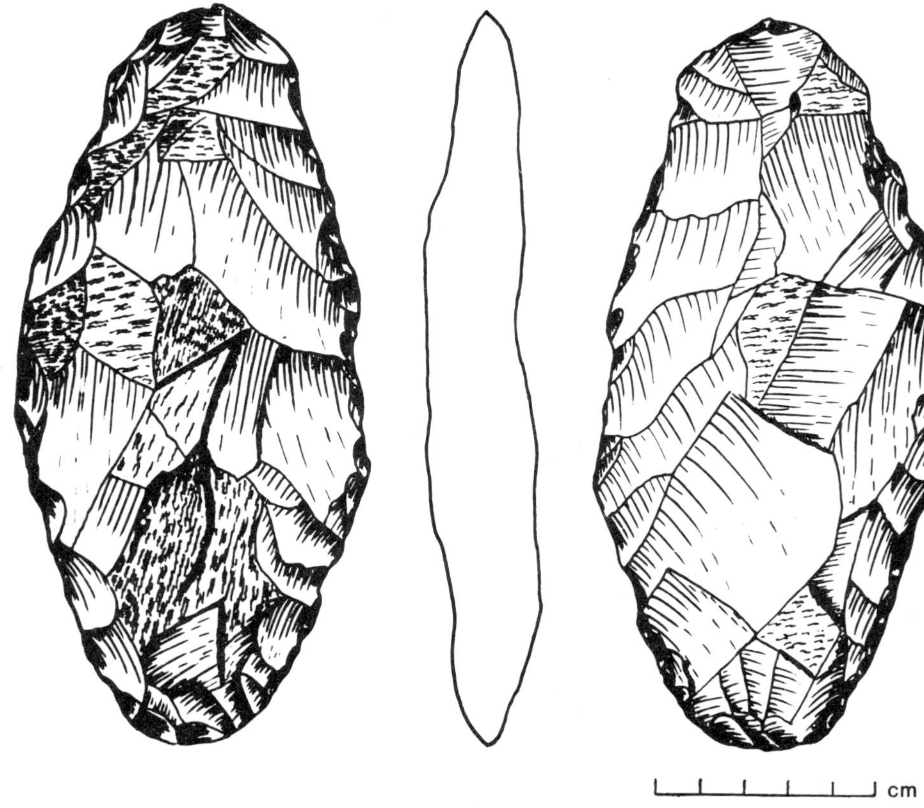

Abb. 3: Faustkeile aus Tambowka.

verschiedene Nationen den gleichen historischen Weg gehen, jedoch auf Umwegen und engen Pfaden, und daß kulturell höherstehende Nationen bewußt andere Wege gehen als weniger kulturbetonte. Die ganze Komplexität dieses konkreten historischen Prozesses, die Verschiedenartigkeit seiner Formen zu zeigen und dabei allgemeine tiefgreifende Gesetzmäßigkeiten aufzudekken, das ist die Aufgabe moderner Historiker. Zur Lösung dieser großen und hinreißenden Aufgabe hat die Wissenschaft ungeheures Dokumentenmaterial über die Völker Sibiriens zusammengetragen. Da sind, wie wir schon gesehen haben, Forschungen von Ethnographen, Anthropologen, teils auch von Sprachforschern zu nennen, aber auch die der Naturwissenschaften (Quartiärgeologie,

Klimatologie, Paläontologie, Zoologie, Paläobotanik). Diese Unterlagen sind im ersten Band der „Geschichte Sibiriens“ der Akademie der Wissenschaften ausführlich behandelt, wo von den Völkern Sibiriens bis zu ihrem Anschluß an den russischen Staat die Rede ist.

Die Fülle der Tatsachen beweist, daß die Völker Sibiriens niemals außerhalb der Geschichte standen, daß sich auf ihrem riesigen Territorium seit Urzeiten ein historischer Prozeß abwikkelte und verschiedene historische Ereignisse abliefen, die in vielem mit dem Leben der Bevölkerung der benachbarten Gebiete und Länder im Zusammenhang stehen.

Die Tatsachen beweisen darüber hinaus, daß diese Völker nicht „kulturlos“ und „wild“ waren, sondern im Lauf der Jahrtausende kulturelle Werte schufen, die über die Grenzen des asiatischen Kontinentes hinaus wirkten, daß die Vorgänge im Innersten Asiens in anderen Erdteilen Widerhall fanden, im alten Europa ebenso wie im neuen Amerika.

Umfangreiches und eindrucksvolles Material brachte die Archäologie im sowjetischen Fernen Osten ans Licht, besonders im Amurbecken und im „Primorje“, dem Küstengebiet am Stillen Ozean, also in Gebieten, die an China und die Mongolische Volksrepublik grenzen.

Um die Bedeutung dieser Materialien für die Geschichtswissenschaft, für die Geschichte des Fernen Ostens, Zentral- und Ostasiens in vollem Umfang abzuschätzen, skizzieren wir kurz die Geschichte der archäologischen Forschungen im Fernen Osten der Sowjetunion. Pioniere der Fernostarchäologie waren russische Entdeckungsreisende. Die ersten Nachrichten von den alten Kulturdenkmälern jenseits des Baikal und in den mongolischen Steppen überbrachte der russische Diplomat und Reisende Nikolaj Spafarij. Von entsprechenden Altertümern am Amur erfuhren gebildete Russen des 17. Jahrhunderts ebenfalls durch Spafarij, der ein umfangreiches Werk über China schrieb und über seine Reise von Moskau durch ganz Sibirien, durch die Nomadenlager der Mongolen bis zum Hof des Kaisers der Mandschurei, der China regierte. Er selbst erhielt seine Kenntnisse von russischen Pionieren, den Eroberern Sibiriens, von Kosaken, die das Amurgebiet gut kannten. Diese Entdeckungsgeschichte sieht so aus: An der Wende vom 17. zum 18. Jahrhundert beendete in Tobolsk der bekannte russische Gelehrte Semjon Uljanowitsch Remesow das monumentale geographische Werk, das seinen Namen unsterblich machte, das „Skizzenbuch Sibiriens". Unter den zahllosen Angaben, die seinen Atlas füllen, befindet sich eine ungewöhnliche und dem Inhalt nach rätselhafte Eintragung. Auf einer Übersichtskarte „aller sibirischen Städte und Länder" ist bei der Mündung des Amur in den Stillen Ozean vermerkt: „Bis zu diesem Ort gelangte Kaiser Alexander von Mazedonien, verbarg eine Waffe[12] und hinterließ eine Glocke." Neben der Schrift ist eine Stadt mit Türmen angedeutet und ein Gegenstand, der offenbar die erwähnte Glocke darstellen soll, von der die Inschrift erzählt.

Wie sich zeigte, steht dieser Hinweis in Zusammenhang mit dem berühmten Felsen von Tyra, wo russische Kosaken den Winter 1655/56 verbrachten. Sie sahen hier die Ruinen eines alten Gotteshauses und fanden Denkmäler mit Inschriften in vier Sprachen. Zwanzig Jahre später erzählten sie Nikolaj Spafarij von ihrer Entdeckung. Dieser schrieb die Nachricht nieder, und so kam sie später in das „Skizzenbuch" des S. Remesow.

Es vergingen zwei Jahrhunderte seit den Reisen russischer Abenteurer, bis die ersten wissenschaftlichen Expeditionen ins Amurbecken begannen, die auch von den archäologischen Denkmälern des Fernen Ostens Kunde brachten. Einer der ersten russischen Forscher in diesem Raum war Alexander Theodor von Middendorf, Mitglied der Akademie. 1842 wurde er zum Leiter einer Expedition nach Sibirien ernannt.

Nach der Erforschung des Taimyr im Jahre 1842 begab sich Middendorf auf die lange Reise über Jenissejsk und Irkutsk nach Jakutsk und dann auf die Schantarischen Inseln im Ochotskischen Meer. Von dort fuhr Middendorf mit einer Bajderka[13] zur Mündung des Flusses Tugura, überwand dann die fast unzugänglichen Berge der Stanowojkette und erreichte den Fluß Bureja. Nun

[12] Nach anderer Lesart: . . . verbarg (vergrub) die Leichen (bestattete die Gefallenen).

[13] Kleines fellbespanntes Boot.

wendete er sich nach Norden, der Selemdscha zu, und auf den Nebenflüssen Manu und Naru kam er zum Fluß Dugdu. Über die Flüsse Tukoi, Däp und Sekek erreichte er schließlich die Stadt Giljui, und über die Giljui-Nebenflüsse Urkan und Olodoi gelangte er zum Wachtposten Ust-Strelotschnyj an der Gabelung von Schilka und Argun. Hier traf Middendorf am 14. Januar 1846 ein. Die Expedition im Amurgebiet führte durch unwegsames Land, über reißende Flüsse, teilweise ohne Führung. Sie war eine echte Heldentat im Namen der Wissenschaft. Das Resultat dieser ersten Reise in ein riesiges und völlig unerforschtes Gebiet war eine ebenso bedeutende Bereicherung der Wissenschaft durch ein vielbändiges Werk, an dem Middendorf mehr als zwanzig Jahre arbeitete.

In seiner „Reise in den Norden und Osten Sibiriens" widmete er neben einer Beschreibung von Flora und Fauna der nordöstlichen Teile Sibiriens und des Fernen Ostens viele blendend geschriebene Seiten dem Leben, dem Alltag und der Wirtschaft der tunguso-mandschurischen Völker. Auch die archäologischen Denkmäler ließ Middendorf nicht unbeachtet. Er erwähnte und untersuchte teilweise einige größere alte Siedlungen, offenbar daurische, und solche aus der Dschurdschenzeit, und er verwies auf die große befestigte Siedlung an der Urkanmündung. Bei der Mündung des Olodoi und auf den Inseln des Amur entdeckte Middendorf Spuren von Ackerfurchen der Ureinwohner dieses Gebietes. Archäologische Denkmäler des Mittelalters fand er auch bei der Urutschi-(Uruscha-)Mündung, am Gornafluß und an einigen anderen Stellen.

Zehn Jahre nach der Reise Middendorfs sandte die sibirische Abteilung der Russischen Geographischen Gesellschaft den Geographen und Naturkundler R. K. Maak zum Amur. 1855/56 reiste er vom Posten Ust-Strelotschnyj am Zusammenfluß von Schilka und Argun bis Marijinsk am Unterlauf des Amur und zurück, das war eine Strecke von 5200 Kilometern. Aus dem Expeditionsmaterial stellte er eine Monographie zusammen, mit genauen Angaben über Pflanzen- und Tierwelt sowie das Klima dieses Raumes. Über die dichte Besiedlung des Amurgebietes schrieb Maak: „An beiden Ufern, insbesondere aber auf dem linken, sah ich Häusergruppen

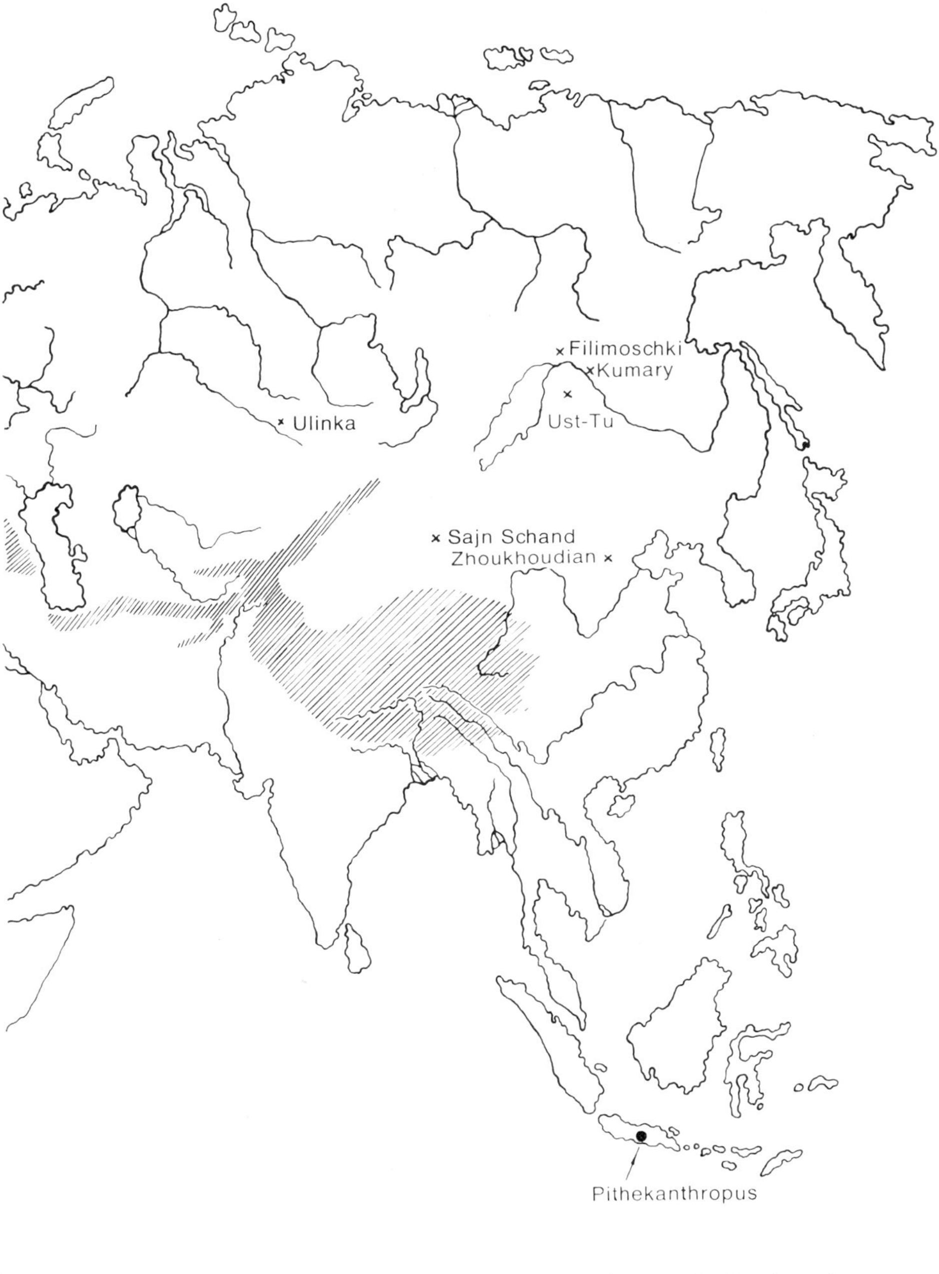

Abb. 4: Karte des Verbreitungsbereichs von Steinwerkzeugen in Nord- und Zentralasien.

und ganze Siedlungen in großer Zahl, die teilweise ganz nahe am Ufer lagen, teilweise etwas entfernter ... einige blieben wahrscheinlich unbemerkt, da die Häuser oft von Bäumen und dichtem Gestrüpp verdeckt und vom Fluß her nicht zu sehen sind."

R. K. Maak verdanken wir die erste Beschreibung der Wohnstätten und der Lebensweise einiger dieser Völkerschaften – der Manegren (einer ethnischen Gruppe der Ewenen), der Ultschen (bei Maak Mangunen), der Nanai (bei Maak Golden) –, die damals an den Ufern des Amur siedelten. Von ihrem Alltag lieferte er im Atlas zur Reise an den Amur hervorragende Zeichnungen. Auch den archäologischen Denkmälern des Amurtales schenkte er seine Aufmerksamkeit. Er beschrieb die Spuren des Weges, der von der Uruschimündung zur Seja führt. Sein Album enthält einen Plan der Überreste der Albasinsker Wehranlagen und eine kurze Beschreibung der Ruinen einer befestigten Stadt. Auf einer Insel in der Mündung des Flusses Kumara entdeckte Maak Wälle und Reste von Gräben. Seiner Ansicht nach mußte sich hier „Kumarskij Ostrog" befunden haben, eine russische Befestigung, die im 17. Jahrhundert am Amur bestand. Eine andere hat Maak unweit der Ussurimündung untersucht: „Auf der Spitze eines Felsvorsprunges fanden wir Reste einer viereckigen Befestigung, deren Wände an zwei Seiten direkt über das steile Flußufer emporragten, während sie an den zwei anderen Seiten von Gräben und einem Wall umgeben war. An einer Seite befand sich in der Mitte ein freier Raum, der offenbar als Eingang in die Befestigung diente. Das Innere erinnerte an die Anlage von Albasinsk, war aber breiter angelegt. Hundertjährige Eichen, die in den Gräben und im Inneren der Befestigung wuchsen, wiesen deutlich auf das hohe Alter der Anlage hin."

Später besuchte R. K. Maak den Ussurijsker Bezirk, wo er wiederum einige archäologische Funde machte, darunter die Felszeichnungen im Ussurital. „Wir sehen" – heißt es in seinem Tagebuch – „am Ufer eine ganze Reihe von Erosionsstellen, Njurze genannt. Sie reichen bis zu jenem Ort, wo der Talabhang sich wieder vom Ufer zu entfernen beginnt. Diese Erosionsstellen bestehen hier hauptsächlich aus einer schlackenartigen Trachytmasse, die in erster Linie den oberen Teil des Felsvorsprungs und

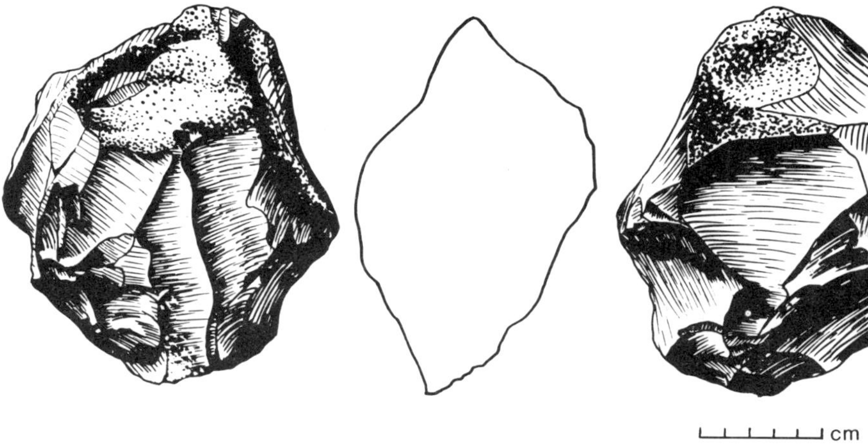

Abb. 5: „Rubilo“, Keil (Kernstein) aus Ossinowka bei Ussurijsk.

des ganzen Abhanges einnimmt, während in ihren unteren Teilen fester Trachyt vorherrscht.

All dieses Gestein zerfällt in kubische Einzelstücke, und in den harten Teilen, das heißt im festen Trachyt, finden sich häufig schlackige Trachytmassen in Form von Adern und Gängen. Die Njurze verdienen auch in historisch-geographischer Hinsicht Beachtung. Man findet auf ihnen häufig verschiedene Darstellungen von Mensch und Tier, die aus den harten Gesteinsteilen herausgearbeitet wurden. Hier sah ich unter anderem die Abbildung eines Menschen auf einem Pferd, die eines Vogels, der den Umrissen nach am ehesten einer Gans glich. Weiters die sehr groben und unfertigen Umrisse eines menschlichen Antlitzes, von dem in alle Richtungen Strahlen ausgingen. Über diese historischen Denkmäler gibt es unter der dortigen Bevölkerung, die ich befragen konnte, keinerlei Überlieferung. Beurteilen wir die Darstellungen aber nach ihrem jetzigen Zustand, so können wir sie in sehr ferne Zeiten datieren, denn obwohl aus hartem Gestein gehauen, sind sie durch atmosphärische Einflüsse undeutlich geworden, und einige Figuren sind so abgeglättet, daß sie kaum mehr wahrzunehmen sind.“

Eine kurze Beschreibung der Reste einiger befestigter Siedlungen findet sich aus der Feder des Schriftstellers und Ethnographen S. W. Maximow, der 1860/61 den Amur entlang reiste.

Dank solcher Beobachtungen und Entdeckungen von Reisenden und Gelehrten zeigt sich bald ein besonderes Interesse für die Archäologie des Fernen Ostens. Es beginnt die systematische Sammlung von Aufzeichnungen über seine Altertümer. Man unternimmt die ersten Versuche, sie als Quell zur Erstellung eines Bildes der fernen Vergangenheit und zum Verständnis des historischen Schicksals seiner Bevölkerung zu benutzen. Vor allem die effektvollen, monumentalen Funde aus dem Mittelalter erregten zunächst die Aufmerksamkeit der Forscher: befestigte Siedlungen, Steinskulpturen, Menschen und Tiere darstellend, uralte Wege und andere Überreste der hohen Kultur der Bohai- und Dschurdschenzeit. Aber schon in den sechziger Jahren des 19. Jahrhunderts gilt das Interesse auch weniger spektakulären Denkmälern der ältesten Kultur und wendet sich den Spuren menschlicher Alltagsarbeit zu.

I. A. Lopatin, ein hervorragender Erforscher Sibiriens, ein berühmter Geograph und Geologe jener Zeit, war dabei der erste. Aus Krasnojarsk gebürtig, beendete er 1860 die Bergbauschule und unternahm dann mehrere Expeditionen nach Ostsibirien und in den Fernen Osten. Dabei sammelte er überall mit der ihm eigenen Sorgfalt Aufzeichnungen von den verschiedenen Altertümern. So entdeckte und beschrieb er eine riesige vorzeitliche Siedlung auf der Insel Sachalin beim Dorf Tarajka, die aus einer Vielzahl von Höhlen bestand, Reste von Erdwohnungen bis zwei Saschen[14] im Quadrat, die nun völlig eingefallen waren. Er fand dort auch Scherben von Tongefäßen und Steinäxte, die ihn an die dänischen erinnerten, die bei Lebbok abgebildet sind. In einer großen Spezialarbeit sammelt I. A. Lopatin auch Daten über 49 verschiedene archäologische Denkmäler im Küstengebiet von Ussuri und Amur sowie auf Sachalin.

Mit den Altertümern des Küstengebietes beschäftigte sich auch der Geograph und Reisende N. M. Prschewalskij. „Eine starke, schon in der Kindheit gehegte Reiseleidenschaft“ führte ihn 1868 zum Amur, dann ins Tal des Ussuri, zum Chanka-See und in die Küstenlandschaft des Stillen Ozeans. Beim Dorf Nikolskaja sah und beschrieb er die Überreste zweier Erdbefestigungen und

[14] 1 Saschen = 2,33 m.

„bearbeiteter Steine", alte Skulpturen, die ihn in Erstaunen setzten. „Tief in Gedanken schritt ich" – schrieb Prschewalskij – „an den Wällen der Befestigungen entlang, die von Gesträuch überwuchert waren und von dichtem Gras, das Kühe friedlich abweideten. Unwillkürlich kam mir damals das bekannte arabische Märchen in den Sinn, in dem ein Mensch alle fünfhundert Jahre ein und denselben Ort besucht, wo er immer die gleiche Stadt, das gleiche Meer, Wälder und Berge wie eh und je vorfindet und auf seine Frage immer die gleiche Antwort erhält, nämlich, daß es so seit Beginn der Zeiten war."

Das Interesse an den Funden im Küstengebiet und überhaupt im Fernen Osten wurde durch die Arbeiten so bedeutender russischer Orientalisten und Sinologen wie Bitschurin, Kafarow, Gorskij gefördert und vermehrt.

Schon 1828 erscheint die breitangelegte Arbeit Bitschurins über die Mongolen. In ihr war umfangreiches Material nicht nur zur Geschichte der Mongolen selbst, sondern auch über deren Beziehungen zu den Nachbarländern und -völkern gesammelt. Ein Jahr später kommt Bitschurins fundamentales Werk „Die Geschichte der ersten vier Khane des Hauses Tschingis" heraus, das Übersetzungen aus der Geschichtsschreibung der mongolischen Dynastie Yüan-Shi und aus dem Dong-jian gang-mu enthält. In der „Geschichte der ersten vier Khane" waren auch für die Geschichte des Fernen Ostens wertvolle Mitteilungen über die wechselseitigen Beziehungen der Mongolen und Dschurdschen und vom Fall des Reiches Jin gesammelt. Ebenfalls 1829 erscheint die „Beschreibung der Dsungarei und Ostturkestans im alten und jetzigen Zustand", und 1833 die „Geschichte Tibets und Kukunors von 2282 vor Christi Geburt bis 1227 nach Christus", einige Jahre später, 1842, die „Statistische Beschreibung des Chinesischen Reiches", und schließlich 1851 die in der Geschichte der Orientalistik berühmte „Sammlung der Berichte über die Völker, die in alter Zeit Zentralasien bewohnten".

Die Erforscher des Fernen Ostens wurden durch die Arbeiten Bitschurins erstmals nicht nur mit den Namen der Suschenen[15],

[15] In chinesischen Quellen: Su-shen.

Ilou, Udschen und Mohe, die einmal das Küsten- und Amurgebiet besiedelten, konfrontiert, sondern erhielten auch konkrete Angaben über deren Vergangenheit und die Wesenszüge ihrer Lebensweise.

Nach der Herausgabe der „Gesammelten Daten ..." wurde klar, daß die Geschichte der fernöstlichen Völker möglicherweise bis zum Ende des zweiten Jahrtausends v. Chr. zurückreichte, sicher jedoch ins dritte Jahrhundert v. Chr. Noch deutlicher erfassen wir sie im Mittelalter, als hier die mächtigen staatlichen Vereinigungen der Bohai und Dschurdschen entstehen.

Wesentlich klarer wurden auch die Beziehungen der Völker des Fernen Ostens untereinander und zu den Nachbarvölkern Zentral- und Ostsibiriens. Andere Arbeiten Bitschurins warfen ein Licht auf jene für die Völker des Fernen Ostens furchterregende Zeit, die mit der Errichtung der mongolischen Weltherrschaft Tschingis Khans begann.

Die „Gesammelten Daten" sollten Bitschurins letzte Arbeit sein, die Krönung seines ganzen Lebens. Er starb 1853. Sein Tod verzögerte die Fortführung der Geschichtsschreibung des Fernen Ostens, insbesondere was die Periode zwischen dem Fall des Bohaireiches und dem Untergang des Dschurdschenreiches betrifft. Auch die Zeit vom 13. Jahrhundert bis zum Auftauchen der ersten Russen im 17./18. Jahrhundert blieb unerforscht.

Zwar erschien 1852 die Arbeit Gorskijs, „Anfang und erste Taten des Hauses Mandschu". In ihr gab der Autor erstmals in der russischen wissenschaftlichen Literatur einen allgemeinen Überblick der alten und mittelalterlichen Geschichte der Mandschurei. Er schrieb von den Stämmen dieses Landes und ihren Beziehungen zu China ab der Zhou-Periode. Aber die Arbeit Gorskijs war nicht mehr als ein allgemeiner Abriß und eine vereinfachte Einführung in die Geschichte der mandschurischen, von Nurchazi gegründeten Dynastie (1559–1626).

Die Lücke zu füllen stellte sich auch W. P. Wassiljew zur Aufgabe, der sich mit der Erforschung der „Geschichte des östlichen Mittelasiens" beschäftigte, also der Mandschurei, Mongolei und Nordchinas, namentlich der Periode vom 10. zum 12. Jahrhundert. Er entschloß sich weiters, das Leben der Mandschuren und ihrer Nachbarn in deren schwerster und dunkelster

Zeit, zwischen der Zerschlagung des Dschurdschen- und Sung-Reiches durch die Mongolen und der Bildung eines mandschurischen Staates unter der Herrschaft der Ch'ing-Dynastie[16] im 17. Jahrhundert aufzuhellen.

Was Auswahl, Verallgemeinerung und kritische Bewertung des umfangreichen Tatsachenmaterials der historischen Quellen anbelangt, leistete Wassiljew schier Ungeheures. In seiner „Geschichte der Altertümer des östlichen Mittelasien" gab er erstmals eine klare und detaillierte Beschreibung der Kidanen und Dschurdschen, und zwar vom Verlauf der Ereignisse ab dem 10. bis zum 13. Jahrhundert in den Reichen Liao und Jin sowie deren Beziehungen zu den Chinesen. In einer speziellen Arbeit beleuchtete Wassiljew auch einen bis dahin unerforschten Abschnitt der Mandschu-Geschichte, nämlich der Yuan[17]- und Ming[18]-Dynastien. Der Geschichte der ostasiatischen Gebiete aber, die später ans russische Reich angeschlossen wurden, in der Vergangenheit aber einen Teil des Dschurdschenstaates bildeten und auf diese oder jene Weise in den Einflußbereich der Kidanen gerieten, widmete Wassiljew nur wenig Aufmerksamkeit.

Die russische Wissenschaft beschäftigte sich unterdessen vor allem mit dem Küsten- und Amurgebiet. So widmete sich der Erforschung der mittelalterlichen Geschichte dieses Gebietes der dritte hervorragende russische Sinologe, Palladij Kafarow, den N. Wesselowskij den „größten europäischen Sinologen" nannte.

1870 unternimmt Kafarow eine große Reise von Peking durch die Mandschurei bis Blagoweschtschensk und weiter bis Chabarowsk und das Gebiet von Juschno-Ussurijsk. Die unterwegs gemachten Aufzeichnungen wurden noch zu seinen Lebzeiten publiziert. Die Reiseskizzen von Blagoweschtschensk bis Chabarowsk blieben in den Reisetagebüchern. Sie enthielten viele wertvolle Angaben über die Stämme, die das Gebiet schon seit alters besiedeln. Viele Seiten sind auch der mittelalterlichen Geschichte der Völker gewidmet. P. Kafarow weist als einer der ersten

[16] 清 ; heute Qing geschrieben; gesprochen etwa wie T'jing, Tsch'ing.

[17] 元 = Yuan, gesprochen Yüan.

[18] 明 = Ming.

besonders auf die mittelalterliche Befestigung „Schapka" beim Dorf Pojarkowo hin.

Einen besonders gewichtigen Beitrag leistete Kafarow zur Bearbeitung der mittelalterlichen Geschichte des Küstengebietes. Er bediente sich dabei nicht nur chinesischer und japanischer Quellen, sondern benützte auch die archäologischen Denkmäler dieses Gebietes. Kafarow war bestrebt, die Lage alter Befestigungen und Städte zu bestimmen, ihre Benennung, ihre historische und ethnische Zugehörigkeit aufzuklären. Eine besondere Bedeutung schrieb er den Münzen zu, die nicht nur die Datierung der archäologischen Funde ermöglichen mußten, sondern auch helfen konnten, den Ablauf konkreter historischer Ereignisse, Fragen der Wirtschaft, gegenseitiger Verbindungen, der Beziehung verschiedener Völker und Staaten zu erklären.

1870/72 fährt P. Kafarow im Auftrag der Russischen Geographischen Gesellschaft ins Küstengebiet, um an Ort und Stelle die Altertümer dieses Gebietes kennenzulernen und sie mit den Chroniken und historischen Quellen in Verbindung zu bringen. Indem er aus seinen Beobachtungen Bilanz zog, schrieb Kafarow 1870, daß er fortsetze „. . . im Dorf Nikolskoje nahe bedeutender Spuren des Altertums und in Nachbarschaft koreanischer Siedlungen zu leben. Auf Grund historischer Daten und durch lokale Vergleiche bin ich gegenwärtig eindeutig zur Überzeugung gekommen, daß die im Gebiet des südlichen Ussuri verstreuten Reste von Altertümern hauptsächlich in die Zeit der Herrschaft des Hauses Bohai in der Mandschurei gehören."

Außer den mittelalterlichen Denkmälern suchte Kafarow mit besonderem Interesse Spuren der „Präbohai-Periode", darunter Werkzeuge aus Stein. Verbittert schrieb er 1870 in diesem Zusammenhang: „. . . aber bis heute gelang es mir weder steinerne Pfeilspitzen noch runde Gräben noch irgendwelche andere Überreste des fernen Altertums zu finden." Man versteht daher seine Freude, als er 1871 in Wladiwostok einen ersten derartigen Fund erhielt, und zwar eine geschliffene Axt aus einem grünen Mineral. Sie war beim Ausheben eines Vorratskellers in einer Bucht in der Tiefe von ungefähr eineinhalb Saschen gefunden worden. Ein Marineoffizier namens Petrow hatte sie aufbewahrt und Palladij

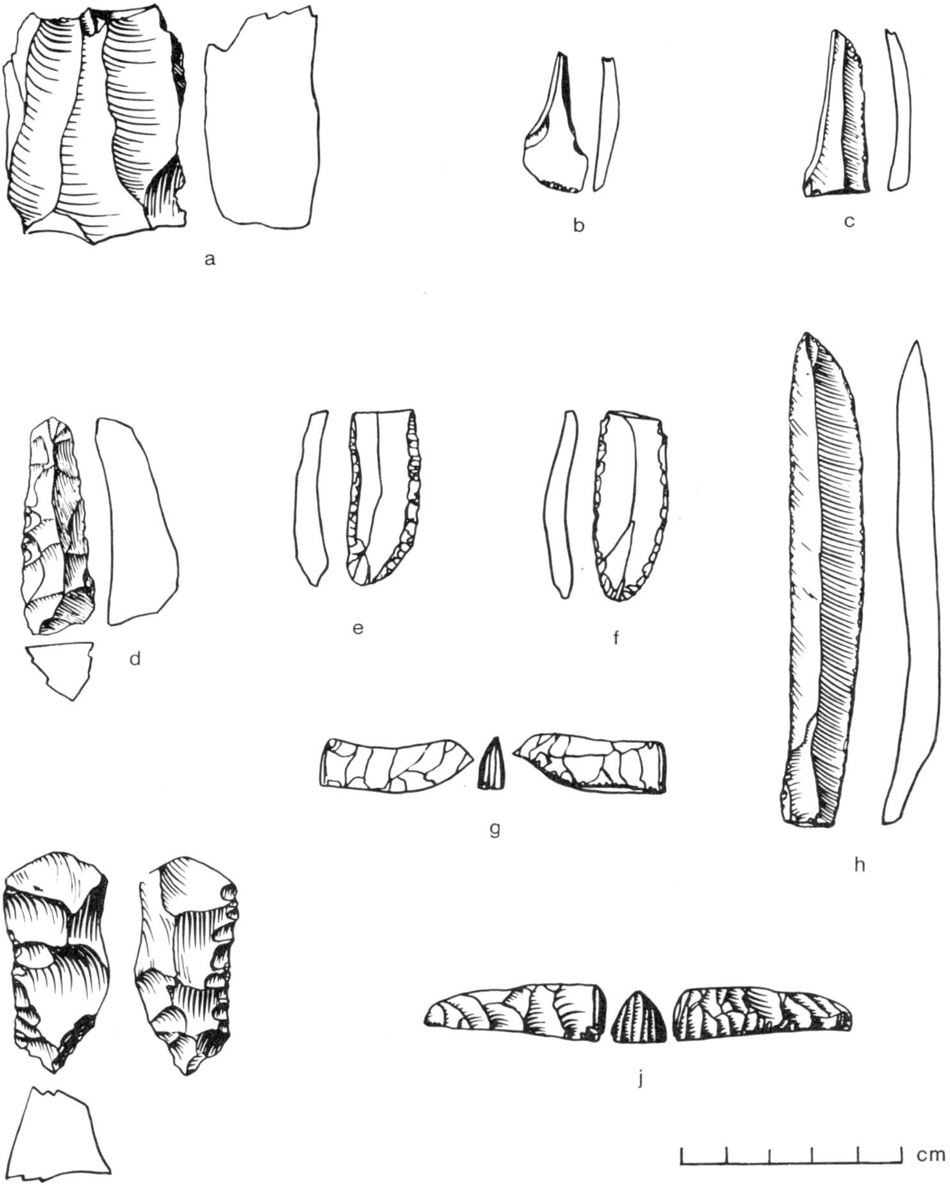

Abb. 6: Steinwerkzeuge aus Ustinowka am Taduschifluß: (a) Epi-Levallois-Faustkeil, (b, c) Meißel oder Stichel, (d, g, h, i, j) „Gobische Nuklei“, (e, f) Retuschierte Schaberplatten.

übergeben. Die dunkelgrüne Farbe der Axt ließ annehmen, daß es sich um Nephrit handelte, den man nach historischem Zeugnis der Jin-Dynastie (265–419 n. Chr.) im Nordosten des Su-shen-Landes gewann. Dieses Gestein, heißt es in der Chronik, „konnte in Eisen eindringen“. Kafarow wies gelegentlich dieses Fundes darauf hin, daß in der Ming-Geographie von einem schimmelfarbenen (wasserfarbenen) Stein aus dem Gebiet der Amurmündung – dem shui-hua-shi[19] – berichtet wird, der so fest ist, daß er in Eisen eindringt. „Dieser Fund ist um so wichtiger“, schrieb P. Kafarow, „als er die Frage der berühmten steinernen Pfeilspitzen löst, die von den alten Einwohnern der Mandschurei, den Suschenen und ihren direkten Nachkommen, den Ilou, Udschi und Mohe, von alters bis ins 12. Jahrhundert n. Chr. hergestellt wurden. Die östlichen Dschurdschen, die im jetzigen Süd-Ussurigebiet lebten, lieferten Hunderttausende Steinspitzen für Pfeile als Geschenke nach Korea.“ Das beweist, daß es in der Mandschurei reiche Fundstätten von kleinkörnigem Gestein gab, das sich zur Herstellung von Geräten eignete. „Ob die Fundstätten erschöpft oder nur der Aufmerksamkeit der jetzigen Bewohner des Landes und der Reisenden entgangen waren, ist noch schwer zu entscheiden.“

Das Material, aus dem die Axt hergestellt ist, die man in Wladiwostok gefunden hat, wurde im gleichen Jahr 1871 identifiziert. Der Bergingenieur Bogoljubskij bestimmte es als Diorit und nicht als Nephrit und schreibt: „Der Diorit kommt in der Nähe Wladiwostoks vor, in einem Bergzug, der von der Amurbucht nach Nordosten streicht, vom Flüßchen Schkot zum Flüßchen Perwaja. Der Diorit ist ein ganz alltägliches Gestein, das die Ureinwohner der Mandschurei und des Küstengebietes an vielen Stellen für ihre Bauten gewinnen konnten.“ Kafarow meinte daher, daß die Steinzeit in der Mandschurei und im Küstengebiet bis ins 12. Jahrhundert n. Chr., bis in die Dschurdschenzeit, dauerte, solange bei den östlichen Stämmen steinerne Pfeilspitzen vorkommen. Das heißt natürlich keineswegs, daß alle Steingeräte, die man hier finden kann, so jung sind. Unter ihnen gibt es, nach

[19] shui-hua-shi = Wasser-Farbe-Stein.

Meinung Kafarows, solche, die „natürlich in älteste Zeiten zurückgehen". Zu den ganz alten zählte er die Axt von Wladiwostok, die ihn so stark interessierte.

Der wichtigste Fund beim archäologischen Studium des Küstengebietes war, nach den Arbeiten Kafarows, die Entdeckung und Erforschung der Muschelhaufen mit Geräten der Steinzeit durch M. Jankowskij. Sie erwiesen sich gerade als jene Spuren der ältesten Kultur des Küstengebietes, die Kafarow so interessierten. Jankowskij war einer der Pioniere, die das Küstengebiet den Russen eroberten. Der von ihm 1880 aufgegrabene Muschelhaufen wurde an der Nordostseite der Halbinsel Slawjanskij gefunden (jetzt heißt sie Jankowskij-Halbinsel). In der allerobersten Schicht, schrieb Jankowskij, fanden sich sogleich Stücke zerschlagener Knochen und Scherben von gebrannten Tontöpfen. Diese waren in rohester Form, ohne Töpferscheibe modelliert. Weiter fanden sich da auch steinerne, geschliffene Geräte – Äxte, Meißel, vom Gebrauch abgestumpfte Kieselsteine, eine Art „Senkblei" aus Granit oder etwa ein Hammer in Gestalt eines runden Steines mit rundumlaufender Rille sowie grobbearbeitete, knöcherne, kernförmige Geräte mit zugespitzten Enden. Jankowskij fand auch eine Anzahl von Knochen und Stücke von Rentiergeweihen. I. D. Tscherskij schrieb sie später dem gefleckten Amur-Rentier zu und bestimmte aus der Sammlung Jankowskijs „nicht wenig Knochen von Rehen", am seltensten solche der Haustiere Rind und Hund.

M. Jankowskij erfaßte sofort die Bedeutung dieser auf den ersten Blick wenig versprechenden Funde. In einem Brief an die Ostsibirienabteilung der Russischen Geographischen Gesellschaft schrieb er, daß er bei Übergabe dieser zufällig entdeckten Gegenstände die Überzeugung gewonnen habe, daß sie großem Interesse begegnen werden, „da es sich hier, wenn ich nicht irre, um die erste Entdeckung von Küchenresten der Steinzeitperiode im sibirischen Raum handelt, aber auch deshalb, weil diese Ausgrabung unversehrt eine charakteristische Episode aus dem Familienleben eines mongolischen Stammes so ferner Vergangenheit vermittelt".

Wesentlich ist dabei, daß Jankowskij seine Funde in kulturhistorischem Zusammenhang betrachtete, aus der Sicht des damals in der Wissenschaft vorherrschenden progressiven evolutionistischen Standpunkts bei der Beurteilung der Geschichte des ersten Menschen. „Ich habe keine Berichte darüber“, fuhr er fort „ob solche Entdeckungen in China und Indien gemacht wurden. Wenn nicht, dann erhält die vorliegende zusätzliche Bedeutung als Parallele und Vergleichserscheinung zu Funden an der dänischen Küste“. Die Ähnlichkeit der Muschelhaufen des Küstengebietes mit den dänischen „Køkkenmøddinger“ zeigte – nach seinem Dafürhalten – besonders augenscheinlich die gesetzmäßige Einheit der Urkultur. So fern voneinander die verschiedenen Stämme und Völker auch lebten, die sich auf dieser Kulturstufe befanden, das gleiche kulturelle Niveau mußte gleiche Gewohnheiten und gleiche Lebensweise bewirken, ob am Stillen oder am Atlantischen Ozean.

Die Muschelhaufen der Amurbucht, deren Erforschung M. Jankowskij begann, zogen bald erneut die Aufmerksamkeit auch anderer Forscher an. 1862 hielt sich I. S. Poljakow im Küstengebiet auf, wohin er von der Akademie der Wissenschaften zum Studium der Natur Japans und des Fernen Ostens geschickt worden war. Ein Tonkingkosake von Geburt, ein bedeutender Zoologe seiner Zeit, interessierte sich Poljakow seit eh und je besonders für die archäologischen Funde der Steinzeit. Sein Name ist mit einer Reihe hervorragender Entdeckungen aus der Vergangenheit dieses Gebietes verknüpft.

Poljakow war der erste, der sich nach Lopatin ernstlich mit den neolithischen Siedlungen auf Sachalin befaßte. Auch in Japan führte er archäologische Studien durch, und zwar an den neolithischen Resten in den berühmten Siedlungen Omori und Sinagawa. Als Poljakow von der Insel Sachalin aufs Festland zurückkehrte, unternahm er vor der Reise nach Japan noch archäologische Ausgrabungen im Küstengebiet. Dazu wählte er wie Jankowskij den Raum der Sidemibucht. In der Arsenjewbucht, bei der Mündung des Flüßchens Sidemi, wo der Lachsfang überreiche Beute bringt, grub Poljakow in der ersten Oktoberhälfte 1881 „einen der zahlreichen Muschelhaufen auf, Küchenreste der hiesigen Ureinwohner“, in dem er steinerne und knöcherne Geräte fand. Ähnliche Küchenreste hatte er vorher in der Posjetbucht gesehen.

In seinen Arbeiten zur Erforschung der Siedlungen mit Muschelhaufen im Amurgebiet war, im Vergleich zu seinem Vorgänger Jankowskij, völlig neu, daß er erstmals versuchte, die alten küstenländischen Kulturen in einen konkreten Zusammenhang mit den Kulturen benachbarter Gebiete Asiens zu stellen, vor allem mit Sachalin und Japan. Als Zoologe widmete sich Poljakow vor allem den pflanzlichen Resten der Muschelhaufen und verglich sie mit der Fauna alter Siedlungen auf Sachalin. Die erhalten gebliebenen Küchenreste dieser „Urbewohner des Küstengebietes“ erinnerten Poljakow durch die große Anzahl von Muscheln an die alten Siedlungen Süd-Sachalins im Umkreis der Aniw-Bucht. Sie unterschieden sich von den letzteren jedoch „durch die in ihnen enthaltenen Knochen von Säugetieren“. Auf Sachalin wurden viele Knochen von Meerestieren wie dem Wal gefunden. Im Küstengebiet fand sich offenbar nichts dergleichen.

Ausgezeichnet waren auch die Steinwerkzeuge. Im Küstenland der Amurbucht, bei der Arsenjewbucht, fanden sich „in einem aufgegrabenen Muschelhaufen“ steinerne Geräte, die „ausnehmend fein geschliffen waren. Es waren feinbearbeitete Äxte, auch Pfeile und Speere, schön aus Tonschiefer oder Grünstein herausgeschliffen“. Zum Unterschied von Sachalin gibt es im Primorje „keine Spuren von Feuerstein oder irgendwelchen sonstigen behauenen, vom Stein abgeschlagenen Geräten“, schrieb Poljakow über das Steininventar der Muschelhaufen in Posjet und in der Nähe der Sidemimündung.

So widmete Poljakow seine Aufmerksamkeit erstmals auch dem charakteristischen Zug der Steinwerkzeuge aus den Muschelhaufen und der Vielzahl geschliffener Geräte aus Tonschiefer und Grünstein, die sich in ihnen befanden. Gleichzeitig stellte er das Fehlen der durch Schlagen retuschierten Geräte des gewöhnlichen neolithischen Typs fest.

Ebenso wertvoll war seine allgemeine, aber doch hinreichend bestimmte Gegenüberstellung der archäologischen Funde des Küstengebietes mit dem ethnographischen Material. „Ich fand meinerseits unter anderem viele Gegenstände und Dokumente bei noch heute lebenden Völkern, die vollkommen an jene der Steinzeit gemahnen.“ So erinnerten ihn etwa die „abgeschliffenen Pfeile und Speere“ des Küstengebietes an jene Erzeugnisse, die noch vor kurzem auf den Alëuten verwendet wurden. Dort wurden bekanntlich im 18. und Anfang des 19. Jahrhunderts geschliffene Harpunenspitzen aus Schiefer (sogenannte „Nasen“) weitgehend verwendet, ebenso Messer des eskimo-alëutischen Typs für Männer- und Frauenarbeit, die den wirtschaftlichen Erfordernissen der Jäger und Fischer des Küstenlandes entsprachen. Zweifellos hatte Poljakow diese eskimo-alëutischen Schiefergeräte im Sinn. Zugleich fand er viel Gemeinsames unter den Knochengeräten, die er in den urzeitlichen Siedlungen des Fernen Ostens entdeckte und die zu jener Zeit von den Ureinwohnern Sachalins, also offenbar den Giljaken und Ainu, verwendet wurden. „An zwei Punkten wurden auch Knochenwerkzeuge gefunden, bei der Mündung des Flusses Susui und an der Amurbucht. Einige auf dem Festland gefundene ähneln sehr denen, die jetzt auf Sachalin von den dortigen Einwohnern verwendet werden.“

Aus den Funden in den Muschelhaufen und deren Vergleich mit den Resten der mittelalterlichen Kultur zog Poljakow weiters den allgemeinen Schluß, daß im Gebiet des südlichen Ussuri einstens große Siedlungen lokaler Stämme existierten, die „auf einer niedrigen Kulturstufe“ standen. Dieser ursprüngliche, auf dem Festland schon lange ausgestorbenen Stamm ist „in keiner Chronik ähnlich den chinesischen erwähnt“ und hinterließ Spuren seiner Existenz nur in den Muschelhaufen mit ihren Knochen und Geräten.

In den achtziger Jahren vollzog sich ein wichtiges Ereignis in der Forschungsgeschichte des Fernen Ostens, das auch für die Archäologie des Küstengebietes große Bedeutung hatte. 1884 wird das erste lokale wissenschaftliche Forschungsinstitut gegründet, die Gesellschaft zum Studium des Amurgebietes. Ihr Vorsitzender wurde F. F. Busse, ein hervorragender Kenner des Gebietes, der viel zum Studium und zur landwirtschaftlichen Erschließung dieses Raumes beitrug. Er war, wie es in einem Artikel zu seinem Gedenken hieß, ein „Idealist, ein leuchtendes Produkt der sechziger Jahre, bescheiden im Leben, von spartanischer, fast diogenes-

Abb. 7: Elch. Neolithische Felszeichnung von den „Steinernen Inseln“ (Kámennye ostrová) im Angarafluß.

hafter Geisteshaltung lebte er nur seinem Lebenswerk, der Wissenschaft. Er war jedoch immer voll Energie, Lebensfreude und gelegentlich voll jugendlichen Frohsinns.“ War er auch rauh und streng gegenüber Menschen, die ihm dem Geist nach fremd waren, so wandelte sich Busse sofort und geriet in Begeisterung, wenn in

Gesellschaft interessanter und ihm geistig nahestehender Menschen seine geliebten Themen zur Sprache kamen, die Altertümer, Ausgrabungen, die Geschichte und Kultur des Gebietes, die Kultur Chinas, die Tätigkeit der Gesellschaft und des Museums. Bei solcher Gelegenheit wurde er jung und erging sich in schönen Reden. Hingerissen von der Geschichte und Archäologie, verstand es Busse, auch andere Leute an die Gesellschaft zu binden, die sich für die Altertümer des Küstenlandes interessierten.

Einer der ersten Versuche zur Erforschung dieser Zeugen der Vergangenheit, den die Mitglieder der Gesellschaft unternahmen, waren die Arbeiten W. P. Margaritows, der durch seine ethnographischen Untersuchungen der Völker des Küstengebietes bekannt wurde. Es waren wiederum Ausgrabungen von Muschelhaufen, die umfangreiches und verläßliches dokumentarisches Material erbrachten, das Margaritow 1887 in einer speziellen Monographie veröffentlichte; es war die erste große derartige Arbeit, die den Altertümern des Küstengebietes gewidmet war. „In den Küchenresten (Køkkenmøddinger)", stellte er fest, „fanden wir keinerlei Geräte und Waffen aus Metall, ja nicht einmal Hinweise auf solche." Offenbar dienten „Stein und Knochen den Menschen, die unsere ‚Küchenhaufen' hinterlassen hatten, für alle möglichen Zwecke. Metall war allem Anschein nach in dieser Periode völlig unbekannt. Das Nichtvorhandensein der Metalle, das Fehlen von Anzeichen einer Landwirtschaft, die händische Herstellung von Gefäßen ohne technische Hilfsmittel und überhaupt das Fehlen jeglicher Vollkommenheit der Geräte und Waffen läßt die Annahme zu, daß der Mensch, der die Küchenhaufen hinterließ, auf einer niedrigen Kulturstufe stand."

W. P. Margaritow zog den völlig richtigen Schluß, daß die von ihm untersuchten Muschelhaufen nicht nur wesentlich älter als die der Jin-Zeit, sondern auch älter als das Bohai-Reich sein mußten, dessen Alter dank der Arbeiten Bitschurins, Kafarows und Gorskijs genau bestimmt war.

In seinen Arbeiten beschäftigte sich Busse besonders mit den Ausgrabungen alter Siedlungen mit Erdwohnungen sowie mit der Erforschung von Höhlen, in denen Steinzeitmenschen gewohnt haben konnten. Dabei erwiesen sich die Spuren frühester Landwirtschaft beim Dorf Ossinowka als besonders interessant: Man fand zerdrückte Tongefäße mit Getreidekörnern (die erwartungsgemäß angekohlt waren). Busse verdanken wir den ersten Versuch, die alte Bevölkerung des Fernen Ostens mit den in den Chroniken zweitausend Jahre früher erwähnten Stämmen der Ilou in Verbindung zu bringen, die ebensolche halbunterirdische Wohnstätten errichtet und steinerne Pfeilspitzen verwendet hatten. Diese Behausungen und „Erdwohnungen" mußten, wie der Forscher schrieb, dem primitiven Leben der Jäger und Fischer entsprechen und waren folglich nicht nach 660 n. Chr. zu datieren, als man begann, Städte zu bauen, und sich Kunst und Bildung entfalteten. Er meinte, daß diese Stämme nicht nur im Küstengebiet wohnten, sondern auch auf Sachalin, wo Poljakow derartige Siedlungen mit Erdwohnungen freilegte und beschrieb. „Wer aber besiedelte das Land, wann begann hier die Kultur und warum hat sich das Gebiet entvölkert?" fragte Busse und unterstrich sofort, daß „eine Antwort auf diese Frage sehr mühsam sei", da die chinesischen Chronisten damals „keine genauen Kenntnisse von den Orten hatten, die ihre verschiedenen Nachbarvölker einnahmen. Auch ihre Lebensgewohnheiten kannten sie nicht. Sie bringen neben Tatsachen viel Mythologisches. Die Chronisten faßten oft mehrere Stämme unter einem Namen zusammen. Allein die Transkription[20] geographischer Bezeichnungen und Eigennamen, die dem Chinesen völlig fremd klangen, wurde von den Historikern falsch gehandhabt, teils in Anpassung an ihre Schrift verfälscht, teils so wiedergegeben, daß sie mit der eigenen Stammesbezeichnung klanglich nichts mehr zu tun hatten. Die Verwirrung wird noch durch die Gewohnheit vergrößert, Stämme nach dem Namen des herrschenden Geschlechts zu benennen. Bei den häufigen Auseinandersetzungen unter den Stämmen unterdrückte ein Geschlecht das andere, und so trägt ein und dasselbe Volk in verschiedenen Epochen verschiedene Namen. Ebenso häufig änderten sich die geographischen Namen."

Dieser Schwierigkeiten konnten auch so große Kenner der alten

[20] Die Transkription von Namen insbesondere aus Sprachen, die eigene Alphabete, Silbenschriften oder Ideogramme wie die Chinesen verwenden, stellt für die Übersetzung ein fast unlösbares Problem dar.

Literatur wie Bitschurin, Gorskij und Wassiljew nicht Herr werden. Selbst Kafarow, der das umfangreichste Material zur Frühgeschichte des Süd-Ussurigebietes sammelte, mühte sich damit ab, Ereignisse einer bestimmten Zeit und einem bestimmten Stamm zuzuordnen. „Wenn eine solche Autorität, die sich speziell mit der Frage der Geschichte des Süd-Ussurigebietes beschäftigt, sich dahingehend äußert, daß man historische Ereignisse nicht völlig genau, sondern nur mit einiger Sicherheit bestimmen kann, so geht das über die Kraft anderer", schrieb Busse.

1889 weilte der bekannte russische Reisende A. W. Jelissejew, ein Arzt und Anthropologe von Rang, im Küstengebiet. Er begleitete Bauern, die in den Fernen Osten umsiedelten. Sein Hauptinteresse galt der Archäologie, besonders den Steinzeitkulturen. Während seiner Reise suchte er an vielen Orten archäologische Denkmäler auf und machte eine Reihe interessanter Beobachtungen, die er in blendend geschriebenen Reiseskizzen über den Fernen Osten vorlegte und die 1890 von der Geographischen Gesellschaft veröffentlicht wurden. Besonders interessant ist ein von ihm nur flüchtig erwähnter Fund von ausnehmender Wichtigkeit. Bei Kamen-Rybolow fand Jelissejew ein tönernes Webstuhlgewicht, zusammen mit Feuersteinen, die lebhaft an die Steinmesser des Acheuléen-Typs erinnern. So nannte man damals Handäxte. Jelissejew stellte erstmals die Frage, ob die Bevölkerung des Fernen Ostens in ihrer geschichtlichen Entwicklung alle Hauptetappen der Kultur, das heißt Stein-, Bronze- und Eisenzeit, mitmachte. Die Funde der Steinzeit standen außer Zweifel, die Eisenzeit war auch bis in ihre älteren Abschnitte gut bekannt. Es galt also Spuren der Bronzezeitkultur nachzuweisen. Hier neigte er zu einer negativen Antwort. Die Eigenheit der Geschichte dieses Teiles des Fernen Ostens bestand nach seinen Worten gerade darin, daß das Bronzezeitalter „im Gebiet des südlichen Ussuri keinerlei Spuren hinterließ; zumindest wurde dort bis zum heutigen Tag kein Gegenstand oder Werkzeug aus Bronze gefunden; es ist sehr wahrscheinlich, daß es insbesondere im Ussurigebiet die Bronzezeit nicht gab, da das Land schon in der eigentlichen Steinzeit von einem Volk höherer Kulturstufe eingenommen wurde, einem Volk der Eisenzeit."

Abb. 8: Ausgrabung einer steinzeitlichen Wohnstätte bei Tetjuche im Primorjegebiet.

Einen beachtlichen Beitrag zur Erforschungsgeschichte der frühesten Altertümer des Fernen Ostens stellten noch die Arbeiten N. A. Alftans dar, der 1895 dem Tal des Ussuri und dessen Nebenfluß Bikin folgte. Hier beobachtete, beschrieb und zeichnete er die Felsbilder, von denen Maak seinerzeit kurz berichtet hatte.

1908 gab es eine neues wichtiges Ereignis in der archäologischen Erforschung des Fernen Ostens. Kropotkin zog Bilanz aus den vieljährigen Beobachtungen und Ausgrabungen, die von der Gesellschaft zum Studium des Amurgebietes organisiert worden waren. Die Ergebnisse faßte er in einer Arbeit „Reste der Altertümer im Amurgebiet" zusammen, wobei er zur Niederschrift Busses Artikel über altertümliche Funde in den Tälern Lefu, Daobihe (Daubiché) und Wulahe (Ulaché) benützte. In dieser Arbeit Kropotkins, die ein Jahr nach Busses Tod herauskam, aber ihm gewidmet ist, sind Erkenntnisse über die archäologischen Denkmäler des gesamten fernöstlichen Raumes gesammelt.

Allein im Küstengebiet wurden 96 Denkmäler gezählt, darüber

hinaus im Ussuribecken noch 23 Fundstätten prähistorischer Siedlungen, Wohnhöhlen, Kurgane und Felszeichnungen.

Der Wert der Übersicht Kropotkins erhöhte sich noch dadurch, daß ihr nicht nur Pläne einer Reihe von prähistorischen Siedlungen und eine schematische Zusammenstellung der Fundstätten in Nikolsko-Ussurijsk und dessen nächster Umgebung beigegeben waren, sondern auch die erste archäologische Übersichtskarte des südlichen und südwestlichen Teiles des Küstengebietes, worin 97 Funde eingetragen sind, und zwar in der Reihenfolge, wie sie im Text aufgezählt und beschrieben werden. Will man die volle Bedeutung dieser Arbeit abschätzen, muß man wissen, daß es eine derartige Zusammenstellung und archäologische Karte von keinem anderen Gebiet des asiatischen Rußland gab, auch nicht in den folgenden Jahrzehnten. Es war ein erstes und für die damalige Zeit mustergültiges Beispiel einer archäologischen Gebietsübersicht, die bis zum heutigen Tag informative Bedeutung und wissenschaftlichen Wert für die Forschung behalten hat.

Einen wesentlichen Beitrag zum Studium der Frühgeschichte des Küstenlandes und der benachbarten Territorien Ostasiens leistete der bedeutende russische Orientalist und hervorragende Erforscher der Geschichte und Kultur der tunguso-mandschurischen Völker, A. W. Grebenschtschikow, um 1900 Professor am berühmten Ostinstitut von Wladiwostok. Schon bei seiner Antrittsvorlesung, die er am 10. Januar 1912 im Ostinstitut hielt, gab Grebenschtschikow, ausgerüstet mit dem umfassenden Wissen über die Geschichtsquellen des Fernen Ostens, in einer für die damalige Zeit erschöpfenden Form ein Gesamtbild der historischen Vergangenheit der Mandschurei und der ihr benachbarten Gebiete. „Im historischen Leben Chinas nehmen seit der zweiten Hälfte des 16. Jahrhunderts bis zum jetzigen Augenblick die Mandschuren einen der ersten Plätze ein. Die aufgezeigten archäologischen Grenzen dehnen sich weiter aus, und der Blick des Forschers erfaßt geschichtliches Geschehen lange vor der Geburt Christi, wenn er die Vorfahren der jetzigen Mandschuren ins Auge faßt."

Die ältesten dieser Vorfahren sieht er in den Su-shen (Suschenen), die in der Bambusschrift von 2225 v. Chr. unter dem

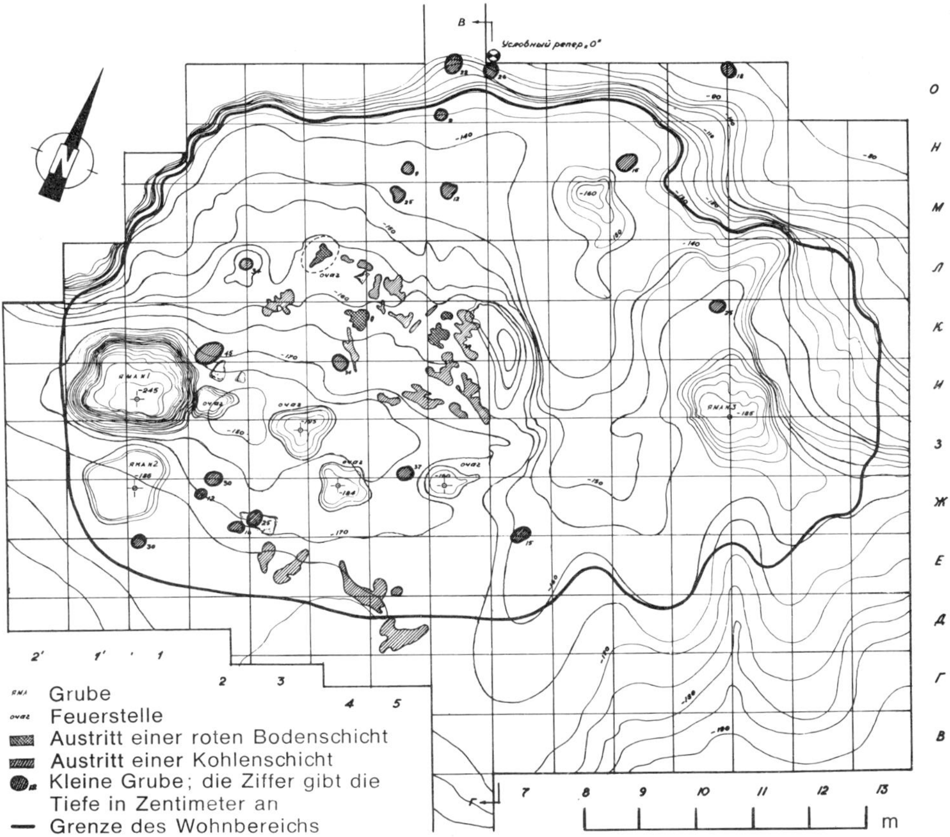

Abb. 9: Lageplan der Wohnstätte bei Tetjuche.

legendären Kaiser Shun und 1103 unter dem Zhou-Herrscher Wu Wang sowie auch später erwähnt werden. Es folgen dann die Namen neu auftretender Geschlechter und Generationen – Yi-lou (Ilou), Mo-he (Mohä, Moho), Wu-zhi (Wu-dschi) Bohai (P'o-hai), Nü-zhi (Nüdschi, auch Niütschi beziehungsweise Nü-zhen) und Man-zhou (Mandschu). Es wird dann noch von der Geschichte Bohais gesprochen und, wesentlich später, von der Geschichte der Dschurdschen (Nü-zhen-Ju-zhen).

Mit dem Studium der frühesten Vergangenheit des Fernen Ostens sind auch die Forschungen eines anderen bedeutenden russischen Orientalisten des 19. Jahrhunderts verbunden, nämlich mit Posdnejew, der sich in seinem umfangreichen Werk „Materialien zur Geschichte Nordjapans und dessen Beziehungen zu Asien und Rußland“ mit der Frage der gegenseitigen Verbindungen zwischen der nordjapanischen Bevölkerung und den ältesten Völkern der Mandschurei und des Primorje beschäftigte. Diese Arbeit erschien nach der Niederlage Rußlands im Krieg mit Japan. Wie er richtig annahm, hatte die Erforschung der Beziehungen Japans zum Festland große Bedeutung für die Geschichte des Küstenlandes und somit für die Deutung der archäologischen Funde, „die in Form von Steinen, prähistorischen Siedlungen und anderen vorgeschichtlichen Überresten von Zeit zu Zeit im Primorje entdeckt werden“. Im einzelnen erhellt aus ihnen nach Meinung Posdnejews, daß auf dem Festland, im jetzigen Primorje und im Dong-bei (russisch Dunbei geschrieben) Stämme wohnten, deren Beziehungen zu Japan, von dem sie das Meer trennte, allein schon zeigt, daß sie einen „bestimmten Vorrat materieller und geistiger Kräfte besaßen, daß sie einen gewissen Unternehmungsgeist hatten und besondere Umstände durchmachten, die sie veranlaßten, sich mit den gegebenen Verhältnissen nicht zufriedenzugeben und Betätigung in fernen Ländern zu suchen“. Ursache dafür konnte etwa der Druck eines anderen, stärkeren Volkes gewesen sein, das die Besiegten veranlaßte, ihr Glück anderswo zu finden. Meistens aber war es wohl so, daß „dieses unternehmungslustige Volk die Vorherrschaft über die umliegenden Völker erlangte und erst danach in fremden Ländern einen Ausweg für seine überschüssigen Kräfte suchte“. Dies schien Posdnejew im vorliegenden Fall die wahrscheinlichste Annahme.

Dmitrij Posdnejew sammelte und publizierte in Auszügen aus verschiedenen japanischen Quellen die dort enthaltenen Angaben über die Völker des Küstengebietes und der Mandschurei, beginnend von den Suschenen oder „Misichase“, wie sie die Japaner nennen, Ilou (Yuuru), Wu-zhi (Ekuso), Mohe (Machkazu) aber auch über Bohai (Bokkai) und Dschurdschen (Sesin). Zum größten Teil sind diese Angaben chinesischen Quellen entnommen. Ein Teil aber stammt von den Japanern und hat folglich Originalcharakter. Posdnejew vermerkt dazu, daß diese Angaben japanischer Quellen bisweilen anachronistischen Charakter haben, da sie die

Abb. 10: Übersichtsaufnahme der Lage einer Steinzeitsiedlung bei Kondon an der Dewjatka, einem Nebenfluß des Amur.

Stämme Ostasiens oft mit überholten ethnographischen Termini bezeichnen. So besteht beispielsweise der Terminus Siu-Kusin (Su-shen) in der japanischen Geschichte, wie er schrieb, bis fast hinauf zur Tang[21]-Dynastie im 7. Jahrhundert n. Chr.

Große Bedeutung für das Studium der Völker des Küstengebietes und des Amurlandes hatten die Arbeiten Leopold von Schrencks aus den Jahren 1854/56. Er stellte viele interessante Behauptungen über Ursprung und Siedlungsgebiet dieser Völker auf. Seine Arbeiten sind noch jetzt grundlegende Quellen zur Ethnographie der Nanai, Ultschen und Niwchen.

Im Amurgebiet begannen die archäologischen Feldforschungen etwas später als im Primorje. Als ersten Archäologen des Amurraumes nennen wir zu Recht den Dorfschullehrer A. J. Gurow, der nicht nur bestrebt war, alle Nachrichten von archäologischen Funden zu sammeln, sondern auch selbst forschte, Material zusammentrug und einzelne Ausgrabungen durchführte. Von 1903 bis 1916 sammelte und grub er an vielen Fundorten im Becken des Mittleren Amur. Die von Gurow zusammengestellte archäologische Karte vom Mündungsgebiet des Amur und von Konstantinowka bis Jekaterino-Nikolskoje ist bis heute von besonderem Interesse. Auf ihr zeichnete er alle ihm auf dem Territorium am Mittleren Amur bekannten Funde ein, Siedlungen, vorzeitliche Wohnstätten und Gräber. Im Verlauf von vierzig Jahren, von 1892

[21] 唐 = Tang, auch T'ang geschrieben.

bis 1932, hatte Gurow über 60 archäologische Denkmäler untersucht.

Mehrere Jahre lang arbeitete am Amur der bekannte Biologe A. N. Krischtofowitsch, dem Gurow von einer Reihe antiker Siedlungen im mittleren Amurgebiet berichtet hatte. 1914 durchforschte Krischtofowitsch eine dieser Siedlungen beim Dorf Innokentjewskoje.

Umfangreiche archäologische Forschungsarbeiten führte 1915/16 eine Expedition unter Leitung des bekannten Anthropologen und Ethnographen S. M. Schirokogorow und unter aktiver Mitwirkung Gurows durch. Sie untersuchten im Amurbecken eine beachtliche Anzahl archäologischer Fundstellen.

Ab den neunziger Jahren unternimmt der hervorragende Fernostforscher und Schriftsteller W. K. Arsenjew Reisen ins Küsten- und Amurgebiet. Seine poetische Seele und grenzenlose Liebe zur wundervollen Natur des Fernen Ostens wurden unweigerlich von den Zeugen früher Kultur angezogen, von den stummen Statuen bei den Fürstengräbern der Bohai und Dschurdschen, von den Befestigungswällen, die jahrhundertealte Bäume überwuchsen, von den romantischen Legenden der Udägei (auch Udegei und Udehe) und Nanai, von versunkenen Völkern und Taten der Vergangenheit. Arsenjew zeigte auf seinen Reisen lebhaftes Interesse für die frühe Geschichte des Ussuri- und Primorje-Gebietes und für die Legenden und Überlieferungen dieses Raumes. Seine Tagebücher enthalten sorgfältige topographische Beschreibungen der prähistorischen Siedlungen und anderer archäologischer Fundstätten.

In Fortsetzung der von Lopatin, Busse und Kropotkin begonnenen Altertumsforschungen leistete Arsenjew Kolossales. Er beschrieb 228 Funde, in erster Linie mittelalterliche Stadtsiedlungen und Befestigungen, aber auch einzelne Funde alter Metallarbeiten, Münzen und Keramiken. Während der Reise durch das Land am Ussuri traf Arsenjew nicht nur einmal auf Spuren der Steinzeit: „Bei Ausgrabungen von Siedlungen und Arbeitsstätten der Steinzeit an der pazifischen Küste östlich von Sichote-Alin stieß ich ständig auf Pfeile, Speere, Schaber und Äxte, die aus sehr hartem, weißen oder grünlichen Feuerstein hergestellt waren."

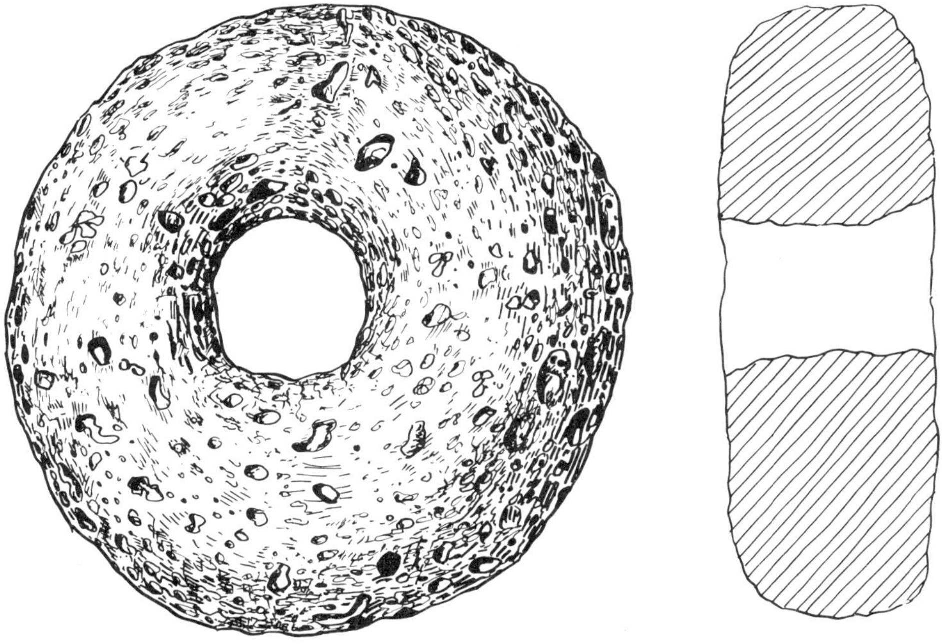

Abb. 11: Keule zum Töten großer Fische. Neolithikum. Gefunden bei Scheremétjewo am Ussurifluß.

Die wertvollsten Resultate des Studiums der frühesten Kulturen im Primorje brachten die Ausgrabungen, die Arsenjew auf der Halbinsel Pestschanyj nahe der Farm S. I. Konrads durchführte. Es gelang ihm zwar nicht, das Ergebnis zu veröffentlichen, doch blieb ein sorgfältig geschriebener Bericht aus dem Jahre 1921 über die Ausgrabungen selbst erhalten, der ausnehmend interessantes Material enthält. Aus diesem zog er den wichtigen Schluß, daß Jagd und Fischfang die Existenzbasis der Urbewohner Pestschanyjs waren. Sie mußten Boote gehabt haben, mit denen sie zum Fischfang und zum Sammeln von Mollusken in tiefen Gewässern weit ins Meer hinausfahren konnten. Im ganzen aber betrachtete Arsenjew die Kultur der Bewohner der Siedlungen mit Muschelhaufen wie seine Vorgänger: Sie war für ihn neolithisch, den Jägern und Fischern zuzuordnen, die noch keinen Ackerbau kannten.

Von großer Wichtigkeit waren die Erkenntnisse A. I. Rasins bei der Erforschung der frühesten Vergangenheit des Küstengebietes. Mit großer Energie befaßte er sich in den zwanziger Jahren mit der Untersuchung und Ausgrabung von Siedlungen mit Steinwerkzeugen. Er entdeckte viele neue, früher unbekannte Wohnstätten mit Muschelhaufen an den Küsten der Amur- und Ussuribucht und sammelte dort umfangreiches Grundlagenmaterial, das er dem Wladiwostoker Museum übergab. Der Fachausbildung nach Zoologe, verband Rasin bei seiner Tätigkeit erfolgreich archäologische Interessen mit biologischen und trug auf diese Weise viel zum Verständnis der Lebensweise und Wirtschaft der ältesten Bevölkerung bei. Deren Streben nach dem Meer hob Rasin ebenso hervor wie seine Vorgänger. Es wird nicht nur im Vorhandensein der Muschelhaufen offenbar, sondern auch nach deren Lage an bestimmten Orten, von denen sich ein weiter Ausblick auf das Meer und Teile des angrenzenden Festlandes bot. Hauptbeschäftigung der Bevölkerung zur Sommerszeit war seiner Meinung nach „das Sammeln von Meeresmollusken und der Fischfang, im Winter die Jagd, an der ein treuer Begleiter teilnahm – der Hund“.

Ihrer ethnologischen Zugehörigkeit nach mußte das alte Volk aus der Zeit der Muschelhaufen mit eben diesen Ilou identisch sein, von denen chinesische Quellen berichten. Folgende gemeinsame Züge ihrer Kultur liegen vor: Pfeilspitzen aus schwarzem und grünlichem Stein, ein zur Erzeugung von Werkzeugen nicht sehr geeignetes Material, geringe Bevölkerungszahl der Stämme bei niedrigem Hygieneniveau, das Vorhandensein von Booten, Fischfang und Jagd, kriegerischer Geist, die Kunst des Bogenschießens, ein fester Zusammenhalt, der andere Völker daran hinderte, sie zu unterwerfen, und schließlich die Existenz von Knochenplättchen, die die Verwendung von Knochenpanzern annehmen lassen.

Im Amurgebiet leistete der unermüdliche Forscher und Kenner des Gebietes, G. S. Nowikow-Daurskij, seinen großen Beitrag zum Studium der Vergangenheit. Insgesamt untersuchte und beschrieb er mehr als 200 Funde verschiedener Epochen. Seine Forschungsergebnisse publizierte er in mehr als 50 Artikeln. 1926/27 legte der bekannte Anthropologe und Archäologe M. M. Gerassimow im Umkreis von Chabarowsk an mehreren Stellen einige Ufersiedlungen frei, die ein interessantes und markantes

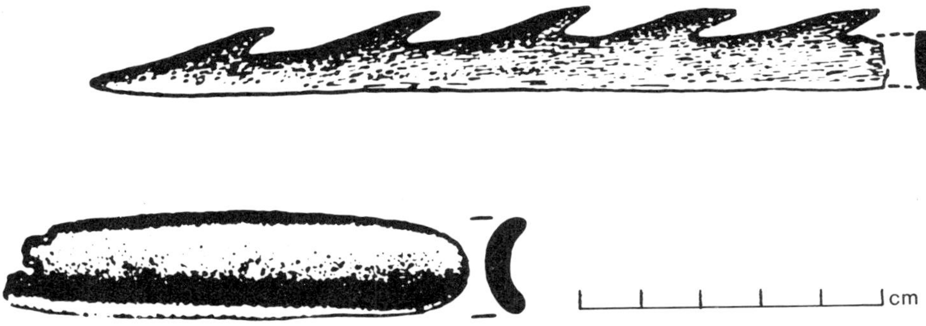

Abb. 12: Fischköder aus Nephrit und Harpune. Neolithikum. Gefunden im Gebiet von Blagoweschtschensk.

Inventar zutage brachten: ausgezeichnet bearbeitete blattförmige Messer, Pfeilspitzen, Speer- und Wurfspießspitzen, Steinäxte und Keramikartikel.

In den zwanziger und dreißiger Jahren arbeitete am Unteren Amur der Ethnograph J. R. Schneider, der im Dorf Kondon eine Kollektion von Steingeräten und Keramik zusammentrug.

1934 grub Solotarjów am Amur einen Teil einer neolithischen Wohnstätte auf der Insel Sutschu bei Marijinsk aus.

Einen Wendepunkt in der Geschichte der Forschungen im Fernen Osten stellte die archäologische Expedition zum Unteren Amur dar, die das Ethnographische Institut der Akademie der Wissenschaften der Sowjetunion 1935 auf Betreiben von W. G. Bogoras organisierte. Bei dieser Expedition wurde 1935 erstmals das ganze Tal des Amur von Chabarowsk bis Nikolajewka durchforscht. Man fand und beschrieb ungefähr 300 Denkmäler verschiedener Epochen, darunter viele Siedlungen aus der Jungsteinzeit. Der Vergleich neolithischer Funde des Amurgebietes mit solchen des Baikalraums führte zu einem wichtigen, allgemeinen Schluß: Es zeigte sich, daß neben einigen gemeinsamen Merkmalen des Steininventars mit dem Neolithikum des übrigen Waldsibirien und der Mongolei (kleine, aus Feuerstein gefertigte Geräte, „Bohrer", Einlegestücke, Schaber) sich das steinerne Inventar des Amur-Neolithikums durch eine Reihe spezieller Elemente abhebt (Klingen des Moustérien-Typs, besondere Formen geschliffener Steinwerkzeuge). In der Keramik zeigt sich dieser Unterschied noch deutlicher. Völlig verschieden ist die Herstellungstechnik der Tongefäße (häufig polierte und mit einer dünnen Schicht grellroter Farbe bemalte Oberflächen). Die Gefäßformen unterscheiden sich prinzipiell (Gefäße mit flachem Boden, in frühen Etappen Vorherrschen von Gefäßen mit konisch geschnittener Form). Auch die allgemeine Entwicklung der einzelnen Gefäßformen ist nicht vergleichbar.

Scharf unterscheidet sich auch die Kunst der alten Amurstämme von der Kunst der übrigen Waldstämme. Wenn im Westen, in Sibirien und der Mongolei, eine einfache Bandverzierung vorherrscht, wobei das Ornament selbst rechteckig-geometrischen Charakter aufweist (gerade Linien, Zickzackmuster, seltener Dreiecke), so blüht im Osten, im Amurtal, die krummlinige Ornamentik (Spiralen, „Amurgeflecht"). Es finden sich auch echte, manchmal ziemlich komplizierte Mäander. Bisweilen beobachtet man in der Amurregion auch eine Bemalung der Gefäße, die den Waldkulturen Sibiriens völlig fremd ist. Auch die Bemusterungstechnik ist anders ausgeführt. Mit Stäbchen angebrachte Ziermuster sind am Amur äußerst selten. Man zeichnet vorwiegend verschiedene Linienmuster, die mit dem zugespitzten Ende einer Muschel oder durch Abrollen eines gezahnten Rädchens ausgeführt werden: So wurden die vertikalen Zickzacklinien hergestellt, die einen beträchtlichen Teil der Gefäßoberfläche wie ein durchgehender Teppich überziehen. Über diesen geprägten Untergrund laufen oft breite, frei und schwungvoll gezogene Spiralen.

Der Wesensunterschied zwischen beiden Kulturen geht noch tiefer, er erfaßt die Basis der Lebensweise und die Wirtschaft. Der Charakter der neolithischen Siedlungen am Amur unterscheidet sich grundlegend von den ostsibirischen. Anstelle der leichten Nomadenzelte der sibirischen Waldjäger und Fischer dienten im Fernen Osten feste, halbunterirdische Häuser als Wohnstätten; oft bildeten einige Dutzend Häuser, die sich eng aneinander drängten, richtige, große Steinzeitdörfer. Diese Besonderheiten der Lebensweise der am Amur lebenden Stämme hängen unmittelbar mit der Art ihrer Wirtschaft zusammen. Der Fischfang war ihre Existenzgrundlage, untrennbar von den Naturgegebenheiten des Landes, wie etwa dem Massen-Laichzug von Meeresfischen in die Flüsse des pazifischen Küstengebietes, vor allem des Amur. So waren die Bewohner des Amurlandes zum Unterschied von den Nomaden oder Halbnomaden der Taiga schon in der Jungsteinzeit seßhafte Fischer, ebenso wie die gegenwärtigen Amurstämme, die ethnographisch derselben Zeitstufe einzuordnen sind: die Ultschen, Nanai und Giljaken des 19. und 20. Jahrhunderts.

Gleichzeitig wurde erwähnt, daß die alten Amurkulturen, die kaum Berührungspunkte mit der Kultur der Waldjäger und Fischfänger Sibiriens hatten, enge und vielseitige Beziehungen mit den südlichen Kulturen des Stillen Ozeans aufwiesen.

Auf Grund des 1935 im Amurtal gesammelten Materials wurde das erste Schema einer chronologischen Klassifizierung der Funde am Unteren Amur ausgearbeitet. Es wurde eine Etappe des Mesolithikums oder des frühen, präkeramischen Neolithikums bestimmt (das Dorf Ossipowka, der Berg Sun bzw. Sung im Stadtgebiet von Chabarowsk) sowie zwei Phasen des Neolithikums.

1953 begannen hier also vieljährige systematische Forschungen der Fernöstlichen Archäologischen Expedition und wurden bis heute fortgesetzt, zuerst vom Archäologischen Institut der Akademie der Wissenschaften der Sowjetunion, dann, seit 1961, vom Institut für Geschichte, Philologie und Philosophie der Sibirien-Abteilung der Akademie der Wissenschaften. Die Erkundungen und Ausgrabungen dieser Expedition umfassen die Täler des Oberen Amur, von Chabarowsk bis Sretensk, des Unteren Amur, von Chabarowsk bis Nikolajewsk am Amur, das Tal des Flusses Seja von Dambuki bis Blagoweschtschensk, verschiedene Bezirke des Küstenlandes vom Chasan-See bis Tetjuche und der Amgu-Bucht, und teilweise Sachalin und die Kurileninseln. Seit den fünfziger Jahren werden die archäologischen Forschungen auch von der Abteilung für Geschichte, Archäologie und Völkerkunde der Fernostfiliale der Akademie der Wissenschaften der Sowjetunion sowie von der Staatlichen Fernost-Universität durchgeführt. Die Ergebnisse dieser Arbeiten finden ihren Niederschlag in zahlreichen wissenschaftlichen und populärwissenschaftlichen Publikationen.

Über die Frühgeschichte des Fernen Ostens wurden in den

letzten Jahren auch viele Artikel geschrieben, die in der Sowjetunion und in anderen Ländern erschienen.[22]

Die archäologischen Forschungen im Fernen Osten sind also älter als 100 Jahre. Wie wir sahen, konnten unsere Vorgänger schon auf Grund der bis zur Revolution gesammelten Unterlagen mit voller Überzeugung von der Selbständigkeit der fernöstlichen Kulturen sprechen. Es wurde klar, daß diese keinem fremden Volk, sondern den Ureinwohnern des Gebietes selbst zuzuschreiben sind, die in ihrer fortschrittlichen Entwicklung eine Reihe kulturgeschichtlicher Etappen durchschritten und sich mit der Zeit zu einem bestimmten Teil auf das Niveau einer Klassengesellschaft und eines Staates emporheben konnten.

Die neuesten intensiven und weitgesteckten archäologischen Untersuchungen und Forschungen, die reichhaltigstes und verschiedenartigstes Tatsachenmaterial an den Tag brachten, erlauben uns, diese allgemeinen Schlußfolgerungen zu untermauern und zu erhärten.

[22] Siehe Literaturverzeichnis.

Weg durch die Jahrtausende

Wie ist nun der Ablauf des historischen Prozesses im Fernen Osten, gesehen im Lichte der neuesten archäologischen Forschungen? Wie ist der konkrete Inhalt dieses Prozesses, welchen Platz nimmt er in der allgemeinen Geschichte der Menschheit ein? Was tragen die neuen Tatsachen zur Überwindung überholter Ansichten bei, sei es der asienzentristischen oder der europazentristischen?

In diesem Zusammenhang interessieren uns vor allem die Grundkriterien zur Bewertung dieses oder jenes Volkes. Das erste Kriterium ist natürlich die Chronologie: die Dauer, die Dimension des historischen Prozesses im Zeitablauf. Je länger diese Geschichte ist, desto ereignisreicher und gehaltvoller muß sie sein. Bis vor kurzem nahm man freilich an, daß die Geschichte der sibirischen und folglich auch der fernöstlichen Völker erst mit deren Schriftquellen beginne. Das war, wie wir sahen – nach Meinung Schlözers – Geschichte in ihrer „edleren" Bedeutung. Tatsächlich aber können wir uns mit einer solchen Einschränkung des historischen Rahmens nicht abfinden. Sie wird gegenwärtig vor allem auch durch das stürmische Anwachsen archäologischer Kenntnisse in Frage gestellt, die die Bedeutung historischer Quellen durch wertvollste und absolut zuverlässige Unterlagen unermeßlich ausweiten.

Das gilt auch für den Fernen Osten. Die erste dieser Tatsachen ist die Entdeckung ältester Reste nachweisbar menschlicher Tätigkeit in der paläolithischen Epoche, der Altsteinzeit. Dabei handelt es sich nicht nur um Funde des oberen Paläolithikums und Mesolithikums, sondern auch der früheren Zeit des mittleren und sogar des unteren Paläolithikums. Und dies geschah noch dazu fast gleichzeitig an drei Stellen des asiatischen Festlandes, wo man früher solche Entdeckungen kaum erwartet hatte. Um die Bedeutung der neuen Erkenntnisse in vollem Ausmaß abschätzen zu können, ist ein Umstand ins Auge zu fassen: Wir haben alle die epochale Entdeckung der Knochenreste des ältesten „chinesischen Menschen" in Erinnerung, des Sinanthropus, und von Werkzeugen, die in Nordchina in der Zhoukoudian-Höhle[23] gefunden wurden. Unwillkürlich setzte sich die Ansicht durch, daß namentlich dieses Gebiet und möglicherweise nur dort das einzige Zentrum im Osten des asiatischen Kontinents war, wo der Entstehungsprozeß des Menschen und seiner Kultur vor sich ging. Das war natürlich für den engen Horizont der Asienzentristen, besonders der Chinazentristen, annehmbar und schmeichelhaft.

In letzter Zeit aber ereignete sich etwas, das das „Kräfteverhältnis" in dieser Wissenschaft vom Menschen und seinem Kampf zur Überwindung der feindlichen Umwelt grundlegend veränderte. 1961 wurden in Sibirien, im Weichbild der Stadt Gorno-Altaisk, an den Abhängen des Altai nahe dem Flüßchen Ulalinka, älteste Steinwerkzeuge des Urmenschen im eigentlichen Sinne des Wortes gefunden. Sie sind mindestens fünfmal, vielleicht aber auch zehnmal älter als die aus den früher bekannt gewordenen paläolithischen Siedlungen Sibiriens, die in die Sartan-Eiszeit datiert werden. Es blieb abzuwarten, ob etwas Ähnliches auch im Fernen Osten, vor allem am Amur, gefunden würde.

Eigentlich galt es nicht abzuwarten, sondern zu suchen. Und so geschah es in der Tat. Wir wurden Augenzeugen äußerst interessanter archäologischer Entdeckungen am Oberen Amur: Im Jahre 1957 brachte der Fernostexperte und Archäologe E. W. Schawkunow Werkzeuge aus schwarzem, von Menschenhand bearbeiteten Feuerstein zutage. Dies geschah im Zuge archäologischer Erkundungen am Oberen Amur beim alten russischen Dorf Kumary, wo

[23] So die moderne Pekinger Schreibweise, Chou-Kou-Tien in der Kuo-yü-Schreibweise (= Guoyu).

einst tapfere russische Kosaken die Festung von Kumara (Kumársky Ostrog) verteidigten und die erbitterten Angriffe mandschurischer Heerscharen zurückschlugen. 1957 aber war es noch schwierig, etwas Genaues über das Alter dieser steinernen Zeugen auszusagen. Klar war eines: wir hatten Werkzeuge des paläolithischen Menschen vor uns. Doch welcher Epoche? – dazu brauchten wir neue, zahlreichere und dem Typ nach charakteristischere Dinge.

Wir benötigten außerdem nicht nur im Flußbett abgelagerte Funde, sondern auch solche aus der dicken Schicht lockerer Ablagerungen, mit anderen Worten Funde in einer bestimmten geologischen Situation.

Eine solche wurde vier Jahre später entdeckt. Bei Schürfungen im Zuge des Baues eines Wasserkraftwerkes an der Seja stieß bei der Siedlung Filimoschki ein selbstfahrender Lastkahn unserer archäologischen Expedition, der die künftigen Ausgrabungsstellen absteckte, mit dem Bug auf eine Geröllaufschüttung.

Unter Hunderttausenden von wie polierten Rundsteinen und Kieseln lag ein vom Wasser abgeschliffener kleiner Quarzitfindling, der sich auf den ersten Blick nicht von allen anderen unterschied. Doch sah man einen Abschlag, der eine gerillte Vertiefung bildete. Das konnte durch Zufall entstanden sein, zum Beispiel durch das heftige Aneinanderstoßen zweier Steine im stürmischen Strudel des Flusses. Doch neben dem ersten derartigen Stein lag ein zweiter, dann hob man einen massiven Quarzitstein, der nicht durch einen einzigen, sondern durch mehrere kräftige und offensichtlich gezielte Schläge zu einer festen Spitze, einer „Nase“, zugehauen war. Wir hatten primitive Werkzeuge vor uns, vorwiegend hergestellt aus zerschlagenen Kieselsteinen, festem und fast wie Feuerstein hartem, gelblichweißem Quarzit und Quarzgestein. Die Menschen der Urzeit suchten sie im Geröll, das der Fluß abgelagert hatte, zerschlugen sie der Quere nach oder spalteten sie mit starkem Schlag der Länge nach. So erhielten sie eine scharfe und zugleich feste Schneide. Mit dieser konnten sie, ohne sie weiter bearbeiten zu müssen, Knochen zerbrechen und Tiere erschlagen, sie konnten auch Holzwerkzeuge damit zuspitzen. Manchmal aber war man mit den so gespaltenen Steinen nicht zufrieden und führte dann nicht einen, sondern mehrere gezielte Schläge auf das zu bearbeitende Steinende, und zwar so lange, bis es eine Schneide hatte. Auch in diesem Fall bearbeitete der Urmensch gewöhnlich nur eine Seite des Steines. Das war ein Werkzeug in der Art eines „Choppers“[24]. Noch seltener wurde auch die gegenüberliegende Seite des Steins behauen. Man erhielt dann keinen Chopper, sondern ein „Chopping tool“, das heißt ein beidseitig bearbeitetes Werkzeug (in der Weiterentwicklung einen Faustkeil). Hatte es keine breite Schneidfläche, sondern ein spitzes Ende, dann war es einfach ein Spaltkeil, gewissermaßen ein Vorläufer und Prototyp eines richtigen Beils. Wenn die Schläge zur Bearbeitung schließlich von der Seite ausgeführt wurden, an einem Ende des Steines, so erhielt man ein Werkzeug mit massiver Spitze, einer sogenannten „Nase“.

Sicher, der erste Gedanke beim Anblick dieser Steine am Ufer der Seja galt den „Eolithen“ Westeuropas. Spielte uns etwa die Natur den gleichen bösen Streich wie einst A. Ryuto?

Aber erstens waren die Eolithen Frankreichs und Belgiens, in denen französische Gelehrte Urwerkzeuge des Menschen der Tertiärepoche sahen, aus Feuerstein. Dieser zeichnet sich bekanntlich durch besondere Formbarkeit aus, nämlich dadurch, daß er sich hervorragend zum muscheligen Bruch eignet. Hier handelte es sich jedoch um ein unverhältnismäßig gröberes, der Struktur nach körniges Material, das sich nicht so leicht spalten ließ. Es waren besondere und bestimmte Anstrengungen nötig, um einen Quarzitblock zu spalten oder ihm gar die Form einer Spitze zu geben.

Damit stand jetzt fest, daß anstelle der Eolithen, einem „Spiel der Natur“, der Mensch begann, die Arbeitsgeräte aus einfachen, grobbehauenen Steinen, also „Steinwerkzeuge“, herzustellen. Solche wurden in der untersten Schicht der berühmten Oldowayschlucht in Tanganjika gefunden, deren älteste 1,725.000 Jahre alt sind, das heißt mindestens 1,500.000 Jahre älter als die Reste des Sinanthropus der Zhoukoudian-Höhle in Nordchina. Solche Steinwerkzeuge wurden jetzt nicht nur in Afrika, sondern auch in

[24] Englischer Fachausdruck: ovaler Geröllstein mit einer behauenen, als Schneide dienenden Längskante.

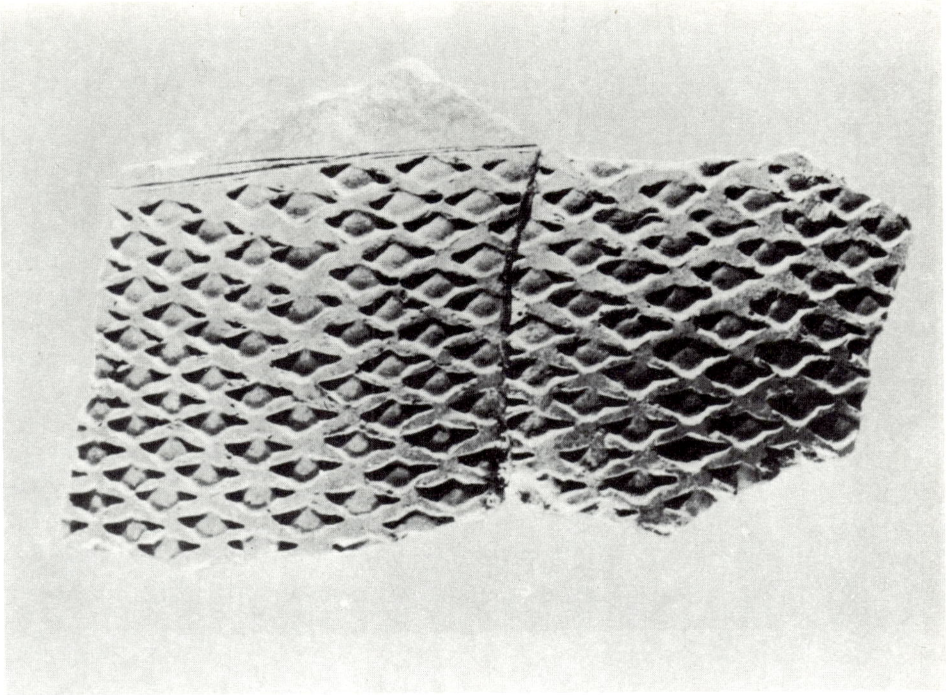

Abb. 13: Fragment eines Gefäßes aus dem Neolithikum mit dem typischen „Amurgeflecht". Gefunden bei Kondon an der Dewjatka.

West- und Osteuropa gefunden, zum Beispiel in Rumänien und Ungarn. Den ersten Funden primitiver Steinwerkzeuge am Amur folgten neue. Neun Jahre nach den ersten Entdeckungen Schawkunows in Kumary und sieben Jahre nach den Funden in Filimoschki hielten die Mitarbeiter der Fernöstlichen Archäologischen Expedition von A. P. Derewjanko und B. S. Sapunow am Ufer des Amur bei Kumary. Sie fanden neuerdings behauene Steine, doch diesmal keine aus schwarzem Material, sondern aus Quarzit, solche wie bei Filimoschki. Es waren große Steinwerkzeuge „mit Nase", einem zugespitzten Sporn in der Mitte, die dem Urjäger als Waffe dienen konnten. Man entdeckte hier auch ungespaltene Steine, die an einem Ende durch grobe, aber wohlgezielte Schläge zu einer manchmal abgeschrägten Schneidfläche bearbeitet waren, wieder die sogenannten „Chopper". Manche westliche Forscher nennen sie Hackmesser.

Nicht weniger glückliche und ebenso unerwartete Funde machten Derewjanko und Sapunow in eben jenem weiten Tal der Seja bei der Siedlung Ust-Tu: „An einem heißen Sommertag, als eine unerträgliche Schwüle über der Taiga lag, zogen die Piloten des kleinen ‚Feuerwehrflugzeugs' eine Schleife über dem Fluß, dann noch eine, wobei sie auf eine mit Schotter bedeckte Landzunge zuhielten. Plötzlich schien der Himmel auf die Erde zu stürzen, das Fahrwerk holperte über das schwarze Basaltgeröll, und wir landeten neben den Zelten einer Abteilung unserer Expedition. In der Nähe gähnte schon ein tiefer Aushub. In ihm lagerte eine Schotterschicht, aus der ich sogleich einen ebensolchen Stein wie in Filimoschki herauszog. Es folgten ein zweiter und dritter, alle deutlich von Menschenhand behauen. Die abgeschliffenen, runden Steine waren die gleichen wie die Steingeräte Südafrikas, Rumäniens . . .

Bei all ihrer Einfachheit waren es für uns unschätzbare Werte, und je primitiver diese sonderbaren Werkzeuge der ältesten Bewohner des Sejatales aussahen, desto teurer waren sie uns. Die neuen Funde an Seja und Amur sind deshalb bemerkenswert, weil von nun an der Sinanthropus und der Pithekanthropus mit ihren primitiven Werkzeugen nicht mehr die einzigen auf dem asiatischen Festland und in der benachbarten Inselwelt des Stillen Ozeans waren. Daneben bestanden die primitiven Geröllkulturen des Amur, der Mongolei und in Altai-Ulalinka.

Schon in der frühesten Vergangenheit ging die Eroberung der Erde durch den Menschen, den eigentlichen Urmenschen, vor sich. Er drang auch weit in den Norden Asiens vor, in die Vorgebirge des Altai und nach Osten, in die östlichen Räume der Mongolei und ins Becken des Amur. Das heißt, daß keineswegs nur Ostasien, nur China in so früher Zeit die einzigen Stätten der Anthropogenese und Kulturgenese in diesem Teil des Kontinents waren. Daneben gab es andere Entstehungsstellen, an denen mit der Zeit vielleicht nicht nur steinerne Zeugnisse, sondern auch Knochenreste des ältesten Menschen, des Archanthropen, des Neandertalers und deren Vorfahren gefunden werden."

In Zusammenhang mit den oben beschriebenen Spuren des Wirkens der ältesten Bewohner des Fernen Ostens, der Menschen der „Geröllkultur", ist ein wichtiger und zunächst noch isolierter Fund von größtem Interesse.

Am hohen Ufer des Amur bei der Stadt Blagoweschtschensk, in der Nähe des alten russischen Dorfes Tambowka, wurde in einem der Sandsteinbrüche eine Klinge gehoben, die aus einem seltenen und ungewöhnlichen Gestein, nämlich aus festem, weißlichen Quarzit gefertigt war. Sie erinnerte an die lorbeerblattförmigen Klingen des oberen Paläolithikums, doch war sie unvergleichlich massiver. Uns kamen völlig andere Dinge ins Gedächtnis: „Zweiseiter" beziehungsweise Faustkeile, das heißt durch breitflächige Schläge von beiden Seiten geformte massive Klingen aus wesentlich älterer Zeit. Das sind die uns aus Lehrbüchern und von Museumsammlungen wohlbekannten Keile der Acheuléen-Zeit des unteren Paläolithikums, wie sie in den Kiesablagerungen der Somme bei Paris gefunden wurden.

Der Faustkeil vom Amur wäre ein Rätsel geblieben, wenn wir nicht 1969 in der Ostmongolei, westlich der Stadt Sajn Schand, auf eine aus dem Sand hervorgetretene Gesteinsader eines leuchtendgelben Jaspis gestoßen wären und daneben auf eine „Werkstätte" des Urmenschen. Wir fanden in ihr Gegenstände, wie sie so tief im Inneren Zentralasiens einfach nicht erwartet wurden: massive Faustkeile des klassischen Acheuléen-Typus von ovaler und dreieckiger Form. Mit ihnen fand man einige Kernsteine, die wie jene von Levallois aussahen, Platten und Hunderte Splitter aus demselben gelben Jaspis, der in Gesteinsadern an die Oberfläche tritt. Sie lagen zu Dutzenden in der felsigen Urlandschaft der Wüste.

Ebenso unerwartet wie 1969 wurden 1972 neuerlich Faustkeile gefunden, und zwar diesmal im geographischen Zentrum der Mongolei, 60 km nördlich von Mandal-Gobi, einem Ort, den man bildhaft „Boden der Gobi" nennt. Wiederum war es eine vorzeitliche Arbeits- und Wohnstätte, deren Benützer viele behauene Steine, Splitter, Platten, Kernsteine, darunter von zwei Seiten hervorragende bearbeitete Faustkeile zurückließen. Diese aus grauem Feuerstein gefertigten Geräte fügen sich gut in die späten Acheuléen-Komplexe, obwohl unter ihnen solche sind, die man möglicherweise einer Steinbearbeitungstechnik aus den Anfängen des oberen Paläolithikums zuordnen muß.

Wir dürfen also annehmen, daß die Acheuléen-Tradition der zweiseitigen Bearbeitung des Steins, die Faustkeiltechnik, sich auf dem Territorium der Mongolei ohne Unterbrechung fortsetzte und weiterentwickelte.

Um die Bedeutung dieser Funde im Inneren Zentralasiens und im Altai für die Geschichte des ältesten Menschen richtig zu bewerten, muß man wissen, daß der bedeutende amerikanische Archäologe und Geologe Hallam Movius seinerzeit die interessante Hypothese aufstellte, daß im Norden Indiens und den benachbarten Gebieten Südostasiens die Entwicklung der Technik zur Erzeugung der ältesten Steinwerkzeuge im unteren Paläolithikum anders vor sich ging als in Afrika, Vorderasien und Europa, wo der Mensch des unteren Paläolithikums Keile der Chelléen-(oder Abbéville-) und Acheuléenformen benützte. Sie hatten ein keilförmig zugespitztes Ende. Das andere Ende diente als Griff. In Südostasien aber verwendete man nach den Beobachtungen Movius' anstelle der Faustkeile des europäisch-afrikanischen Typs namentlich „Chopper" mit breiter Querschneide am Arbeitsende.

Das war also, gemäß der Hypothese von Movius, die zweite große Welt der frühen Menschheit, mit ihren kulturellen Traditionen, die schon in der Steinzeit entstanden und sich viele Jahrtausende hindurch hartnäckig hielten. Und je weiter sich die Forschungen in den Tiefen Asiens, in Sibirien, Zentralasien und schließlich der Mongolischen Volksrepublik entfalteten, desto klarer wurde, daß die kühne Hypothese von Movius immer neue Bestätigung fand. Östlich des Syrdarjá und in den Bergen Usbekistans gab es keine Keile des europäisch-afrikanischen Typs, es gab sie in der Mongolei und in Sibirien nicht. Dafür waren hier seit dem Beginn des Paläolithikums bis zu seinem Ende allerorts, manchmal in großer Zahl, die „Chopper" aus Kieselstein verbreitet. Um so unerwarteter, ja geradezu sensationell war die Entdekkung der Faustkeile von archaischem Aussehen im Osten der Mongolischen Volksrepublik und am Amur.

So entstand das neue große Problem des Entwicklungswegs der vorzeitlichen Steinbearbeitungstechnik und zweier Kulturtraditionen im Osten sowie im Norden des asiatischen Kontinents. Die erste Tradition, am deutlichsten vertreten durch die Funde in

Abb. 14: Statuette aus Kondon. Neolithikum.

Siedlungen des Typs Ulalinka und Kizil-Osek im Hohen Altai, ist jene „Geröllkultur“, die dort seit eh und je existierte. Sie bestand hier auch noch viel später, in der folgenden Zeit des oberen Paläolithikums.

Die zweite kann man als Acheuléen-Tradition bezeichnen; sie gehört genetisch offenbar zu jenen Gebieten der Alten Welt, wo sich die entsprechende Technik der beidseitig bearbeiteten Geräte, der Faustkeile des Abbéville-Acheuléen-Typs, entwickelte. Es ist sehr wahrscheinlich, daß eine Gruppe der Archanthropen sie auf dem Weg von West nach Ost in das Innere Asiens brachte; wir würden am ehesten annehmen, daß dies in einer für solche Wanderungen günstigen Zwischeneiszeit geschah, am wahrscheinlichsten in der Riß- oder Vor-Rißeiszeit[25].

Es läßt sich denken, daß diese Gruppe westlicher Aussiedler nicht durch absolut leere Räume wanderte, sondern sicher durch schwachbesiedelte Gebiete, wo es Jagdbeute im Überfluß gab. Als Ureinwohner dieser riesigen Räume haben wir uns wohl die Träger der herkömmlichen altasiatischen „Geröllkultur“ vorzustellen, deren Spuren wir eben in Ulalinka im Hohen Altai und weiter im Osten im Amurbecken, in Filimoschki, Kumary und Ust-Tu fanden.

Die Ansiedlung geschah also nicht in großen, kompakten Massen, sondern in einzelnen, ungeordneten kleinen Gruppen, in „Atomen“ der Urgemeinschaften, Horden, die auf Jagdbeute aus waren. Jede Gruppe besaß ihre von den Vorfahren ererbten eigenen technischen Traditionen, d. h. einmal die ostasiatische Steintechnik, einmal, seltener, die Abbéville- oder Acheuléen-Technik.

Weitere, detailliertere Untersuchungen in Kumary brachten uns neuerlich Erkenntnisse von größtem Interesse. Sie warfen ein helles Licht in die dunklen Zeiten der Urgeschichte nicht nur des Amurgebietes, sondern auch der benachbarten Gebiete des asiatischen Kontinents, und fügten sich in das Bild der Ereignisse, die zu Ende des unteren und zu Anfang des oberen Paläolithikums stattfanden.

[25] Periode der vorletzten Vereisung vor zirka 230.000 Jahren.

Man sammelte dort auch Gegenstände von anderem Material und anderer Technik. Sie waren diesmal nicht aus Quarzit, sondern aus schwarzem Feuerstein, der sich leichter bearbeiten ließ. Ihre Herstellungstechnik war hier auch vollkommener. Zusammen mit den Steinschabern fand man hier einen Nukleus[26] in Diskusform und andere besonderer Art, die gewissermaßen den Übergang zur Technik des prismatischen Nukleus darstellen, wie sie für spätere Abschnitte der Steinzeit charakteristisch ist. Solche Kernsteine trafen wir jenseits des Baikal und in der Mongolei oft an. Ihre Ähnlichkeit mit jenen Afrikas, Europas und Vorderasiens, die Levallois[27] genannt werden, fiel uns sofort auf.

In Kumary können wir förmlich greifbar und anschaulich den Übergang von einer Entwicklungsstufe zur anderen beobachten, die Evolution der Steinzeitkultur im Vorwärtsschreiten von einer niedrigen zu einer höheren Stufe.

Es ist dabei von prinzipieller Wichtigkeit, daß überall, wo die Levallois-Technik die ältere der Steinspaltung ablöste, dies nicht nur einen großen Schritt vorwärts bedeutete, sondern weit mehr. Wir meinen die wesentlichen Änderungen im physischen Bau des Menschen selbst, dann eine geistige Umstellung und Änderung seiner gesamten intellektuellen Tätigkeit, die den Übergang unserer Vorfahren auf eine höhere Entwicklungsstufe, vom Paläoanthropus zum eigentlichen, „fertigen" Menschen des oberen Paläolithikums vorbereiteten. Es ist somit nicht mehr möglich, vom Inneren Asiens als einem Land ewiger Ruhe und Rückständigkeit, etwa im Gegensatz zu Europa, zu sprechen.

Nicht minder wichtige Funde aus der Steinzeit machten wir jetzt im Primorje. Schon 1963 war uns dort während der ersten Erkundungen archäologisches Glück beschieden. Auf einem kleinen Hügel beim Dorf Ossinowka, 40 Kilometer von der Stadt Ussurijsk entfernt, am Weg nach Kawalerowo-Tetjuche, war der seltene Fall zu beobachten, daß an ein und demselben Ort

[26] Kernstein, nach der Entfernung von Abschlägen oder Klingen verbleibender Steinbrocken, Nebenprodukt der Geräteherstellung, bisweilen eigener Werkzeugtyp.

[27] Nach dem Fundort: Kernstein, bei dem die Abschlagrichtung vom Rand zur Mitte hin geht. Das verbleibende Stück hat die Form eines Schildkrötenpanzers.

Menschen verschiedener Geschichtsepochen ihre Spuren hinterließen. Der Hügel hatte für Hunderte Generationen eine solche Anziehungskraft, daß eine Schicht über der anderen lag, ähnlich wie in der Oldoway-Schlucht in Tanganjika: die Schichten der frühen Eisenzeit, der Mohe-Kultur, der neolithischen oder eher mesolithischen Periode und schließlich die einer älteren als alle übrigen.

In Ossinowka bestand eine richtige Werkstätte, wo neben einem festen Steinamboß aus Quarzit Splitter lagen, Platten und ungewöhnlich große Werkzeuge aus grünlichem Feuerstein. Sie vereinten auf sonderbare und rätselhafte Weise die Merkmale der Kernsteine und der Faustkeile Westeuropas und Afrikas. Auf ihnen waren deutlich die Abschlagfacetten der abgespalteten langen und breiten Platten zu sehen, ganz wie auf den Kernsteinen. Zugleich hatten sie, ähnlich den Faustkeilen, an einem Ende eine „Ferse", eine Art Griff der unbearbeitet gelassenen Steinoberfläche.

Man konnte sich die Anwendung bildhaft vorstellen: ohne Holzgriff, umfaßt von einer riesigen Hand. Es war tatsächlich eine furchteinflößende Waffe, mit der sich die Knochen eines Elefanten oder Nashorns zerschlagen ließen. Zum Unterschied von universell verwendeten Werkzeugen des europäisch-afrikanischen Paläolithikums hatten diese jedoch kein spitzes, keilförmiges Ende, sondern eine breite, querlaufende Schneide.

Wenn wir von dem flüchtigen Hinweis Jelissejews auf einige primitive, bei Kamen-Rybolow gefundene Werkzeuge absehen, die ihn an die „Saint-Acheuléen-Messer" erinnerten (so nannte man damals die Acheuléen-Beile), so ist zu sagen, daß bis dahin noch kein einziger Forscher solche eigenartigen Instrumente im Küstenland gesehen hatte. Es waren ungeachtet all ihrer Eigenart die uns schon bekannten „Chopper", hatten aber im Vergleich zu den in Kumary und Filimoschki gefundenen besser entwickelte Formen.

Gleichartige Gegenstände tauchten an den Ufern des Chankasees auf und an einigen anderen Orten des Primorje. Im Herbst 1965 fand ein Mitarbeiter unserer Expedition, B. S. Sapunow, derartige Gegenstände auch weit nördlich von Ussurijsk, beim

Dorf Bibikowo am Mittleren Amur, 60 Kilometer von Blagoweschtschensk entfernt.

Schon dem typologischen Aussehen, der Form und Herstellungstechnik nach zeugen diese Geräte von hohem Alter. Doch wie alt sind sie wirklich? Diese Frage kann ein geologischer Umstand beantworten, mit dem sie in Verbindung stehen. In Ossinowka lagen diese steinernen Werkzeuge in einer Schicht, die von einer „Verwitterungskruste" überlagert war, in rotem oder dunkelbraunem Ton, unmittelbar am felsigen Fundament eines Hügels. Sie waren von einer Lehmschicht überlagert, die mit kleinen, scharfkantigen Steinsplittern angereichert war und die nach Meinung der Geologen einer Eiszeit, wahrscheinlich einer der letzten Etappen der Vereisung Sichote-Alins, zuzuordnen sei, als hier ein rauhes, trockenes Klima herrschte. Mit dieser Lehm-Steinsplitter-Schicht bringt man steinerne Geräte in Zusammenhang, die offenbar mesolithisch sind. Noch weiter oben befand sich eine Schicht von gelblichem Lehm, und in einer letzten, rasenbedeckten Schicht Reste der Mohe-Kultur.

Wie die Funde von Ossinowka also zeigten, bestand im Primorje in der Zeit des späten Pleistozän, vor mindestens 30.000 bis 40.000 Jahren – wenn nicht noch früher – eine bedeutende, eigenartige Altsteinzeitkultur, in der sich die ältesten Traditionen der Kieselsteintechnik fortsetzten, und wie wir jetzt, nach den Funden von Faustkeilen („Zweiseitern") in der Mongolei, am Amur bei Blagoweschtschensk, wissen, sicher nicht nur der Kieselsteintechnik.

Die erstaunlichen „Kernstein-Keile" von Ossinowka, die aus ganzen Kieseln gefertigt sind, stellen gewissermaßen „Hybride" dar, in denen sich die Traditionen zweier Grundtechniken der älteren Steinzeit Asiens verbinden: die Kiesel-(Geröll-)steintechnik und die Faustkeiltechnik.

So lassen sich die Eigenart dieses einmaligen Fundes, die Besonderheiten seines Inventars sowie auch sein Altar bestimmen. Früher datierten wir die untere Schicht von Ossinowka aus Vorsicht ins obere Paläolithikum, jetzt, insbesondere nach den in Japan und in der Mongolei entdeckten Funden aus dem unteren Palöolithikum in Niyu und der Höhle Fukuyi, können wir sie derselben Zeit zuordnen. Diese Datierung wird auch durch geologische Untersuchungen erhärtet: Es war W. W. Nikolskaja, die bedeutende Spezialistin für Geomorphologie und Quartiärgeologie des Fernen Ostens, die zu der Annahme des sehr hohen Alters der Ablagerungen am Hügel von Ossinowka kam.

Zu berücksichtigen ist, daß die Überreste der paläolithischen Kultur am Hügel von Ossinowka mit den unteren Teilen seiner Ablagerungen in Verbindung stehen, die W. W. Nikolskaja den mittelquartiären Ablagerungen von Wjasemsk gegenüberstellt, wo Knochen des Trogont-Elefanten gefunden wurden. Wir dürfen also die unteren Fundschichten von Ossinowka, in denen diese Geräte lagen, mindestens dem Ende des mittleren Pleistozäns zuordnen, also dem Ende des unteren Paläolithikums.

In diesem Zusammenhang ist für die Frühgeschichte Asiens noch ein neuer Fund bemerkenswert. In einer der Höhlen des malerischen Kalksteingebirges, das sich entlang den Ufern des Sutschanflusses hinzieht, fand der Amateurspeläologe J. G. Leschok eine umfangreiche Ansammlung von Knochen ausgestorbener Tiere. Sie überraschte die Fachleute der Paläontologie vor allem dadurch, daß sie einen widerstandsfähigen, kälteliebenden „Mammutkomplex" enthielt: Knochen von Mammuts, Nashörnern, Riesenelchen, Rentieren und Wildpferden. Im Süden des Küstenlandes, einem Gebiet, wo jetzt wilder Wein wächst und sich an den Bäumen die Liane windet, existierte also einst die Tierwelt der Eiszeit. Das Interessanteste aber erwartete die Forscher erst: Schon auf den ersten Blick stellten sie fest, daß die Tierknochen Spuren künstlicher Bearbeitung aufwiesen, denn diese waren so zerschlagen und gespalten, wie es nur ein Mensch vermochte.

Als die Ausgrabungen den Höhlenboden erreicht hatten, fanden sich im tiefsten Grund der lockeren Höhlenablagerungen auch Steingeräte der Urbewohner des Sutschan-Tales. Das Auffallendste war ein großer, grauer Stein, als ein Nukleus bearbeitet, von dem breite und massive Steinplatten sowie Splitter auf charakteristische und eigenartige Weise abgeschlagen worden waren. Den Kiesel spaltete man mit vertikalen Schlägen von oben nach unten zu einzelnen Stücken, so wie man Brot in einzelne Scheiben schneidet.

Abb. 15: Eine der „Larven“ aus Sakatschi-Aljan am Amurfluß.

Noch unerwarteter war ein Fund, diesmal nicht aus Stein, sondern aus einem Stück Rentiergeweih mit einer erhalten gebliebenen Rosette. Am Ende war das Geweih zersägt und zu einer Art „Muffe“ gewandelt worden: eine Halterung für irgendein steinernes Werkzeug, einen Vorläufer der Axt oder des Dechsels.

Die Funde in den Sutschan-Höhlen sind auch deshalb interessant, weil japanische Geologen kurz vorher Mammutreste auf der Insel Hokkaido studiert hatten. Diese Mammuts konnten nur auf dem Landweg aus Asien auf die Japanischen Inseln gekommen sein; ein derartiger Landweg bestand in der Eiszeit und verband die heutigen Inseln mit dem Festland. Die Mammutknochen von Sutschan bewiesen die Richtigkeit dieses Gedankens. Und mit dem Mammut muß der Urmensch auf die Inseln des Japanischen Archipels gekommen sein, auf der Jagd nach Wildpferd, Stier und Elch, deren Spuren wir ebenfalls in den Sutschan-Höhlen finden.

Für die Geschichte der Urstämme des Fernen Ostens haben weitere Funde am Fluß Taduschi beim Dorf Ustinowka, bei Rasdolnoje am Suifun-Ufer und einigen anderen Bezirken des Primorje größte Bedeutung.

Als der junge Geologe W. F. Petrun während des Baus einer Straße zwischen Ustinowka und Bogopolje einen aufgeschütteten Damm entlangschritt, sah er am hohen, steilen Ufer des Taduschiflusses Splitter und Platten von gelblichweißem und grünem Stein, ähnlich dem Feuerstein und ebenso leicht spaltbar wie dieser, nur nicht durchscheinend. Es war vulkanischer Tuff, ein Eruptionsgestein von längst erloschenen und in der Folge ausgewaschenen Vulkanen. Tausende derartiger Splitter und Platten, große wie auch ganz kleine, die wie Schuppen aussahen, lagen direkt auf der Straße und in den Künetten daneben. Gezielte Grabungen der Archäologen ergaben, daß W. F. Petrun auf eine in zweifacher Hinsicht bemerkenswerte Fundstätte gestoßen war: Zunächst einmal handelte es sich um guterhaltene Erzeugnisse des Urmenschen, die sich dadurch auszeichneten, daß sie in größter Fülle eine ganze, bisher völlig unbekannte Epoche der Urgeschichte des Küstengebietes repräsentierten, und zwar eine sehr frühe, die zwischen die ältesten Siedlungen mit Steinwerkzeugen und die späteren, neolithischen einzuordnen ist. In unerwartet großer Zahl fanden sich hier nicht nur Platten und Splitter, sondern auch Kernstücke, Nuklei, von denen diese Platten abgeschlagen wurden. Diese Nuklei haben bestimmte Merkmale, die, wie wir schon früher erfuhren, für jene des Levallois-Typs charakteristisch sind. Viele von ihnen standen jedoch der Form und dem Typus nach schon den prismatischen Kernsteinen näher, die für das spätere Paläolithikum und Neolithikum bezeichnend sind. Neben diesen fand man „gobische Nuklei", rätselhafte Artefakte, die an den Kiel eines Bootes oder Schiffes erinnerten. Sie dienten in Wirklichkeit wohl kaum zum Abschlagen von Platten: Diese winzigen Plättchen waren viel zu klein für eine derartige Verwendung. Sie waren vielmehr Spezialinstrumente zur Holz- und Knochenbearbeitung ähnlich unseren heutigen Hobeln. Aus den Platten, die von den großen Levallois-Kernstücken abgenommen wurden, verfertige man steinerne Klingen, die als Messer, Schaber und Bohrer dienten. Solche Gegenstände lagen in der unteren Schicht dieser Siedlung. Darüber waren in ähnlicher Weise Funde einer zweiteren, höheren Schicht gelagert, die sich aber noch dadurch unterschieden, daß sie auch echte Speerspitzen enthielten und Messer, die beidseitig durch sorgfältige Retuschierung bearbeitet wurden, was die erfahrene Hand geschickter Meister der Steinbearbeitung verrät, sozusagen der „Juweliere" der Steinzeit. Ein besonderes Interesse kommt allen diesen Gegenständen dadurch zu, daß sie als Indikatoren für die frühesten kulturellen und ethnischen Kontakte dienen können.

Die Reste einer „Industrie-Siedlung" und von Feuerstein- (richtiger Tuff-)Schächten am Taduschifluß sind auch dadurch von Interesse, daß alle in ihnen gefundenen Gegenstände den in Japan entdeckten und denen aus Siedlungen vorkeramischer Inselkulturen des Pazifischen Ozeans verblüffend ähnlich sind. Das bedeutet eine große Hilfe für den Versuch einer Datierung: Die Funde der unteren Schicht von Ustinowka sind entsprechend den japanischen Analogien (deren Alter nach der Radiokarbonmethode bestimmt wurde) nicht jünger als 17.000 bis 15.000 Jahre. Sie gehören folglich in die gleiche Zeit wie die Siedlungen zu Ende des oberen Paläolithikums in Sibirien und Europa.

Ebenso wichtig ist, daß es hier um Kontakte geht, die in dieser

Zeit zwischen den Bewohnern der Inseln und des Festlandes bestanden. Es gab offenbar, wie erwähnt, Landbrücken, die das Festland mit den Inseln, das Küstenland mit Sachalin und Hokkaido, aber auch mit Honshu, der Hauptinsel des benachbarten Japan, verbanden.

Noch interessanter ist, daß die Werkzeuge und die als Ausgangsmaterial dienenden Kernsteine den auf den Japanischen Inseln gefundenen verblüffend gleichen, ebenso wie die spezifische Herstellungstechnik dieser Werkzeuge, deren Spuren die Teilnehmer der sowjetisch-mongolischen archäologischen Expedition in Zentralasien, im Inneren der Mongolei und im äußersten Osten der Mongolischen Volksrepublik entdeckten.

Damit kommen wir also zu den Funden in der Mongolischen Volksrepublik. Als ich 1967 von einer Japanreise zurückkehrte, blieb ich einige Zeit an den Ufern des Chalchyn Gol, auf dem Gipfel des hohen Berges Chere Uul, wo wir schon 1949 in verwehten Gräben einige sonderbare Geräte aus Stein entdeckten, die dem Typ nach jenen erstaunlich glichen, die wir als Studenten bei Ausgrabungen des Professors Petri auf der Wercholenskaja Gora bei Irkutsk gefunden hatten. Als wir aber jetzt die Ausgrabung genau an der Stelle früherer Funde ansetzten, kamen aus der gelben Erde des Chalchyn Gol wiederum die rätselhaften „gobischen Nuklei" zum Vorschein, haargenau die gleichen wie in Japan und im Fernen Osten. Wir fanden sie auch weit im Westen des Chalchyn Gol, in einer beachtlichen Fundstätte am Orchon Gol, in der Nähe eines alten buddhistischen Klosters und der Hauptstadt der mongolischen Khane, in Karakorum[28]. Am Orchon Gol lagen diese Nuklei auf der obersten Kulturschicht: das schloß den langen Entwicklungszyklus der lokalen Steinzeittechnik ab.

Daraus lassen sich mehrere wichtige Erkenntnisse ableiten: Wie erstens die Ähnlichkeit der Funde am Taduschifluß mit den japanischen beweist, waren die Urbewohner der japanischen

[28] Nach der neueren Transkription: Qara Qorum, auch Char Cherem. Alte mongolische Hauptstadt, zirka 300 km westlich von Ulan Bator (mongolisch: Ulaan Baatar, „roter Held").

Inselwelt nicht vom Festland getrennt und übernahmen wahrscheinlich sogar von dort ihre vorkeramische Kultur. Sie mußten wohl in der gleichen Richtung gezogen sein wie vorher die Mammutherden auf ihrem Weg zu den jetzigen Inseln des Stillen Ozeans, wohin wahrscheinlich die Jäger aus der Höhle am Sutschan nachfolgten. Die zweite Erkenntnis hat noch umfassendere Bedeutung. Die Menschen der „zweiten Welle", die sich auf die Inseln des Japanischen Archipels hin bewegten, standen der Herkunft nach zweifellos nicht nur mit dem Küstenland in Verbindung, sondern auch mit entfernteren Gebieten Innerasiens.

Es ist kein Zufall, daß hier, in der Nähe des heutigen Ustinowka, Levallois-Kernsteine zutage kamen – solche wie im zweiten Komplex von Kumary am Oberen Amur, wie in den unteren Schichten der vorzeitlichen Nashornjägersiedlung beim Kap Sannyj im Tal des Udaflusses oberhalb von Ulaan Ude, wie in der Mongolei, in Charachorin (Karakorum) am Orchonfluß (Orchon Gol) und am Fuß des Gobischen Altai, im Herzen Zentralasiens.

Das Küstenland war also vor 17.000 bis 10.000 Jahren eine Art Sprungbrett des Menschen auf dem Weg aus dem Inneren Asiens zur Inselwelt des Stillen Ozeans, und zwar nicht nur auf die Japanischen Inseln. Darauf weisen die „gobischen Nuklei" hin, die diese Bezeichnung nicht zufällig erhalten haben. Sie steht in Zusammenhang mit einer der interessantesten Seiten in der Geschichte der archäologischen Erforschung Zentralasiens: mit der Mongolei.

Jedesmal wenn ich diese von Urmenschen bearbeiteten Steinstücke in Händen halte, taucht in meiner Erinnerung eine Entdekkung auf, die seinerzeit, in den zwanziger Jahren, die amerikanischen Archäologen und alle jene verblüffte, die das Problem der „ersten Amerikaner" bewegte.

Schon der Anthropologe Aleš Hrdlička verfolgte den Gedanken, daß der amerikanische Kontinent zuerst von einer verhältnismäßig kleinen Gruppe der Vorfahren der amerikanischen Indianer besiedelt wurde, die über einen schmalen Landstreifen, der sich an der Stelle des heutigen Beringmeeres befand und die Kontinente verband, Alaska erreichten. Die „Bering-Brücke" oder „Bering-Landenge" müßte man diese Landbrücke der fernen Eiszeit nennen. Über sie drang der amerikanische Riesenelch nach Asien ein, in umgekehrter Richtung Mammut- und Rentierherden nach Alaska. Ihnen folgend, mußte – nach Meinung Hrdličkas – der erste Mensch ins menschenleere und wilde, dem Urjäger aber größere Möglichkeiten bietende Land gekommen sein und die Neue Welt entdeckt sowie den Anfang ihrer Kultur gesetzt haben.

Daß eine Landbrücke zwischen Asien und Amerika bestand, wird auch durch Ereignisse in der Eiszeit bestätigt. Die kolossalen Eismassen, die sich im Norden Asiens und Europas, aber auch Amerikas zusammenballten, entzogen den Meeren und dem Pazifischen Ozean so viel Wasser, daß sich deren Niveau beträchtlich senkte und der Mensch sich frei in den ausgetrockneten Gebieten bewegen konnte. Damals bildete sich auch die Brücke über das Beringmeer, und die Japanischen Inseln vereinten sich mit dem Kontinent. Die Begeisterung des amerikanischen Archäologen Nels Nelson, eines Teilnehmers der berühmt gewordenen Expedition Andrews' nach Zentralasien, ist daher verständlich, als er bei Ausgrabungen in Fairbanks (Alaska) ebensolche Kernsteine sah, wie sie öfter im Sand der Gobi zutage kommen. Hier, dachte Nelson, haben wir endlich die Spuren der Tätigkeit des ersten Amerikaners vor uns, der, in der dunklen Steinzeit, aus Innerasien nach Amerika eindrang.

Jetzt ist das Bild der Frühkulturen Amerikas sowie Nordasiens viel komplizierter, als man es sich zur Zeit Nelsons vorstellte. Aber die „gobischen Nuklei", die für Europa in diesem Ausmaß gar nicht charakteristisch sind, dienen wie früher als Wegweiser, die Wanderungen der Urjäger zu verfolgen, sind sie doch nach Form und Verbreitung derart spezifisch, daß sie sich kaum in verschiedenen Gebieten der Erde selbständig entwickeln konnten. Und was noch wichtiger ist: Diese Erzeugnisse sind jetzt dank der Arbeiten sowjetischer Archäologen auch dort bekannt, wo man sie früher – auf dem Weg aus Zentralasien nach Amerika – nicht gefunden hatte; also nicht nur in der Mongolei, sondern auch am Amur, auf Kamtschatka und im Küstengebiet. Das heißt, die Welt war einigermaßen begrenzt in der fernen Steinzeit; daraus ergibt sich, daß tatsächlich irgendeine Gemeinsamkeit in entferntester Vergangenheit die alten Stämme und Kulturen des asiatischen

Kontinents vereinte: den Baikalraum, die Japanischen Inseln, die Mongolei und das Küstengebiet – aber auch das ferne Alaska. Wie die Funde in Ossinowka und am Taduschifluß zeigen, nahm das Küstengebiet nach Bedeutung und Alter unter diesen frühen Kulturen offenbar nicht den letzten Platz ein. Auf jeden Fall ist jetzt klar, daß die Wurzeln der hiesigen alten Kulturen tief in die Frühgeschichte der Menschheit reichen.

Der historische Wert der Funde von Ustinowka wird weiters dadurch bestimmt, daß es sich hier nicht um eine übliche Siedlung handelte, sondern um etwas Besonderes, nämlich um eine Art Industriestätte[29], eine Steinbruch-Siedlung. Dieser Gedanke drängt sich schon durch den Überfluß des steinernen „Rohmaterials" auf, gewissermaßen die Abfälle bei der Herstellung von Steingeräten: Tausende Splitter, Hunderte Platten und Dutzende von Kernsteinen, auch solche, die der Fertigung dienten, lagen angehäuft in der Erde, während fertiggestellte Steingeräte selten anzutreffen waren. Ein echter Glücksfall war der Fund eines Amboßsteins, der als Unterlage diente, auf der man die Steine aus vulkanischem Tuff bearbeitete. Im Umkreis lagen noch Dutzende Splitter, wie sie bei der Bearbeitung des Gesteins abfallen. Es sah aus, als hätte der alte „Steinschmied" seinen Arbeitsplatz erst vor kurzem verlassen.

Aber hier befand sich nicht nur eine Stein-Industrie, die vielleicht zehntausend Jahre in Betrieb war, sondern damals gab es auch die ersten Bergleute des Fernen Ostens: sie kamen immer wieder an diesen Ort, weil sie hier den für damalige Zeiten wertvollen Stein fanden, der zur Anfertigung von Arbeitsgeräten diente. Es waren natürliche Austritte vulkanischen Tuffs, der sich in ganzen Gängen abgelagert hat. Diese ersten Bergknappen des Küstengebietes sammelten nicht nur an der Oberfläche, sondern gruben auch in der Erde, wobei sie die besten, der zerstörenden Wirkung der Verwitterung noch nicht ausgesetzten Tuffsteine heraussuchten. So sahen wir in unserem stratigraphischen Schnitt

[29] Unter Industrie versteht man eine Gruppe von Objekten in engem Verhältnis zueinander, aber unterschiedlichen Typs. Bei häufig wiederkehrenden Objektgruppen mit einem breiten Typenspektrum spricht man von einer Kultur.

auch in der Tiefe einer hochgelagerten Terrasse des Taduschi 25 bis 30 Meter von jener Stelle entfernt, wo sich die Werkstätten der Steinzeit befanden, seltsame, schalenförmige Erdeinbrüche und alte Vertiefungen, die längst mit Erde angefüllt waren: Das mußten die Schächte sein, die vor mindestens zehntausend Jahren angelegt worden waren. Vor den Augen der Archäologen breitete sich ein wahrhaft aufregendes Bild aus dem Leben der fernöstlichen Urbewohner. Wir sahen keine gewöhnliche Siedlung, von der nur tote Reste des einstmals blühenden Lebens erhalten blieben, wie einzelne Geräte, Splitter und Platten: Vor uns tat sich ein Blick auf in einen Winkel der schöpferischen Tätigkeit des frühen Menschen, in einen Teilbereich seines Wirkens. Mit ein wenig Phantasie ließ sich dieses Bild lebendig und wahrheitsgetreu ausmalen:

„Am Ufer des Taduschiflusses, der damals noch kein so tiefes Bett hatte, zündet eine Frau, umgeben von Kindern, unmittelbar neben der Siedlung Feuer an. Alte Männer bauen ein Haus. Sie graben mit Knochenharken und Holzschaufeln eine seichte Baugrube (im Jahre 1968 hatten wir das Glück, eine solche Baugrube zu finden). In der Nähe sitzt auf Steinen neben einem Steinamboß einer der Alten, der Bewahrer der Weisheit der Vorfahren, die von Generation zu Generation die Kunst tradierten, den jeweils passenden Stein zu finden, die knollige Oberschicht abzunehmen und dann mit einem starken, gutgezielten Schlag zu zerspalten. Mit einem weiteren schnellen Schlag erhielt er auf dem Zubereitungsstein eine glatte, abgegrenzte Fläche, von hier konnte er weiter gehen: vom Kernstein die Reste der Steinrinde abnehmen, dann aber auch lange, breite Platten mit drei oder zwei parallelen Facetten am Rücken. Jede solche Platte konnte ohne weitere Bearbeitung als fertige Klinge, Messer oder Dolch dienen. Dazu mußte sie nur an einem festen Holz- oder Horngriff befestigt werden.

Der Kernstein, von dem solche Platten abgehauen wurden, diente auch zur weiteren Verwendung. Solange er nicht zu klein geriet und damit für eine weitere Bearbeitung ungeeignet, wurden je nach Bedarf weitere Platten von ihm abgeschlagen. Dann aber wurde er weggeworfen, zur Freude der Archäologen, die ihn zehn- oder fünfzehntausend Jahre später auffanden.

Abb. 16: Larven auf den Basaltblöcken von Sakatschi-Aljan.

Das Interessanteste aber geht in der Tiefe der Terrasse vor sich, weiter entfernt vom Flußufer. Halbnackte Männer und Jünglinge graben die Erde mit Hornharken um. Sie ziehen aus dem klebrigen grauen und gelben Ton immer neue Knollen aus vulkanischem Tuff. An Ort und Stelle prüfen sie immer wieder ihre Festigkeit mit einem Steinmeißel und werfen sie zurück, wenn ihre Eigenschaften nicht entsprechen. Die besten Tuffstücke aber werden dorthin gebracht,wo der Meister bei seinem Amboß sitzt."

So wird auf Grund archäologischer Entdeckungen ein lebendiges, detailliertes Bild des Lebens längst verschwundener Generationen der ältesten Bewohner des Küstengebietes wiederhergestellt, ein Bild, das uns erlaubt, die unerwartet weitläufigen kulturellen und ethnischen Verbindungen dieser Stämme der Altsteinzeit klar zu sehen. Sie führen uns nicht nur in die Mongolei, sondern auch an die Ufer des Baikalsees, zur Angara, wo man ebensolche Kernsteine wie am Taduschi fand, aber auch andere Gegenstände, ähnlich denen aus Ustinowka. Und je weiter und tiefer wir in die Vergangenheit eindringen, desto lebendiger und klarer wird das Bild.

Nordasien – Wiege der Völker und Kulturen

Wie also die archäologischen Funde bezeugen, erweist sich anschaulich und mit Sicherheit, daß die Besiedlungsgeschichte Nord- und Zentralasiens nicht nur eineinhalb bis zwei Jahrzehntausende, sondern viel weiter bis in die Epochen der Entstehung des Menschen und der Gesellschaft zurückreicht. Die Ausgrabungen alter Siedlungen und Grabstätten in der Tundra und Taiga an den Ufern der sibirischen Flüsse zeigen, daß sich nach der Altsteinzeit die nördlichen Stämme von einer Kulturstufe zur nächsthöheren entwickelten. Im Norden Asiens vollzog sich eine ständige und ununterbrochene Ablöse kulturgeschichtlicher Etappen: Paläolithikum, Neolithikum, Bronze- und Eisenzeit. Es vollzog sich hier der Übergang von groben Steinwerkzeugen zu metallenen im Grunde genauso wie in anderen Gebieten der Erde.

Ebenso wichtig ist ein weiterer Umstand: die Tatsache, daß die progressive Entwicklung der Kultur nicht monoton und einförmig vor sich ging, sondern jeweils eigenständiges Lokalkolorit hatte. In dieser Verschiedenartigkeit zeigt sich immer wieder die Fortschrittlichkeit dieses Prozesses, seine schöpferische Kraft und sein Reichtum. Betrachten wir die Geschichte der alten Stämme Sibiriens und des Fernen Ostens, so können wir sehen, wie die Entwicklung bei ihnen nicht nur in Form des allgemeinen Überganges von gröberen Steinwerkzeugen zu vollkommeneren vor sich geht, vom Stein zum Metall usw., sondern auch in qualitativ anderen lokalen Formen. Allen diesen Stämmen und Völkerschaften ist gemeinsam, daß jeder den historischen Weg anders, unabhängig von anderen geht. Im Lauf der Zeit tritt in ihren Kulturen immer klarer und auffälliger ihre Eigenheit und Eigenständigkeit hervor, jene Züge, die uns berechtigen, ihnen „Souveränität" zuzuschreiben.

Solche kulturelle Souveränität, Eigenheit und Eigenständigkeit zeigt sich schon im Paläolithikum mit aller Deutlichkeit. Alles, was wir jetzt von den ersten Spuren des Menschen in Sibirien und im Fernen Osten kennen, verblaßt jedoch vor dem klaren und ausdrucksvollen Bild des Lebens der alten Stämme dieses Gebietes in der folgenden Zeit, in der Epoche des Neolithikums. Damals lernte der Mensch mit Pfeil und Bogen umzugehen, geschliffene Handbeile und Äxte zu verwenden und Tongefäße zur Zubereitung von Speisen und Aufbewahrung von Vorräten herzustellen. Gerade damals, also etwa vor fünf- bis sechstausend Jahren, entwickelten sich zwischen Ural und Stillem Ozean neue Kulturen, eine ungewöhnlicher als die andere. Es entstand eine ganz neue Welt, richtiger – ganze Welten. Im Lauf der Zeit treten eigenartige örtliche Kulturen westlich des Jenissej hervor. Die Bewohner dieser Territorien Westsibiriens unterscheiden sich in ihrer Lebensweise durch eigenartige Arbeitsgeräte, eine spezifische Kunst und zweifellos durch die Sprache.

Eine zweite große Gruppe früher Stämme bewohnte Ostsibirien. Vom Ural bis zum Jablonowgebirge standen die Zelte der nomadisierenden Jäger und Fischfänger der Subarktis. Die Jäger verfertigten neue Kleidung, die dem Wanderleben in der Taiga vollkommen angepaßt war: einen kurzen „Frack" oder ein „Camisol", vorne aufgeschnitten, mit Lenden- oder Brustschurz, leichte Pelzschuhe nach Art der Mokassins mit durchbrochenem Oberteil und Pelzmützen. Wie sehr unterschieden sich die wendigen und schnellen „Wanderer der Taiga" von ihren trägen Zeitgenossen, die bei den Eislöchern an den Ufern der arktischen Meere saßen und auf die Robben warteten, um sie mit einem Stoß der „rückkehrenden Harpune" zu erlegen, mit diesem raffinierten Instrument der Jagd auf Meerestiere, dem Vorläufer des heutigen Harpunengewehres. Die Jäger der Taiga erfanden Schneeschuhe und das leichte Nomadenzelt, das sie mit weichgekochter Birkenrinde oder Rentierfellen deckten. Auf Schneeschuhen brauchten sie weder den tiefen Schnee noch Begegnungen mit Rentieren zu fürchten, denn die Tiere brachen ein und versanken.

Ihre Beziehung zur Umwelt, ihre Weltanschauung und Mythologie, völlig durchdrungen und untrennbar von der Tierwelt, drückten die Jäger der Taiga in ihrer Kunst aus, die dem Stil nach realistisch, dem Inhalt nach animalistisch ist. Mittelpunkt der künstlerischen Darstellung ist das Rentier, ein vorherrschendes Motiv auf den riesigen Felsflächen. Es ist auch auf Miniaturskulpturen und Amuletten der ersten Schamanen der Kitoi- und Glaskowzeit abgebildet (russisch heißt China „kitoj").

In der steinzeitlichen Taiga findet sich erstmals auch das Räuchergefäß, das universelle Kampfmittel gegen die Fäulnis, den Feind alles Lebenden. Von diesen Räuchergefäßen, die in Miniaturgröße aufgehängt wurden, trennten sich die früheren Jäger auch im Grabe nicht.

Ganz anders gestalteten sich Leben und Kultur jener Stämme, die den Fernen Osten bewohnten. Schon die reiche und freigebige Natur setzte dort den Anfang einer fortschrittlichen und in vielem deutlich unterschiedenen Entwicklung. Erster und auffallendster Charakterzug der Amurstämme und ihrer Nachbarn im Fernen Osten ist die Seßhaftigkeit. Dadurch unterscheiden sie sich in den Lebensbedingungen, die wir von den Bewohnern der benachbarten Taiga und um den Baikal kennen, die ihre neolithische Baikalkultur schufen, aber auch von jenen zeitgenössischen Stämmen, die an der Mittleren Lena, an Indigirka, Kolyma und in der Waldtundra Nordostsibiriens lebten.

Seit dem Zeitpunkt, als an den Ufern sibirischer Flüsse erstmals geschliffene Steinäxte gefunden wurden, erhärtete sich in der Wissenschaft die Annahme, daß die neolithischen Bewohner Sibiriens wandernde Jäger und Fischer waren. An ihren vorübergehenden Aufenthaltsorten in den Tälern der Lena, des Jenissej, der Angara blieben tatsächlich nur Feuerstellen aus Stein erhalten, über denen einst die leichten Hütten aus Fell gestanden hatten.

Wie staunten wir, als wir an den Ufern des Amur Spuren echter Siedlungen fanden, gewissermaßen Dörfer der Steinzeit, die aus meist festgebauten gemeinsamen Wohnstätten bestanden. Als Fundament dieser Häuser diente eine tief ausgehobene Baugrube.

Um eine solche Vertiefung zu graben, bedurfte es der Anstrengung wohl nicht nur eines Dutzends Menschen. Dauernde Seßhaftigkeit war nur möglich, wenn es ständig ausreichende Nahrungsquellen gab. Das aber hing vor allem von den besonderen natürlichen Bedingungen im Fernen Osten ab. Östlich des Jablonowgebirgszuges, am Mittleren und Unteren Amur, beginnt ein neues Land. Schon im Gebiet des heutigen Blagoweschtschensk wird die weiße Birke von der Ermanbirke, der sogenannten Steinbirke, abgelöst. An die Stelle der Fichte und Lärche tritt im weiten Raum der Amurprärie die Eiche. Hier wachsen wilde Äpfel, Birnen und wilder Wein, und in den fernen stillen Seen blüht der Lotos, hier also beginnt die in ihrer Vielfalt wundervolle Welt der ussurischen Taiga, und hier findet sich die mandschurische Flora, deren Reichtum und sonderbare Mischung südlicher und nördlicher Erscheinungsformen die ersten russischen Naturwissenschaftler und Reisenden – W. Maximowitsch, R. Maak, N. Prschewalskij und W. Komarow – verblüfften und begeisterten.

Für die Entwicklung, welche die neolithischen Kulturen des Fernen Ostens nahmen, ist aber eine andere Naturgegebenheit noch wichtiger. Sie prägte deutlich die Lebensweise und Wirtschaft der dortigen Steinzeitmenschen. Dem Arterhaltungstrieb gehorchend, kommen zu einer bestimmten Jahreszeit, auf der Suche nach Laichplätzen, riesige Fischschwärme aus den Tiefen des Ozeans die Flüsse herauf: sibirischer Lachs, Buckellachs und fernöstlicher Lachs. Die auch sonst fischreichen Flüsse quellen nun förmlich über. So ist es auf Kamtschatka, im Tal des Amur, auf Sachalin, in den zahlreichen Flüssen und Flüßchen des ganzen Küstenlandes, überall gelangen die Fische auf ihrem Laichzug bis in die Oberläufe. Fisch war seit je die Ernährungsgrundlage der einheimischen Bevölkerung. Die Urbewohner des Fernen Ostens, Nanai, Ultschen, Niwchen-Giljaken, lebten, so erinnern sich die heutigen Generationen noch, nicht nur vom sibirischen Lachs, waren also nicht nur vorwiegend „Ichthyophagen", sondern kleideten sich auch in Fischhäute. Der Fischfang war wichtig für ihr ganzes Leben, für die Wahl der Siedlungsplätze, er prägte auch Glauben und Mythologie dieser „fischhäutigen" Bewohner des Amurtals.

Das Werden des Weltalls, die Entstehung der Geschlechter und das Schicksal ihrer Urahnen stehen bei den Giljaken nicht zufällig in Verbindung mit dem Mythos von der Hochzeit eines unbekannten Jünglings, des ersten Menschen auf Erden, mit einer Fischfrau, die aus den Wellen stieg, um die Menschheit zu schaffen.

Im Land der Fischfänger, an ertragreichen Fangstellen, an den Mündungen kleiner Flüsse und an den hohen, steilen Felskuppen entstanden große Siedlungen mit Dutzenden geräumigen, halb in den Boden hineingebauten Erdwohnungen. In ihnen verbrachten die Bewohner die langen Winter, und im Sommer übersiedelten sie in leichte, über der Erde gebaute Wohnstätten. Solche erhielten sich am Amur bei den Nanai, Ultschen und Niwchen bis in jüngste Vergangenheit. Es waren kleine Häuser, quadratisch im Grundriß und mit einem Satteldach. Diese mit Birkenrinde gedeckten Sommerhäuser standen auf hohen Pfählen; der Wind ventilierte sozusagen von unten diese Pfahlbauten. Neben den Wohnbauten befanden sich wahrscheinlich Trockengestelle zum Dörren von Fisch und Vorratsräume, außerdem Stangen, an denen die Hunde angebunden wurden. Das alles komplettierte das allgemeine Bild des Fischerdorfes der Steinzeit. Das Gebiet der neolithischen Erdwohnungen und großen Siedlungen, wo Dutzende oder Hunderte von Menschen lebten, beginnt schon bei der Mündung des Flusses Amasar und bei Blagoweschtschensk. So sah zum Beispiel die Siedlung bei Nowopetrowsk aus, die aus mindestens 15 Häusern bestand, von denen jedes eine ausgehobene Baugrube besaß, feste Wände aus aufrechtstehenden Balken und ein Dach, das man mit Erde und Sand bedeckte, um die Wärme zu erhalten.

Je mehr sich der Amur dem Meer nähert, desto dichter liegen solche Siedlungen, besonders unterhalb von Chabarowsk. Stellenweise – wie zum Beispiel auf der Insel Sutschu bei Marijinsk oder in Kondon am Eworonsee – wandeln sie sich in echte Städte der Steinzeit, solche wie die „Ostroschki“ der Kamtschadalen.

Eine der halbunterirdischen neolithischen Wohnstätten wurde 1935 im Tal des Amur auf der Insel Sutschu genau untersucht. Für diesen Bau war eine tiefe, weite Höhle ausgehoben worden, entlang deren Wänden im Abstand von einem halben bis einem Meter sich viele Vertiefungen für die Pfähle befanden. Auf den stärkeren Pfählen, die in der Mitte standen, lastete das Dach, das mit Erde beschüttet war. Im Innern fand man viele geschliffene Steinäxte und Beile, Feuersteinmesser, Schaber, Stäbe für den Fang großer Fische und einige Bruchstücke von reichverzierten Tongefäßen, einige fast unversehrt; all dies zeigte, daß die Menschen hier nicht nur ein Jahr, nicht nur einen Winter lang gelebt hatten.

Es ist dabei typisch, daß in Sutschu die Gefäße meist entlang der Wände standen. Hier mußten sich Bänke und Bretter für die Gefäße befunden haben. Auf den Bänken schlief und aß der Bewohner, fertigte die Werkzeuge an und schliff sie zu.

1961/63 wurden von der Fernöstlichen archäologischen Expedition in einer großen neolithischen Siedlung am hohen Ufer des kleinen Flusses Dewjatka und in der alten Nanai-Ansiedlung Kondon umfangreiche Grabungen durchgeführt. Die Gegend, in der Kondon liegt, war nicht zufällig jahrtausendelang Lebenszentrum der dortigen Bevölkerung. Hier siedelten zuerst die Menschen des Neolithikums, nach ihnen kamen die Stämme der Bronzezeit auf die Bildfläche und dann jene der frühen Eisenzeit. Diese Gegend geriet auch zur Zeit der Mohe und dann im Mittelalter nicht in Vergessenheit. In Kondon lief auch die Frühgeschichte der Samagiren ab, der gegenwärtigen Bewohner, die jetzt einen Teil der Nanai-Bevölkerung darstellen.

Alle wurden sie von den besonderen Annehmlichkeiten des Ortes angezogen. Inmitten der unüberblickbaren Taiganiederung, der bemoosten Flächen und Marschlandschaften, erhebt sich einsam eine hohe sandige Ebene, von malerischen Bergen mit felsigen Abhängen beherrscht, die sich am jenseitigen Ufer der Dewjatka hinziehen. Eine uralte Legende erzählt, daß ein verirrter Jäger, ein Urahn des Geschlechts der Samaren, von diesen Bergen aus einen Felsvorsprung sah, der ihm so gefiel, daß er dort die erste Siedlung der Samagiren anlegte.

Es war geradezu eine Notwendigkeit, die Generation um Generation, Jahrhundert für Jahrhundert die Menschen veranlaßte, ausgerechnet auf diesem Felskap und in seiner Nachbarschaft ihre Häuser zu bauen: nur hier war es trocken, und im lockeren Sand konnten sie leicht große Gruben ausheben – Baugruben für die winterlichen Wohnstätten.

Aber auch aus einem zweiten Grund zog es die Menschen hierher: Kondon liegt am Ufer der fischreichen Dewjatka, deren Lauf Schwärme von Meeresfischen auf ihrem Laichzug folgten, und etwas oberhalb befindet sich der See Eworon, in den der noch fischreichere Ewur mündet. Durch die 1961/63 in Kondon unternommenen Ausgrabungen kam ein in seiner Anschaulichkeit verblüffendes Bild einer der ältesten Siedlungen des Gebietes zum Vorschein, ein komplettes Dorf der Steinzeit, das vor ungefähr fünftausend Jahren bestand.

Die neolithische Siedlung befand sich, wie gewöhnlich, an der Stelle, wo das eiskalte, reine und durchsichtige Wasser eines kleinen Baches, dem die Bewohner das Trinkwasser entnahmen, in die vom Seeschlamm trübe Dewjatka einmündet.

Wie viele andere solche Siedlungen am Amur und im Primorje bestand diese in Kondon aus einer ganzen Gruppe von Wohnstätten, die in die Erde eingegraben waren. Ihr Grundriß war oval oder kreisförmig. Die Baugruben der Wohnstätten waren von mehr oder weniger markanten, manchmal vertikalen Absätzen begrenzt, sogenannten „Schultern". Der Innenraum der Wohnstätten war mit dunklerer, offensichtlich gemischter, manchmal in Schichten gelagerter Erdmasse gefüllt, die mit Gefäßscherben, Kohlenteilchen und Steingeräten durchsetzt war. Der Anlage nach konnte man keine bestimmte, dem Auge erkennbare Ordnung beobachten. Die Wohnstätten waren nicht nach Straßenreihen gruppiert, sondern stellten eine dichte Anhäufung von Höhlen dar, deren Ränder – die „Schultern" – einander oft berührten und manchmal glatt ineinander übergingen. Entlang des äußeren Perimeters der Baugruben lagen nacheinander kleine Gruben, offenbar von Pfählen, die die Wohnstätten umsäumten und in Abständen von einem bis eineinhalb Metern standen. In einigen Wohnstätten gab es eine zweite, innere Reihe solcher Pfahllöcher, direkt am Absatz der sogenannten „Schultern", also folglich eine komplizierte Bauweise aus zwei konzentrischen Pfahlreihen. Die äußere Reihe diente womöglich als Wandverstärkung, die innere stützte wohl die Schlafbänke oder diente als zweite, zusätzliche Hauswand. Ein bemerkenswerter Zug der Inneneinrichtung einiger Kondoner Häuser waren Herde und Gruben für die Vorratshaltung. Die

Herde waren ungewöhnlich gebaut: Nach der Freilegung erwiesen sie sich als flache kleine Gruben in Form von länglichen Vierecken, bis eineinhalb Meter lang und einen halben Meter breit. Die geometrische Regelmäßigkeit ihrer Umrisse läßt ohne jeden Zweifel erkennen, daß bei der Anlage des Herdes zuerst ein fester Holzrahmen errichtet wurde, der auch als Grundlage für den Herd diente.

Die „Wirtschaftsgruben“ hatten verschiedene Ausmaße und Tiefen. Sie umsäumten in der Regel die Schulterabsätze an der Innnenseite, manchmal aber lagen sie außerhalb zwischen den Wohnstätten.

Wie im Material, das die Baugruben ausfüllte, so fanden sich auch auf dem Boden der Wohnungen, insbesondere auf dem Grund der Höhlen und an den Rändern zahlreiche Steingeräte und Gefäßscherben verstreut. Tierknochen und Geräte aus Knochen gab es keine, ausgenommen kleine angebrannte Bruchstücke. Knochen blieben im Neolithikum des Amur wegen der Feuchtigkeit und des lockeren Sandgrundes überhaupt nirgends erhalten. Hingegen war hier, wie in Sutschu, die Keramik reich vertreten, darunter Tongefäße, völlig unversehrt oder durch die Erde zerdrückt, die aber ihre ursprüngliche Lage bewahrt hatten: Einige lagen schief, andere standen aufrecht, wieder andere auf dem Kopf. In einer der Wohnstätten fand man sogar drei Gefäße, die ineinander gesteckt waren.

Auch an der Verteilung der Steingeräte läßt sich gelegentlich eine bestimmte Gesetzmäßigkeit beobachten. Feuersteinsplitter liegen mancherorts in ganzen Anhäufungen dort, wo in einer Art „Werkstätte“ die Steinwerkzeuge hergestellt wurden. Auf den „Schultern“ einer der Wohnstätten in Kondon erhielt sich auch ein kleiner Haufen von plattenartigen Pfeilenden aus Feuerstein, die eng aneinander lagen und alle mit den Spitzen in eine Richtung zeigten. Die Pfeile waren entweder zusammengebunden oder staken in einem Köcher, ihre Holzschäfte waren verfault, die Spitzen erhalten geblieben.

Vom Alter dieser Wohnstätten am Amur zeugt außer dem in ihnen gefundenen Material auch der Umstand, daß sie völlig mit Erde zugeschüttet waren, sich der Oberfläche angeglichen hatten und dadurch nicht leicht zu entdecken waren. In eine etwas spätere Zeit gehören die ausgedehnten Dörfer auf der Insel Sutschu, die aus großen und wie Honigwaben eng aneinandergefügten Erdwohnungen bestehen. Einzelne erreichen gigantische Ausmaße und haben die Form von Trichtern, die bis zu 4 Meter Tiefe und etwa 90 Meter im Umfang haben.

Spuren geräumiger, halb in die Erde gebauter Wohnstätten wurden auch auf Sachalin und Kamtschatka entdeckt. Ähnliche halbunterirdische Wohnungen hielten sich bis in jüngste Zeit völlig unverändert am Amur und den benachbarten Gebieten.

Die Sprache der Giljaken gibt laut Sternberg den Begriff „ins Haus hineingehen" mit dem Wort „hinabsteigen" wieder, „hinausgehen" mit „hinaufsteigen" (wörtlich: „untertauchen" und „auftauchen").

„In den Tagen des Bärenfestes, wenn aus dem Dunkel der Jahrtausende das unendlich ferne Echo der ältesten Vergangenheit lebendig, wenn mit ehrfurchtsvoller Strenge das Ritual vollzogen wird, das sich im Lauf von Dutzenden von Jahrhunderten nicht änderte, dann erwacht die Erinnerung an die Rauchöffnung wieder", welche die Türen ersetzte. Eben durch diese Öffnung steigt der Giljake an einer speziell für diesen Zweck angebrachten Stange mit dem Fell und Fleisch eines erlegten Bären in die Jurte. Und auf demselben Weg trägt er alle rituellen Geräte aus der Jurte, aber auch die Knochen des Bären, um sie auf einem „Bärengerüst" beizusetzen.

Wenn die Gewohnheit, die Rauchöffnung im Dach anstelle der Tür zu benützen, bei den Giljaken auch schon lange abgekommen ist, so haben doch ihre ältesten Winterquartiere, die sogenannten „Toryf", bis in jüngste Zeit Anlage und Aussehen der Steinzeitbehausungen bewahrt.

Für den Bau hoben sie große Gruben aus und stampften die Wände fest, manchmal wurden sie mit Holz verschlagen. Rundherum bauten sie aus eng aneinandergefügten Balken ein pyramidenförmiges Dach, das nach allen Seiten gleichmäßig abfiel. Dieses ruhte auf vier Querbalken, die ihrerseits von vier Pfählen innerhalb der Jurte gestützt wurden. Um das Dach besser abzudichten, bedeckten sie es von außen noch mit trockenem Gras und dann mit

Erde. An der höchsten Stelle wurde eine Rauchöffnung ausgespart, und an der windabgewandten Seite errichteten sie einen Eingang in Form eines Tunnels, der nach innen abfiel. Im Herbst und Winter glichen die völlig mit Schnee bedeckten Erdjurten der Giljaken einem Schneehügel, dessen höchste Stelle vom Rauch leicht geschwärzt war.

Die halbunterirdischen Winterwohnungen der anderen küstenländischen Stämme Nordostasiens und der Inseln Ostasiens – wie der Korjaken, Ainu und Kamtschadalen des 17. und 18. Jahrhunderts – waren im Prinzip gleich gebaut. Ihre Wohnstätten aus dieser Zeit haben S. Krascheninnikow und G. Steller beschrieben. Sie hoben eine Erdhöhle aus, bauten darin Wände und setzten darüber ein Pyramidendach, das sie mit Erde zuschütteten. Die meisten dieser Wohnungen hatten zwei Eingänge, oben einen für den Winter, den Sommereingang als tunnelförmigen Korridor.

Ebenso mußten die neolithischen Wohnstätten des Fernen Ostens vor vier oder fünf Jahrtausenden ausgesehen haben. Bei den Korjaken, Ainu und anderen Stämmen, wo solche Erdwohnungen existierten, wurden die Wände aus vertikalen, in die Erde geschlagenen, manchmal verdoppelten Stangen gebaut. Namentlich die Wände der neolithischen Wohnstätten, die wir auf dem Kap Tetjuche und auf der Insel Sutschu sahen, waren so gefertigt. Die seßhafte Lebensweise der neolithischen Amurfischer spiegelt sich in vielen kleinen, aber sehr charakteristischen Details des Alltags wider. Mit der Seßhaftigkeit der Fischfänger muß man vor allem das Besondere des Materials in Verbindung bringen, das massenhaft vertreten und für die neolithischen Kulturen charakteristisch ist: die Keramik.

Die älteste Amur-Keramik, ausgenommen die Gefäße aus dem späten Neolithikum in Sargol, die eindeutig vom Norden an den Amur gelangten, ist nicht spitzbödig, wie in der Taiga Ost- und Westsibiriens, sondern flachbödig. Die Bewohner der leichten Jägerzelte hatten weder Bretter noch Bänke und saßen direkt auf dem Erdboden. Deshalb bohrten sie die Gefäße mit dem spitzen Ende einfach in die Erde oder stellten sie zwischen drei Steine. Aber hier am Amur bestand eine kompliziertere Hauseinrichtung. Es gab Holzbretter, Pritschen, auf die sie die Tongefäße stellten.

Abb. 17: Schädellarve. Sakatschi-Aljan.

Auch den Ausmaßen nach unterschieden sich die Gefäße vom Amur scharf von denen im Baikalgebiet. Sie sind nach Rauminhalt größer als jene der Waldjäger. Es waren vielfach sicherlich nicht nur Töpfe zum Zubereiten der Nahrung, sondern Vorratsgefäße.

Neben den festen, groben, mit einer Rußschicht bedeckten Scherben von Kochtöpfen finden wir am Amur häufig Bruchstücke von Gefäßen mit leichten, porösen Wänden, mit sorgfältig ausgeführter Bemalung verziert.

Ebenso charakteristisch ist, daß die Fluß- und Meeresfischer der Jungsteinzeit Pflanzenfasern ausgiebig verwendeten, zum Unterschied von den Waldjägern, die ihre Kleidung und Hausgeräte aus Fellen und Birkenrinde herstellten.

Noch bis in jüngste Zeit hatte sich bei einer Reihe von Fernost-Stämmen die alte primitive Technik des Flechtens und Webens erhalten, die den Tungusen und übrigen Jägerstämmen der Taiga fremd war. Die Golden (Nanai) und andere ihrer Nachbarn am Amur – die Ultschen und Giljaken – verwendeten häufig die wilde Brennessel, die im Überfluß rund um ihre Hütten wuchs, und verfertigten aus ihren Fasern Netze, noch früher auch Kleidung. Sie flechten auch jetzt geschickt Grasmatten und machen Körbe verschiedener Form, die sie oft mit wunderlichen Farbmustern verzieren.

Die Ainu aber benutzten im Altertum nicht nur geflochtene Bastmatten oder Körbe aus Gras, sondern webten auch ihre Kleider aus Pflanzenfasern. Die einst wichtigste und vielleicht einzige Kleidung der Ainu, ihr „Chalat", trägt bis heute die charakteristische Bezeichnung „Attusch", das heißt wörtlich „Faser" oder „Gewebe aus Bast".

Auf Kamtschatka verwendeten die Itelmen gerne Pflanzenfasern zum Flechten und Weben. Aus der Brennessel machten sie vor allem Netze. Körbe und Matten verfertigten sie aus anderen Grasarten.

Abdrücke solcher Matten und Pflanzengewebe trifft man häufig auf neolithischen Tongefäßen der Japanischen Inseln, und im Torfstich Korekawa fand man sogar verhältnismäßig gut erhaltene Fragmente von Matten sowie ganze Flechtgefäße.

Vom hohen Entwicklungsstand der Weberei der Jungsteinzeit im Primorje- und Amurgebiet zeugen außerdem zahlreiche Spinnwirteln in Form von Tonscheiben, die manchmal aus den Scherben zerschlagener Gefäße herausgeschnitten waren. Einige dieser Scheiben fanden möglicherweise als Gewichte bei den Webstühlen

Verwendung. Was das eigentliche Fischerinventar der neolithischen Siedlungen am Amur, im Land des Fischfanges, anbelangt, zum Beispiel Angelhaken oder Harpunenspitzen, so gab es hier nicht den Überfluß wie etwa im Neolithikum des Baikalgebietes, so eigenartig und auf den ersten Blick paradox das scheinen mag. Das erklärt sich einmal dadurch, daß diese Haken und Harpunen in der Regel aus Knochen oder sogar aus Holz hergestellt wurden, die im feuchten Amurklima spurlos verrotteten. Am Unteren Amur wurden bis heute keine neolithischen Gräber entdeckt – und namentlich in solchen wurden im Baikalgebiet Harpunen und Fischfanggeräte gefunden.

Trotzdem gibt es im Neolithikum des Unteren Amur direkte und indirekte Hinweise auf das Aussehen der Fischfanggeräte und die Art des Fischfangs.

Unter den großen Steinwerkzeugen am Amur finden sich oft durchbohrte runde Steine, Streitkeulen oder Schlagringe aus vulkanischem Gestein, die, wie alte Ultschen und Giljaken erzählten, dazu bestimmt waren, die von der Harpune verletzten, im Netz oder am Haken gefangenen großen Fische wie Störe zu töten. Anders wurde der Fischer in seinem gebrechlichen Boot mit ihnen nicht fertig.

Für die Jungsteinzeit des Amur sind die großen Senksteine mit einer Rille zum Anbinden oder mit einem Loch an einem Ende, ähnlich Gewichten, nicht weniger charakteristisch. Sie mußten nicht nur für die Fangnetze, sondern auch für die schweren Schleppnetze in großen Flüssen mit schnellfließendem Wasser verwendet worden sein. Die riesige Zahl von Fällwerkzeugen, darunter schön geschliffene zur Holzbearbeitung, ist auch nicht zufällig: Holz diente zweifellos nicht nur dem Wohnbau, sondern auch der Herstellung verschiedenartiger Fallen, Reusen und Wehre sowie zum Bau von Einbäumen. In Kondon wurden außerdem viele schmale und lange, ovale Kiesel gefunden, deren Ende mit einer dichten schwarzen Pechschicht bedeckt waren. Offenbar hatte man mit ihnen die Nähte der leichten Berestjankaboote mit dem Absud der Birkenrinde verpecht und abgedichtet.

Es ist in diesem Zusammenhang interessant, daß es sich hier um kollektiven Fischfang handelte, an dem Dutzende Menschen, vielleicht eine ganze Sippe, teilnahmen. Es versteht sich in einem solchen Fall von selbst, daß das Zusammenwirken vieler, besonders wenn es sich um saisonweise vorbeiziehende Fischschwärme handelte, unvergleichlich produktiver gewesen sein muß als individueller Fischfang mit Angel und Harpune in den Bächen und Flüssen der sibirischen Taiga. Außerdem schloß der gemeinsame Fischfang den individuellen mit Harpune und Angel keineswegs aus. Die neolithischen Fischfänger des Amurgebietes erfanden dabei originelle Geräte und Fangmethoden.

In Kondon wurde eine gerillte Platte aus Nephrit gefunden, die an einem Ende abgerundet ist, am anderen Ende aber ein Bohrloch hat. Sie ist nicht nur durch ihr seltenes und für die Zeit wertvolles Material bemerkenswert, sondern auch durch die besondere Sorgfalt des Schliffes und die Ungewöhnlichkeit der Form. Eine einfache Probe im Wasser zeigte, daß dieser Gegenstand den Fischern der Steinzeit als Köder diente. An eine Schnur gebunden, bewegte er sich im Wasser genauso wie unsere kupfernen oder eisernen Köder und ahmte perfekt die Bewegungen des lebenden Fisches nach. Die glänzende, polierte Oberfläche und die von weitem sichtbare weiße Farbe des Nephrits erhöhten offenbar die Anziehungskraft des sich schnell bewegenden steinernen Lockmittels auf die gierigen Fische. Der schon in der Jungsteinzeit am Amur verwendete Köder erwies sich als früher Vorläufer einer großen Reihe von Fischfanggeräten, die bisher nur als metallische Erzeugnisse bekannt waren.

Die neolithischen Fischer des Amurgebietes hatten also nicht nur Fang- und Schleppnetze, bauten nicht nur Fischzäune und Reusen, sondern leisteten auch ihren scharfsinnigen Beitrag zur Entwicklung des Fischens mit dem Haken, indem sie den ersten Köder der Welt erfanden.

Eigenart und Besonderheit kennzeichnen viele andere Gegenstände der materiellen Kultur der neolithischen Amurstämme: Wir erwähnen als Beispiel die steinernen Werkzeuge, Äxte und Handbeile, an denen sich allem Anschein nach am besten die Perfektion der Steinbearbeitungstechnik und der Geräteform erweist. Sie waren durch einfache und überall gleiche Erfordernisse bedingt: Fällen, Schneiden, Spalten, Hobeln, Zuschneiden, Sägen. Und in

Abb. 18 und 19: Bestattungs„häuschen" der Ultschen mit typischer Spiralverzierung. 19. Jahrhundert.

der Tat haben diese Erzeugnisse viel Gemeinsames nicht nur mit dem Inventar der neolithischen Waldjäger, die vom Amur bis zum Baltikum lebten, sondern auch mit der Jungsteinzeit überall auf dem Erdball. Doch selbst vor diesem globalen Hintergrund treten einzelne selbständige Züge deutlich hervor.

Die neolithischen Bewohner von Kondon und Sutschu hatten ganz zu Anfang, wie die alten neolithischen Stämme des Baikalgebietes, einseitig konvexe, geschliffene Steinäxte hergestellt. Aber schon früh finden sich bei ihnen auch ovale und sogar im Querschnitt runde. Namentlich solche Werkzeuge wurden zum Beispiel in Sutschu ausgegraben.

In Kondon fanden sich neben gewöhnlichen, doppelseitig bearbeiteten Pfeilspitzen, mit einem Einschnitt am Ende, andere aus dünnen, messerförmigen Platten hergestellte, die unten durch feinste Bearbeitung einen zugespitzten Stiel haben.

An die Stelle der für Ostsibirien gemeinsamen Feuersteinspitzen treten im Amur- und Küstengebiet breite, flache Messer, manchmal mit leicht gebogenem Ende. Sie erinnern dem Umriß nach an die allgemein bekannten Moustérienklingen mit feinbearbeitetem Rand, der Form nach fast dieselben wie zum Beispiel jene in Teschek-Tasch in Zentralasien. Diese für den Fernen Osten spezifischen Instrumente dienten den Fischfängern des Amur und Primorje wahrscheinlich zum Zerteilen ihres Fanges bei der Zubereitung von Dörrfischen (Jukolen) und zum Abziehen der Haut von großen Fischen, aus der sie, ähnlich den späteren Nanai oder Ultschen, ihre Kleidung und Schuhe nähten.

Rätselhaft sind auch die sogenannten „Feuersteine“ am Amur, die für den Fernen Osten charakteristisch sind. Sie weisen zahlreiche Vertiefungen, „Alveolen“, auf und dienten möglicherweise tatsächlich dazu, durch Reiben Feuer zu erhalten. Vielleicht waren es auch eigenartige Ambosse, auf denen die Steine bei der Herstellung feingearbeiteter Geräte, wie Schneiden, Schaber, Spitzen und Messer, beschlagen wurden.

Von anderen originellen Funden kann man die in Sutschu entdeckte geschliffene Platte von rechteckiger Form mit feinstem Ritzmuster anführen. Die zwei in ihrer Mitte befindlichen durchgehenden Löcher zeigen vielleicht, daß sie als Armschutzplatte beim Bogenschießen diente. Solche Platten sind in der Jungsteinzeit Sibiriens unbekannt.

Die dauernde Seßhaftigkeit förderte auch die Festigung gesellschaftlicher Bande. Angesichts der Größe der neolithischen Behausungen ergibt es sich von selbst, daß ihre Einrichtung das Werk vieler Hände eines festgefügten Kollektivs gewesen sein muß. Ihre halbunterirdischen altertümlichen Winterquartiere bauten die Ainu auch mit den vereinigten Kräften einer Sippschaft. Daß diese Wohnstätten zu Ende des 19. Jahrhunderts verschwinden, ist eine Folge des Zerfalls der gesellschaftlichen und verwandtschaftlichen Bindungen. Der Bau einer Erdjurte erforderte die Kräfte und Anstrengungen vieler, sie überstiegen die einer einzigen Familie.

Die großen Quartiere, die im Kollektiv gebaut wurden, gehörten daher der Gemeinschaft. In einer Ainuwohnung lebten ständig mehrere Familien, wobei jede ihre eigene Feuerstätte hatte. In den neolithischen Erdwohnungen auf Sachalin, die L. J. Sternberg aufgefunden hat, sowie in jenen auf den Japanischen Inseln befanden sich immer mehrere Feuerstellen, die offenbar einzelne verwandte Familien benützten.

Die enge Bindung, die vorwiegend auf Blutsverwandschaft beruhte, auf der Abstammung von gemeinsamen Vorfahren, zeigt sich auch in der Planung der Siedlung und wird dort besonders anschaulich, wo die Wohnstätten zu Dutzenden an einem Ort liegen. Sie schmiegen sich eng aneinander wie die Waben im Bienenstock und erscheinen gleichsam als „eine Familie", wie es der japanische Schriftsteller R. Okamoto ausdrückte, als ein großer Organismus aus einer Vielzahl von Zellen. Ein solcher „Organismus" war in der Jungsteinzeit, wie wir wissen, auch das Matriarchat.

Die Einheit des Sippenverbandes beruhte nicht nur auf Blutsverwandschaft, sondern auch auf materiellen und wirtschaftlichen Voraussetzungen. Auf diese Seite der Lebensweise der alten Bewohner des Unteren Amur verweist auch die innere Planung solcher neolithischer Siedlungen wie in Kondon und bei Potschta. Mag sie auf den ersten Blick ungeordnet scheinen, erweist sie sich bald als durchdachte Ordnung, die untrennbar ist von den klar organisierten zwischenmenschlichen Beziehungen innerhalb eines Kollektivs, das gemeinsam Wirtschaft führte, gemeinsam Nahrung schaffte und sie gemeinsam verbrauchte.

Die in Kondon ausgegrabenen neolithischen Bauten dienten ohne Zweifel verschiedener Bestimmung. In einigen von ihnen, die Herdstellen hatten, wohnte man offenbar im Winter. Das sind die geräumigsten, in denen jedoch am wenigsten gefunden wurde. In anderen wurden die Lebensmittelvorräte und Geräte verwahrt. So gab es zum Beispiel in einem Bau besonders viele Keramik; Herd hatte er indes keinen, aber entlang der Wände standen Tongefäße. Hier fand sich auch eine bemerkenswerte Skulptur, die eine Frau darstellt: Das war offensichtlich kein gewöhnliches Wohnhaus, sondern eher ein Vorratsspeicher, der vielleicht unter dem Schutz eines Geistes oder der Stammesmutter des Sippenverbandes stand.

Neben der erwähnten weiblichen Statuette aus Kondon, mit der wir uns noch beschäftigen werden, gibt es auch andere anthropomorphe, höchstwahrscheinlich weibliche Darstellungen. Eine kleine Steinfigur aus weißem halbdurchsichtigem Feuerstein, durch Retuschiertechnik hergestellt, tauchte mitten unter steinernen Erzeugnissen auf, die man im Mündungsbereich des Flusses Tetjuche fand. Solche retuschierten Statuetten, die schematisch, aber im ganzen doch sehr deutlich die Gestalt einer stehenden menschlichen Figur zeigen, gibt es in der ältesten neolithischen Siedlung Kamtschatkas, in der Tarjabucht bei Petropawlowsk.

Die Zeremonien, die anläßlich der Geburt eines Menschen oder seines Überganges aus der Kindheit in den Zustand eines reifen Mitglieds des Geschlechts gefeiert wurden, standen überhaupt immer im Zusammenhang mit der Verehrung der Frau und Stammesmutter und mit dem Fruchtbarkeitskult. Solche Zeremonien gab es ohne Zweifel auch bei den fernöstlichen neolithischen Stämmen. So fand sich in einem Kondoner Wohnhaus eine sehr sorgfältig geformte Stange in Form eines Phallus. Auch im Küstengebiet wurden realistisch ausgeführte Phallusskulpturen gefunden, was die Verbreitung des Phalluskultes bei den örtlichen Stämmen beweist, ihre Verehrung der schöpferischen Kraft der Natur und des männlichen zeugenden Ursprungs.

Unterhalb des jetzigen Chabarowsk, unweit der Stadt Komsomolsk am Amur, bestand auf einer kleinen felsigen Insel des Bolon-Odschal-Sees bis in jüngste Zeit ein richtiges Heiligtum des uralten Fruchtbarkeitskultes; die plastischen Merkmale des männlichen und weiblichen Uranfangs waren aus dem Stein herausgemeißelt.

Zur vollständigeren Charakterisierung des kulturellen und wirtschaftlichen Niveaus, das die neolithischen Stämme des Fernen Ostens erreichten, hat die Tatsache große Bedeutung, daß die wirtschaftlichen Entwicklungen hier auf Grund natürlicher Gegebenheiten unterschiedliche Richtungen gingen.

Unter den rauheren klimatischen Bedingungen war die Hauptbeschäftigung der örtlichen neolithischen Stämme am Unteren Amur der Fischfang. Am Ussuri aber, im Suifuntal, beim Chankasee und sogar weiter nördlich, im Gebiet des Tetjucheflusses und wahrscheinlich auch am Mittleren Amur, in der fruchtbaren Sejaebene mit ihrer reichen Schwarzerde, in den Weiten der „Amurprärien“, die Prschewalskij so farbig beschrieb, bildete sich ebensofrüh eine völlig neue Ackerbauwirtschaft heraus. Davon zeugen Funde von Steinplatten, Lauf-, Mahl- und Reibsteinen zum Kornmahlen. Der Ackerbau als Hauptbeschäftigung tritt im Küstenland noch eindeutiger auf, wobei er im nördlichen Teil beginnt. So fand sich bei Ausgrabungen großer neolithischer Wohnstätten nahe der Tetjuchebucht am Marmorfluß mitten unter anderen Steingeräten eine Getreidemühle, die mit geometrischen Mustern verziert war. An der gleichen Stelle stieß man auf Mahlsteine von charakteristischer, segmentförmiger Gestalt.

Noch interessanter sind Funde in einer Siedlung im Bezirk Nachodka beim Schwanensee. Es handelt sich um Reste einer echten Ackerbausiedlung. Ihre Bewohner hinterließen uns Mahlplatten, eine von ihnen ist mit einer aus dem Stein gehauenen Schlangendarstellung verziert. Hier lagen auch Harken aus Schiefer, mit denen die Erde bearbeitet wurde. Es gab sie hier zu Dutzenden.

Die letzte und markanteste Kontur des ganzen Bildes der Jungsteinzeit im Fernen Osten setzen die Kunstdenkmäler. Das Kunstschaffen der neolithischen Stämme zeigte sich in größter Fülle bei den seßhaften Fischern am Unteren Amur. Es ist derart eigentümlich und ausgeprägt, daß man von einer beachtlichen und hervorragenden Erscheinung in der ganzen Weltgeschichte der jungsteinzeitlichen Kunstepoche sprechen kann.

Unvergeßlichen Eindruck hinterlassen die in alten Erdwohnungen am Unteren Amur und Ussuri gefundenen Beispiele künstlerischen Schaffens ihrer Bewohner: die Tongefäße mit Ornamenten. Statt mit den gewohnten einfachen Grübchen- und Kerbenmustern der neolithischen Waldkultur waren diese Gefäße mit unerwartet raffinierten und auserlesenen Mustern in Gestalt sonderbar verschlungener Spiralen und Mäander verziert, genauso wie die Gefäße im antiken Griechenland und Rom! Bemüht, den ornamentalen Reichtum ihrer Gefäße zu erhöhen, zeichneten die neolithischen Meister in der Regel nicht einfach verspielte Spiralwindungen, die horizontal über die Gefäße liefen, sondern brachten vorher auf ihnen ein dichtes teppichartiges Muster aus vertikalen Zickzacklinien an, das sie mit einer gezahnten Rolle oder Scheibe ausführten. Solche Punkt-Kamm-Muster senkrechter Zickzacklinien treffen wir übrigens auch allein für sich, ohne Spiralbegleitung. Gelegentlich werden sie nicht durch Spiralen ergänzt, sondern durch richtige Kreise, die mit einem Spezialstempel angebracht wurden.

Mit dem freien Spiel der Linien gaben sich indes die alten Keramiker des Unteren Amur nicht zufrieden und brachten ihre Muster auf dem grellroten, fast himbeerroten hochglanzpolierten Untergrund an, was wiederum antike Parallelen wie die roten Lackgefäße in Erinnerung bringt. Vom purpurnen Grund der neolithischen Amurkeramik heben sich die schwarzen Muster mit fast der gleichen Kraft ab wie auf den mit schwarzen Figuren verzierten Vasen der alten Griechen. Es ist auch bemerkenswert, daß das Vorherrschen der Spirale in der neolithischen Ornamentik keineswegs bedeutet, daß sie in einheitlichen Formen auftritt, vielmehr variiert sie im Detail ständig. Es ist, als kompliziere der Meister seine Arbeit absichtlich, als suche er neue, immer raffiniertere Kompositionsverfahren. Jedes dieser Gefäße ist ein individuelles Kunstwerk, zugleich zeigt es aber auch eine getreue Wiedergabe altüberlieferter Formen.

Darüber hinaus zeigte sich die komplizierte Symbolik des

Abb. 20: Ultschen-Frau aus Najchin Budälä Kile in spiralenverzierter Nationaltracht (1970).

neolithischen Ornaments häufig in ganz eigenartiger Verbindung des Linienmusters mit räumlich-plastischen Methoden. So tritt uns auf einem Gefäß aus Wosnessenowka, nahe dem Chungarifluß, mitten unter den verschlungenen Spiralen eine ganze Serie im Grund realistischer, zugleich aber sonderbar stilisierter menschlicher Gesichter oder „Larven" entgegen. Keines von ihnen gleicht dem anderen, jedes ist individuell, unwiederholbar.

In einigen Wohnstätten Kondons fanden sich aus Ton gefertigte und gutgebrannte Prägeschablonen (Stempel), darunter ebensolche, mit deren Hilfe möglicherweise die Muster auf den Tongefäßen gezeichnet wurden, die sich in diesen Wohnstätten fanden. Unter den Tonstempeln aus Kondon gibt es auch solche, die Rhomben mit nach innen gebogenen Seiten prägen. Diese Stempel dienten dazu, um im weichen Ton der Gefäße ein Muster besonderer, nicht weniger beliebter Art als die Spirale anzubringen. Es erinnert an ineinandergeflochtene Streifen, die gewissermaßen die Maschen eines Fischernetzes bilden, und wurde „Amurgeflecht" genannt.

Häufig sind auch solche Gefäße, auf denen ein verschieden breiter horizontaler Gürtel, gebildet aus halbmondförmigen oder bogenförmigen Vertiefungen, zu sehen ist. Diese werden so aneinandergereiht, daß sie wie Fischschuppen aussehen.

Der allgemeine ästhetische Effekt der neolithischen Amurkeramik ist auch durch eine unerwartet erlesene Form der Gefäße gekennzeichnet: sie haben die Gestalt breiter und hoher Vasen mit einem gewölbten, leicht verengten Hals, den an der Gefäßkrone gewissermaßen eine dicke, gewundene Schnur, ein modellierter Wulst umfaßt.

Einen weiteren Teil des künstlerischen Schatzes des Amur-Neolithikums bildet die Skulptur. Sie ist durch eine einmalige und vollendete Darstellung der weiblichen Figur vertreten. Als Material diente Ton. Die fertige Skulptur wurde sorgfältig poliert und gebrannt. Sie verrät nicht nur die geschickte Hand und das beobachtende Auge eines Meisters der Bildhauerei, sondern auch eine bestimmte Kunstschule. In ihr häuften sich sozusagen die Erfahrungen vieler Bildhauergenerationen, beständige und originelle Traditionen, in Jahrhunderten gewachsen. Die Abbildung ist

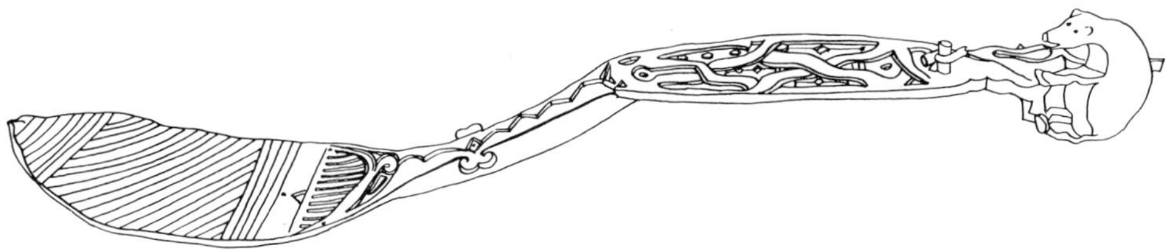

Abb. 21: Zu Kulthandlungen verwendeter Löffel der Ultschen, mit „Amurgeflecht“ verziert.

völlig realistisch. Aus dem nebelverhangenen Dunkel der Jahrhunderte taucht nicht einfach das ethnische Antlitz des Weibes eines alten Volkes empor, sondern vielmehr ihr Porträt. Der Bildhauer der Jungsteinzeit hat mit viel Wirklichkeitsgefühl und aufrichtiger Wärme die Züge eines bestimmten menschlichen Antlitzes wiedergegeben. Das erste, was das Auge des Betrachters erfaßt, ist natürlich das zartumrissene breite Oval des Gesichts mit ungewöhnlich breiten und hervortretenden Backenknochen, dann das sehr kleine Kinn und die ebenfalls sehr kleinen, merkwürdig gebogenen, nach vorne gezogenen Lippen, als ob sie einen Kuß erwarteten. Ebenso bemerkenswert die Nase, schmal und lang wie bei den nordamerikanischen Indianern, und die übertrieben engen, langgezogenen bogenförmigen Augenschlitze, tief in die weiche Tonmasse eingeschnitten. Die Stirn ist klein und schmal. Sie geht in den fliehenden und nach hinten gezogenen oberen Teil des Kopfes über. Im Gegensatz zum detailliert modellierten Kopf ist der Körper der Figur schematisch geformt, er hat nicht einmal Arme: aber der tiefe Eindruck, den das wunderbare Gesicht der Statue hervorruft, wird dadurch nur noch größer, tiefer, lebendiger. Solche Gesichter findet man noch heute in Kondon unter den anmutigen Nanai-Mädchen. Sie besitzen dieselbe weibliche Grazie, wie sie die Statue verrät, die vor Tausenden von Jahren eine Steinzeitbehausung schmückte.

Zusammenhänge über die Zeiten: Die Felsbilder vom Amur

Ein ganz besonderer Platz in der Geschichte des künstlerischen Schaffens der alten Bevölkerung des asiatischen Kontinents gebührt den Petroglyphen[30] von Amur und Ussuri, darunter denen von Sakatschi-Aljan.

Sakatschi-Aljan! Das ist der Name einer kleinen Ansiedlung, die sich im Urwald der ussurischen Taiga verloren hat, den Gelehrten verschiedener Länder aber seit langem bekannt. Hier forschte schon zu Ende des 19. Jahrhunderts Berthold Laufer, der berühmte amerikanische Orientalist und Kenner der fernöstlichen Kulturen. In den zwanziger Jahren unseres Jahrhunderts kam der in der Wissenschaft nicht weniger bekannte japanische Professor Ryutso Tori hierher, Autor vieler Bücher und Artikel über die Archäologie und Ethnographie Japans, Sachalins, der Mandschurei und Mongolei. Über Sakatschi-Aljan schrieb auch der russische Gelehrte A. J. Sternberg in seinen Arbeiten. Friedrich Engels nennt seinen Namen mit Ehrfurcht als den eines Forschers, der ein neues Beispiel von Gruppenhochzeit entdeckt hatte.

So wie unsere Vorgänger lockten auch uns die riesigen Basalttrümmer nach Sakatschi-Aljan, die in langen Wällen entlang des felsigen Amurufers aufgehäuft liegen. Vor einigen Millionen Jahren floß aus dem Erdinnern, aus dem Schlund eines längst verschwundenen Vulkans, ein Strom geschmolzenen Magmas. Es erstarrte, barst, und von einem Fluß überschwemmt, zerbrach es

[30] Felszeichnungen, Felsbilder.

und teilte sich schließlich in zahllose Brocken. Aus dem Wasserstaub und Schaum der Wellen erhebt sich ein solcher riesiger, tonnenschwerer Felsbrocken, schwarz, von der Zeit zerfressen, ebenso alt wie der Amur selbst und der blaue Himmel über ihm. Dieses einsame Basaltstück wurde, wie Hunderte andere, vor urdenklichen Zeiten von den benachbarten Felsen losgerissen und vom Eisfluß hierhergetragen. Auf den ersten Blick hat er nichts Bemerkenswertes, nichts Besonderes an sich – es ist ein roher Steinbrocken und nichts mehr. Treten wir aber näher, dann sehen wir, daß auf dem leicht abfallenden Sandufer des Amur bei Sakatschi-Aljan kein gewöhnlicher roher Steinbrocken liegt. Dieser grobe, urzeitliche Brocken, ein Zeuge aus der Kindheit unseres Planeten, trägt den Stempel einer schöpferischen Idee. Er öffnet den Blick in die fremde und zugleich faszinierend phantastische Welt der frühen Kunst.

Jahrhunderte, ja Jahrtausende glätteten die scharfen Kanten dieses Basaltklumpens wie die der anderen, schliffen die Oberfläche ab, konnten aber nicht die Zeichnung auslöschen, die von der Hand eines unbekannten Meisters in uralter Zeit herausgemeißelt wurde.

Es ist, als wäre vom schlammigen Grund des Flusses, aus dem trüben Wasser das Unterwasserungeheuer, der „schwarze Drachen“, der Beherrscher des Amur, nach oben gekommen.[31] Seine schmalen mongolischen Schlitzaugen blicken mit stummer Drohung auf den Beschauer. Der Kopf dieses sonderbaren und rätselhaften Wesens, das uns Aug in Aug aus dem Dunkel der Zeiten gegenübertritt, ist mit einer üppigen Krone aus dichten, hochgetürmten Haaren bekränzt. Darunter wallt ein ebenso üppiger Bart und, was noch erstaunlicher ist, ein dichter Schnurrbart. Der untere Teil der Zeichnung ging schon in alter Zeit verloren, wohl als der Bildstein mit einem anderen Stein zusammenstieß. Aber auch das, was erhalten blieb, hinterläßt einen unauslöschlich starken Eindruck. Wer einmal dieses wunderbare, mit nichts anderem vergleichbare Kunstwerk an den Ufern des

[31] Der chinesische Name des Amur, Heilongjiang (Hei Lung Kiang), bedeutet Fluß des schwarzen Drachens.

Amur geschaut hat, kann es unmöglich vergessen. Wieviel Mühe und Anstrengung kostete es, diese Rillen in den unnachgiebigen, groben Stein zu hauen. Vielleicht geschah das gar nicht mit Metall, sondern nur mit einfachen Geröllsteinen aus dem feuchten Flußsand.

Der Basaltblock von Sakatschi-Aljan mit der Abbildung eines unbekannten Ungeheuers ist nicht der einzige dort: Insgesamt gibt es 103 Steine mit Abbildungen. Sie alle stellen nach Technik, Stil und Sujet eine geschlossene Kulturerscheinung dar. Die Zeichnungen von Sakatschi-Aljan heben sich von allen übrigen Denkmälern dieser Art, die wir in Asien kennen, als etwas Besonderes, Ungewöhnliches und Aufregendes ab. Mit ihnen treten aus der Tiefe der Jahrhunderte die Wesenszüge einer einheitlichen kulturgeschichtlichen Ballung in unseren Gesichtskreis, Bruchstücke einer großen und rätselhaften alten Welt. Es war wohl kein Zufall, daß es dem von der Romantik der Vergangenheit des Fernen Ostens ergriffenen N. G. Charlamow so schien, als stünden hier die zerfallenen Ruinen einer phantastischen Stadt mit hohen Säulen aus behauenem Stein, wie die von Baalbek, mit Abbildungen unbekannter Wesen einer anderen Welt bedeckt. Von Charlamow stammt die erste, wen auch sehr kurze Beschreibung der Felszeichnung von Sakatschi-Aljan in unserer Literatur. Er spricht von den „Galbu“-Ruinen, die ihn in Erstaunen setzten, und versucht ein effektvolles Bild der verschwundenen Stadt zu zeichnen. „Auf dem Territorium des Fernen Ostens“, schrieb er, „liegt eine ganze Reihe von Denkmälern verstreut, die von einstiger Besiedlung des Landes zeugen und großes wissenschaftliches Interesse hervorrufen. Unter ihnen ziehen die ‚Galbu‘-Ruinen am rechten Ufer des Amur, 75 Kilometer unterhalb von Chabarowsk, bei einem Nomadenlager der Nanai (Golden), genannt ‚Sanagi-Aljal‘ (im Altertum ‚Galbu‘), besondere Aufmerksamkeit auf sich. Entlang der Felsen ‚Sanagi‘ und ‚Gasja‘ sind auf den Steinen Zeichnungen eingeritzt, die schon lange die Aufmerksamkeit von Reisenden und Gelehrten auf sich lenken. Unserer Meinung nach sind die Galbu-Ruinen Reste einer alten Stadt, die das religiöse Zentrum der damaligen Bewohner des Fernen Ostens war. Das beweist die Regelmäßigkeit der steinernen Uferverbauung, ein Stampflehmplatz und die Vielzahl von Steinen mit Zeichnungen rituellen Charakters und mancherorts eine Art Verkleidung der Stadtmauern sowie auch der Gräben und Wälle hinter dem Nomadenlager . . .“

Natürlich gab es in Sakatschi-Aljan nie irgendeine alte Stadt. Doch die Basaltblöcke mit den alten Abbildungen sind in der Tat Denkmäler einer eigenständigen und hohen Kultur aus uralter Zeit, von den Amurstämmen geschaffen.

Und als wir auf die vom Zahn der Zeit angenagten rauhen Steine blickten, die zur Hälfte von den schäumenden Wellen des Amur überflutet sind, kam mir unwillkürlich das Bild des sagenhaften Landes der Atlantiden in den Sinn, der Phantasie der alten Griechen entsprungen. Bildlich gesprochen ließen sich die Steine von Sakatschi-Aljan tatsächlich mit den Bergspitzen eines im Meer versunkenen Hochlandes vergleichen: Steigt auf den Grund hinab, und ihr werdet dort vielleicht nicht nur Täler und Schluchten, sondern das eigentliche Atlantis sehen, das im Nebel der Zeiten verschwundene Land!

Doch wovon können uns diese phantastischen Larven, diese Drachen und fremden Tiere erzählen, die von unbekannter Künstlerhand in ferner Vergangenheit auf die Basaltblöcke von Sakatschi-Aljan gezeichnet wurden? Und werden diese stummen Steine, ein Geschenk des Amur, zu uns sprechen können?

Um eine bessere Vorstellung von diesen Kunstdenkmälern des Fernen Ostens zu erhalten, müssen wir uns zuerst über ihre Verbreitung klar werden und sie lokalisieren. Wir haben eine ganze, durch diese Felsbilder vertretene Kunstprovinz vor uns. Darstellungen wie in Sakatschi-Aljan, rätselhaft und sonderbar nach Inhalt, Stil und Technik, sind uns auch von einigen anderen Plätzen am Amur und im Tal des Ussuri bekannt. Da sind Zeichnungen an drei Stellen auf Felsen am Ussurifluß unterhalb des Dorfes Scheremetjewo, auf den Felsen am rechten Ufer des Kijaflusses beim Dorf Kalinowka am Unteren Amur und einige jetzt nicht mehr existierende Zeichnungen in einer kleinen Höhle am Suifunfluß, auf den sogenannten „Bärenwangen“[32].

[32] „Medvež'i ščëki“ (Medweschi Schtschoki): Bärenwangen.

Abb. 22:
Stilisierte Vögel
auf einem Nanai-Gefäß
aus Birkenrinde.
Kondon.

Das „Repertoire“ der Abbildungen ist im Grunde einförmig und gleichbleibend. An erster Stelle finden sich hier anthropomorphe Sujets in Form stilisierter menschlicher Antlitze oder genauer von Masken oder Larven. Von einer war oben schon die Rede. Keine gleicht der anderen vollkommen, doch lassen sie sich nach allgemeinen Zügen charakterisieren. Wir können wenigstens acht Grundtypen oder Gruppen unterscheiden: ovale, eiförmig-ovale, herzförmige, trapezförmige, rechteckige, solche mit ovalem Kopfende und geradem unteren Ende, affenähnliche oder anders gesagt schädelförmige, teilweise ausgeführte, wobei nur Augen und Mund durch kleine Höhlen angedeutet sind, sonst aber ohne äußere Umrisse oder Kontur bleiben.

Die zweite Gruppe der Felsbilder von Amur und Ussuri sind Zeichnungen von Elchen und Rentieren, die dritte sind Schlangen und die vierte Gruppe Vögel. Es gibt auch stilisierte Darstellungen von Booten, mit Menschen darin.

Was den verborgenen Sinn der Amur-Petroglyphen anlangt, so ist natürlich vor allem auf die anthropomorphen Darstellungen zu achten, die am häufigsten vorkommen und das charakteristischste Sujet sind.

Bei der Beschreibung der rätselhaften Darstellungen von Sakatschi-Aljan haben wir oben die Bezeichnung „Larve“ verwendet, ein altes Wort für Maske.[33] Diese Darstellungen, die Masken eines stilisierten menschlichen Antlitzes, hinterlassen tatsächlich einen sehr tiefen Eindruck. Er verstärkt sich noch durch das Fehlen des Rumpfes. In der überwiegenden Anzahl von Fällen ist nur das Gesicht herausgearbeitet. Der übrige Körper wird, wie wir sahen, nur ausnahmsweise dargestellt, und auch dann in sonderbarer, verkürzter und deformierter Weise, als handle es sich nur um eine Beifügung zu der Maske. Darüber hinaus ist das Gesicht selbst in sonderbar entstellter Form wiedergegeben, in grotesker Manier und stark schematisierter, abstrakter Weise, oft nach einem Zierschema, mit phantastischem Beiwerk.

Sicherlich mögen die Muster innerhalb der Gesichtskontur eine völlig reale Tätowierung wiedergeben, die einst das Gesicht zierte,

[33] Im Original heißt es daher auch „ličina“ statt „maska“.

ob bemalt oder in anderer Technik ausgeführt, z. B. durch Nähte oder durch Haare, die in die Haut eingenäht wurden und deshalb einer bestimmten Person angehörten. Doch das Gesicht selbst, seine Kontur, ist in völlig unrealer Weise deformiert: Kinn und Stirn sind gerade geschnitten, die Augen übertrieben, buchstäblich „zu den Ohren gezogen", über die ganze Gesichtshälfte hin. Die Nase ist nur durch Löcher angedeutet. Die Tätowierung schließlich war auf dem lebenden menschlichen Antlitz angebracht und nicht als Bedeckung aus Holz, Fell oder Birkenrinde aufgesetzt. So zeigen also die anthropomorphen Darstellungen von Sakatschi-Aljan wohl am ehesten Larven beziehungsweise Masken, die einst wirklich existierten.

Das führt uns in das riesige Gebiet der Vorstellungen, die mit Masken in Verbindung stehen. Masken sind bei allen oder jedenfalls fast allen Völkern verbreitet. Früher stellten sie geheimnisvolle Wesen einer anderen Welt, der Geisterwelt, dar. Sie dienten als Mittel zur Verwandlung eines Menschen in einen Geist und waren unumgängliches Zubehör der kultischen Zeremonien und Handlungen, die die Gegenwart von Geistern erforderten. „Die Geister sitzen in den Masken, sind in ihnen verkörpert und setzen sich solcherart solange im Tänzer fest, als er die eigentümliche Maske trägt", sagt T. Koch-Grünberg über die Glaubensvorstellungen der brasilianischen Indianer. Das mußte kein Geist im herkömmlichen Sinn des Wortes sein, kein anthropomorphes Wesen, sondern der Vertreter eines Tieres, das wiederum kein reales sein mußte, sondern ein übernatürliches, der Geist eines Tieres. Wenn ein Mensch die Maske anlegte, verwandelte er sich in das Tier und nahm dessen Eigenschaften an. „Man braucht nur an die Panther- und Leopardenmenschen Westafrikas zu erinnern – haben sie das Fell eines Tieres unter bestimmten, dazu notwendigen magischen Vorkehrungen angezogen, fühlen sie sich wirklich in Panther oder Leoparden verwandelt; sie erlangen die Kraft und Wildheit dieser Tiere. Wenn sie einen Fehler machen und ihr Opfer bei der Verteidigung ihnen das Fell wegreißt, so werden sie augenblicklich gewöhnliche Menschen, die sehr furchtsam sind und mit denen leicht auszukommen ist", schreibt darüber Levy Brull.

Nach einer treffenden Bemerkung Fatters „erscheint der Mensch in der Maske in neuer Wesenheit: tot, als Geist oder Tier je nach Maske. Es geht nicht um die Darstellung oder Wiedergabe irgendwelcher Rollen, sondern bedingungslos um eine als solche empfundene Verwandlung."

Die Masken als Mittel zur Verwandlung in Geister hatten einen wichtigen Platz im sozialen Leben der Urgemeinden. Man braucht nur an ihre Rolle in den Riten geheimer Männergesellschaften erinnern, denen sie zur Einschüchterung der Frauen und Kinder dienten und als Herrschaftsinstrument der Organisatoren solcher Gesellschaften. Indem diese verschiedene Masken verwendeten und dadurch „das äußere Bild des Oberhaupts der Gesellschaft, des allmächtigsten, allvermögenden Geistes darstellten, bemühten sie sich, ihm die Erscheinung eines ungewöhnlichen, übernatürlichen Wesens zu geben: im Vergleich zu einem gewöhnlichen Menschen übergroße Gestalt, ungewohnte Vermischung von menschlichen und tierischen Attributen, phantastische Details, das Gesicht zu einer Grimasse verzerrt, ein Gewand, das die Gestalt des Trägers bis zur Unkenntlichkeit verändern soll, und so weiter – das sind die bei der Herstellung solcher Masken angewandten Verfahren".

Den Masken fiel schon bei den ältesten Jagdzeremonien und Spielen eine wichtige Rolle zu, wenn die Jäger in Masken, in Tierfelle gekleidet, die Jagd auf Tiere darstellten. Das waren nicht einfach verkleidete Jäger, sondern Tiermenschen, Wesen von zweifacher Natur. Wahrscheinlich stehen die rätselhaften neolithischen Abbildungen von Halbmenschen und Halbtieren, die „Monstren" der Höhlenkunst, mit diesen Darstellungen und Zeremonien in Zusammenhang.

Als ausdrucksvolles Beispiel solcher Zeremonien dienen Berichte über das alljährliche Fest „Ikonipka" oder „Schingkelawun" bei den Ewenken, worüber G. W. Wassiljewitsch und A. F. Anissimow schreiben. Die Teilnehmer an der Tanzzeremonie legten nach Anissimows Worten „ein besonderes Jagdgewand an, dessen wesentlicher Teil eine Kopfbedeckung war. Sie war aus einem Fell zusammengenäht, das sie vom Kopf eines erschlagenen Tieres abgezogen hatten. Der ‚Tanz' war eine farbige Pantomime und ahmte charakteristische Verhaltensweisen der Tiere nach." Die Tiertänze der Ewenken und ihre Jagdpantomimen hatten eine bestimmte „schöpferische Last" und magische Bedeutung: sie mußten das Jagdglück der Gemeinde sicherstellen, die Vermehrung der Tiere und den Ertrag der Jagd. Im weiteren entstanden aus den ersten primitiven Formen theatralischer Handlungen unter Teilnahme maskierter Menschen komplizierte Darbietungen, und zwar Mysterien, darunter auch solche wie die Göttertänze des lamaistischen Pantheon, die in Verbindung mit den großen jahreszeitlichen Feiern der alten Tierzüchter und Ackerbauern stehen.

Es gibt dann noch Begräbniszeremonien, an denen maskierte Menschen teilnehmen, die den Toten und in vielen Fällen auch seine Vorfahren darstellen, die Geister der Verstorbenen. So setzen bei den Batak-Timur oder Simelungun Indonesiens während der Begräbniszeremonien die Häuptlinge besondere, aus Holz geschnitzte Masken auf. Ähnliche Pantomimen in Masken veranstalten nach J. W. Maretin die Dajak-Toradsch während der Beerdigungszeremonien.

In seinem Buch über die Entstehung des Theaters führt Awdejew viele Beispiele solcher Zeremonien an. So dauerten bei den Indiandern Brasiliens die Begräbnisfeierlichkeiten oft mehrere Wochen. Am letzten Tag des Festes erreichten sie den Höhepunkt. Zuerst kamen Maskierte aus dem Wald. Erst tanzten sie auf dem Dorfplatz, dann stürzten sie mit lauten Schreien zur Hütte des Verstorbenen und schlugen mit Stangen, an denen sich lange Haken befanden, an Wände und Tür des Wohnhauses und bemühten sich, einzudringen. Schließlich drangen die Maskenträger unter lautem Grölen der Gestürzten, dem Jammern der Mutter und Witwe des Verstorbenen ins Haus. Diese ganze Szene symbolisierte, wie Koch-Grünberg annimmt, die Ankunft der Vorfahren, um die Seele des Hingeschiedenen zu holen. Die Maskierten vollführen auch einen erotischen Tanz in sehr anschaulicher Art, dessen Sinn darin bestand, anstelle des aus der Gemeinschaft abgetretenen Menschen neue Mitglieder in sie aufzunehmen. An diesem Tanz nahmen natürlich nicht nur männliche Masken teil, sondern auch weibliche. Zuerst wurde ein

Wettkampf der Männer um die Frauen ausgeführt, dann blieb ein Paar übrig, das „in allen Einzelheiten die intime Annäherung zweier Verliebter wiedergab". Das war eine magische Fruchtbarkeitszeremonie. Die ganze Handlung hatte ungeachtet ihres nach außen hin grob naturalistischen Charakters einen tiefen inneren Sinn. Wie Awdejew richtig schrieb, ging es dabei um den Kampf des Lebens gegen den Tod, um die Fortdauer des Menschengeschlechtes.

Da die Maske überall vorkommt, wo es um die Vertretung der Geisterwelt in der Welt der irdischen Wesen geht, finden wir sie in dieser Bedeutung auch im Schamanismus. Der Schamane, der Vermittler zwischen Menschen und Geistern, ändert, wenn er seine Schamanenkleidung anlegt, augenblicklich auch sein Wesen, er verwandelt sich in einen Geist. Das Gewand des Schamanen stellt bei einigen Völkern gewöhnlich einen Vogel dar, bei anderen einen Hirsch, was vor allem der Kopfschmuck beweist. Die „Schamanenkrone" ist einmal mit Federn aufgeputzt, ein andermal mit dem Geweih eines Hirschen oder Elches, die aus Metall oder manchmal aus echtem Hirschbein sein können. Zugleich zeigt die Kleidung des Schamanen deutlich das menschliche Skelett, entweder in Form von Metallteilen oder Stickereien. Der Schamane ist also in seiner rituellen Kleidung gewissermaßen ein „lebender Leichnam" und zugleich Raubtier oder Vogel.

Untrennbares Element der Ritualkleidung des Schamanen ist die Maske. Hat er sie aufgesetzt, so wandelt sich der Schamane endgültig in den Geist, wird er „dieser selbst" in der jenseitigen Welt. Schamanenmasken existierten bei verschiedenen sibirischen Völkerschaften, bei mongolischen, samojedischen, tungusischen, paläoasiatischen. Wie Erzbischof Nil von Irkutsk beschreibt, hatten die burjätischen Schamanen eine ungeheuerliche Larve: „Abagaldej" (vielleicht Bocholdoj, Geist des Toten?). Man verfertigte sie aus Holz, Haut oder Metall, bemalte sie und hängte ihr einen riesigen Bart an.

Bei den Tlinkiten wechselte der Schamane während der Zeremonie dauernd die Maske, wobei er sich in verschiedene mythische Wesen wandelte. In der Barabora, dem männlichen Gemeinschaftshaus, wo die Feier ablief, „standen um den Scheiterhaufen

Abb. 23: Felszeichnungen mit Darstellung von Vögeln aus Scheremétjewo am Ussurifluß.

Hunderte entblößter Männer mit Bronzedolchen in der rechten Hand ... nach den ersten Trommelschlägen und dem Einsetzen eines monotonen Gesangs hinter dem Vorhang, der einen Teil der Barabora abtrennte, sprang der Schamane mit wehenden Haaren und buntem Aufputz heraus und begann sich wild und schnell um das Feuer zu drehen. Die Sänger, die nach den Dolchen griffen, bemühten sich, ihn zu treffen und zu fangen, er aber entging durch Sprünge und Verrenkungen geschickt den Stößen ... Wenn ihn die Sänger schließlich mit Hilfe einer Schlinge gefangen, gefesselt und mit einer Bastmatte zugedeckt hatten, trugen sie ihn hinter den Vorhang ... Solche Auftritte des Schamanen wiederholten sich mehrere Male, und jedesmal wechselte er die Maske."

In diesem Zusammenhang ist von Bedeutung, daß die Maske – als Darstellung des Verstorbenen – oft in direkter Verbindung mit dem Schädel steht. Der Schädelkult ist bekanntlich fast ebensoweit verbreitet wie die Ritualmasken, die Tote darstellen. Eine besondere Entwicklung erfuhr der Schädelkult in Polynesien, Melanesien, Birma und Indonesien. Bei den Batak-Dajak war nach Sternberg die Jagd auf Menschenschädel (eigentlich richtiger nach Menschenköpfen) eine „alltägliche Einrichtung“. Sie glaubten, daß die Schädel die Ernte begünstigten. Deshalb unternahmen sie ganze Raubzüge in die Länder der Nachbarstämme. Im Schädel wohnt die Seele des Toten, er ist Träger seiner geheimnisvollen geistigen Kraft. Häufig verwahrte man die Totenschädel nicht nur in besonderen Behältern oder im Haus, sondern verwendete sie auch bei den rituellen Zeremonien. So nahmen beim Stamm der Fany am Festtag zu Ehren der Verstorbenen „die Frauen die Schädel in die Hand und machten mit ihnen Tanzbewegungen, so wie ein Kind, das mit seiner Puppe spielt und dabei zeigt, daß sie gehen kann. Es ist völlig klar, daß für die Teilnahme an der Zeremonie in diesem Fall die Ahnen, denen die Schädel gehörten, bei der Feierlichkeit anwesend waren und sich mit allen freuten.“

Bei einigen Stämmen Afrikas fand bei rituellen Zeremonien, an denen die Ahnengeister teilnehmen mußten, ein Kopfschmuck Verwendung, der den Kopf des Ahnen darstellte. Der beste und älteste derartige Kopfschmuck konnte einer sein, dem ein echter Menschenschädel zugrunde lag. Solchen Kopfschmuck aus einem Menschenschädel findet man häufig in Museen.

Bekannt sind auch Masken, die einfach aus Menschenschädeln gefertigt sind. „Die Yukatan, wie sie G. Spencer nennt, schnitten ihren Toten die Köpfe ab . . . reinigten sie vom Fleisch, d. h. sie kochten sie aus; dann sägten sie die eine Hälfte des Schädels ab, es blieb nur der vordere Teil mit Kiefer und Zähnen. Dann ersetzten sie die von der Schädelhälfte abgenommenen Fleischpartien wieder mit Zement, wobei sie sich bemühten, jedem Kopf größtmögliche Ähnlichkeit mit seinem früheren Träger zu geben.“

Auch die Melanesier verarbeiteten Schädel zu Masken. An der Rückseite der Schädelmaske befestigten sie einen Stab oder einen Strick aus Haut, so daß sie den Schädel vor das Gesicht dessen halten konnten, der den Toten darstellte. Mit der Zeit begann man nach Meinung Frobenius' statt der Masken aus echten Schädeln leichtere, geflochtene herzustellen, die die frühere Form behielten. An die Stelle echter Menschenschädel traten auch hölzerne, „doch auch in den Holzmasken finden sich Spuren von Schädelmasken", schreibt Frobenius. So wurde nach Beobachtungen A. D. Awdejews „auf vielen hölzernen Masken der Völker Afrikas das menschliche Gesicht oft mit festgeschlossenen Augen und herabhängendem, eigens eingefügtem Kiefer geformt, wie Tote aussehen, was zweifellos bewies, daß sie auch Tote darstellten." So benennen die Bewohner der Halbinsel Gaseli in Melanesien alle Masken mit dem Wort „lor", das „Schädel" bedeutet. Die Begriffskombination Maske – Gesicht und Kopf – Totenschädel ist auch in anderen Fällen bekannt. Die Eingeborenen von Neumecklenburg nannten die Maske „kepont", das heißt „Gesicht des Toten". Bei den Melanesiern bedeutet das Wort „tamate" Maske oder toter Mensch. In der Sprache der Dschukun heißt „aki" Toter, „aku" Maske. Beim Yorubestamm bezeichnete der Terminus „egu" gleichzeitig Maske und Geist des Verstorbenen. Mit einem Wort, die Ausdrücke Schädel, Toter, Geist des Toten und Maske waren Synonyme.

Im Lichte all dieser Tatsachen erhält ein charakteristischer Zug der Larven von Sakatschi-Aljan besondere Bedeutung: ihr affenähnliches Aussehen. Hinter dieser äußeren Ähnlichkeit verbirgt sich in der Tat wohl eine Verbindung mit einem Totenschädel (denn die alten Bewohner des Amurgebietes hatten kaum eine Ahnung von Affen!).

Das Bemühen, die realen Züge eines Schädels und nicht die eines lebendigen Gesichtes auszuführen, ist offenbar ein weiteres Merkmal einiger Sakatschi-Aljan-Masken, ebenso wie das Vorhandensein einer inneren, ovalen Kontur, gewissermaßen eines zweiten Gesichtes innerhalb des äußeren Umrisses. Dieses „innere Gesicht" der Sakatschi-Aljan-Masken wird in charakteristischer Weise gebildet. Es ist oben verbreitert, unten stark verengt und erinnert schon dadurch an einen von allem Gewebe befreiten Schädel.

Noch wichtiger sind in dieser Hinsicht zwei Larven aus Scheremetjewo. Hier sind mit größter Genauigkeit ganz konkret Totenschädel und nicht abstrakte Larven wiedergegeben. Sie haben zwei Reihen drohend fletschender Zähne wie bei einem wirklichen Totenschädel.

Die Larven von Sakatschi-Aljan stellen also vor allem die

Kopfmasken toter Menschen, d. h. von Geistern und Ahnen dar. Nicht zufällig standen sie offenbar, wie Sternberg berichtet, bei den Nanai mit dem Mythos vom Ursprung des Weltalls in Verbindung, mit den Wundertaten der Schamanen, der Kulturheroen. Einige der Sakatschi-Aljan-Masken geben also sicherlich reale Schädelmasken wieder.

Es ist daher durchaus möglich, daß am Amur ein ebensolcher Schädelkult bestand wie bei den Stämmen der Südsee, und daß man analog dazu die Kopfjagd praktizierte oder zumindest die Schädel der Verwandten aufbewahrte, gleichsam als Wohnstätte ihrer Seelen und magische Nothelfer für die lebenden Mitglieder der Gemeinschaft. Als Gegenstück solcher Vorstellungen bei den Nachbarn der Amurstämme im Nordosten Asiens können der Kult des Schamanenschädels bei den Jukagiren und die aus der Geschichte der Kidan-Dynastie Liao erhaltenen Nachrichten dienen, die von einem heiligen Propheten in Gestalt eines Skeletts berichten, einer Reliquie der Ahnen der Kidanen, das magische Pfand ihres Wohlergehens.

Auch in diesem Zusammenhang dürfen wir wieder die verblüffende Ähnlichkeit der Sakatschi-Aljan-Larven mit Masken anderer südlicher Gebiete, die wir aus Museumskollektionen und ethnographischen Unterlagen kennen, nicht vernachlässigen. Das betrifft sowohl die gemeinsamen stilistischen Normen, nach denen die Masken geformt sind, wie auch einige Details, die wir als spezifisch für die Sakatschi-Aljan-Larven betrachten.

Schon beim ersten Blick auf die große Reihe von Masken der Tlinkiten, Eskimo und insbesondere der Papua oder Indonesier fällt die Übereinstimmung der gemeinsamen Gestaltungsprinzipien ihres Innenraumes und der Komposition der Schmuckelemente mit den Amurmasken auf. Es stimmen auch die Prinzipien der Wiedergabe dieser Elemente selbst überein, der Charakter der Stilisierung des vom Künstler dargestellten oder gedachten Gesichts. Davon kann sich überzeugen, wer auch nur flüchtig die große Zahl der Masken betrachtet, die Awdejew in seinen Werken anführt. Ihr wichtigstes allgemeines Stilmerkmal, ein Grundgesetz der Stilisierung, besteht nicht so sehr in einer maximalen Vereinfachung, einer „Zusammendrängung" der Details, sondern vielmehr

Abb. 24: Larven auf einem Gefäß aus Birkenrinde. Kondon.

im Verstärken der Ausdruckskraft des abgebildeten Gesichtes, im Betonen des Charakteristischen, Emotionellen – des Wesentlichen. Nach Awdejews Worten „können Masken das menschliche Antlitz im Zustand der Ruhe wiedergeben, wobei das Aussehen einer bestimmten dargestellten Person oft geradezu naturalistisch wiedergegeben wird, sie können aber auch eine beliebige mimische Grimasse wiedergeben und fixieren sowie das menschliche Antlitz im Zustand emotionaler Expression abbilden. Um größte Ausdruckskraft zu erreichen, können die Masken mit Attributen ausgestattet werden, die Geschlecht, Alter (Bart oder Schnurrbart) und soziale Stellung des Wiedergegebenen (Kopfschmuck) unterstreichen."

Eine Analyse der Darstellungen auf den Steinblöcken und Felsen von Sakatschi-Aljan erlaubt den Versuch, auch soziale Umstände, den inneren Aufbau dieser Gesellschaft, unter deren Bedingungen sie entstanden, aber auch die Psychologie der Schöpfer der Petroglyphen Sakatschi-Aljans besser zu verstehen.

Die Masken, die eine Umwandlung des Menschen, der sie aufsetzt, in ein anderes Wesen bedeuten, in ein Tier oder einen Geist in Menschengestalt, aber in beiden Fällen in ein übernatürliches Wesen, sind, wie wir sahen, in der ganzen Welt und in verschiedenen historischen Perioden verbreitet.

Bei alledem aber rufen die verschiedenartigen Masken von Amur und Ussuri, die mit komplizierten Schmuckdetails ausgestattet sind, ganz gewisse konkrete Gesellschaften ins Gedächtnis, für die die überaus hohe Entwicklung der Masken und der mit ihnen verbundenen Vorstellungen typisch sind. Das sind die Gesellschaften der Südseestämme, in erster Linie Melanesiens, aber auch Afrikas und Nordwestamerikas, die auf dem Niveau der sich ihrem Ende zuneigenden neolithischen Kultur standen, aber schon an der Schwelle der Anwendung des Metalls, in Afrika namentlich des Eisens. Ihr Wirtschaftsniveau war schon ziemlich hoch im Verhältnis zu den reinen Jägerstämmen, die weder Pflanzenbau noch Tierzucht kannten. In Afrika und Melanesien betrieben die Stämme eine primitive Landwirtschaft in der spezifischen Form des Anbaues von Taro, Yams, Sago und Kokospalme. In Nordwestamerika, wo es weder Landwirtschaft noch Viehzucht gab, hatte der Fischfang grundlegende Bedeutung. Dieser war auf das Lachsfischen ausgerichtet und lieferte haltbarere Nahrungsreserven als Fischfang und Jagd bei den Stämmen im Waldgürtel Alaskas. Auf etwa dem gleichen Niveau wirtschaftlicher Entwicklung waren auch die Alëuten, deren wichtigste Existenzgrundlage der Handel mit Fischen war. Auf der Basis einer relativ entwickelten Produktionswirtschaft verlief auch der Evolutionsprozeß der gesellschaftlichen Bedingungen hier sehr originell. Zum Beispiel schritten eben diese Indianer Nordwestamerikas und die Alëuten – unter Beibehaltung des Matriarchats – weit vorwärts auf dem Weg der Vermögens- und Sozialdifferentiation innerhalb einer Sippschaft. Schon im Rahmen einer Sippe oder eines Stammes sonderte sich eine Adelsschicht ab, aber kein Adel der Herkunft nach – in diesem Sinne waren alle Mitglieder der Sippschaft wie früher gleich –, sondern ein Adel durch Reichtum. Die Sklaverei wurde in diesen Gesellschaften zu einer streng formierten Institution, wenn sie auch noch nicht die Basis der Produktionsverhältnisse darstellte: Sklaven wurden getötet und geopfert. Ein charakteristischer Zug dieser Gesellschaft waren ständige Stammesfehden um Reichtum und Sklaven. Ein anderer, ebenso wesentlicher Charakterzug war die Existenz von geheimen Männerbünden. Ursprünglich auf der Basis einer komplizierten Struktur der alten Gemeinschaften entstanden, auf der Grundlage einer Arbeitsteilung nach Geschlecht und Alter, wandelten sie sich mit der Zeit in die soziale Führungsschicht innerhalb der Gemeinschaft. Mit ihrer ganzen Macht richtete sie sich vor allem gegen den weiblichen Teil der Gemeinschaft. Es war eine Organisation, dazu bestimmt, die Frauen in Zucht und Gehorsam zu halten. Zu diesem Zweck nahmen die Mitglieder der Männerbünde Zuflucht zu Terrormethoden, so schreckten sie, wie schon gesagt wurde, Frauen und Kinder mit dem Erscheinen geheimer magischer Geisterwesen. Mit den Männerbünden und Geheimgesellschaften war ein bestimmtes System mythologischer Vorstellungen und komplizierter Zeremonien, in erster Reihe Initiationsfeiern, verbunden. Auf solchem Niveau dürften die Stämme des Unteren Amur gestanden haben, die uns die Felszeichnungen von Sakatschi-Aljan hinterließen.

Versuchen wir nun auf Grund der von uns gesammelten

Materialien ein Bild der versunkenen Welt der Amurstämme in ferner Vergangenheit zu rekonstruieren, auf Grund der erstaunlichen Felsbilder in den Tälern des Amur und Ussuri, der Museumskollektionen und mit Einbeziehung gleichartiger Beobachtungen von Reisenden über die Gesellschaften der Urstämme der Südsee, Nordwestamerikas und des afrikanischen Kontinents vor dem Zusammentreffen mit der damaligen zivilisierten Welt:

... auf dem hohen Felsufer des Amur verbirgt sich im dichten Grün der Ussurischen Taiga eine ganze Siedlung alter Fischfänger und vielleicht auch der ersten Ackerbauer des Fernen Ostens.

Inmitten der Pfahlbauten und niedrigen, halbunterirdischen Behausungen erhebt sich das hohe, spitze Dach der geheimnisvollen Wohnstätten der Toten, in deren Dunkel die Totenschädel dicht wie Trauben hängen, die Schädel der Ahnen. Und nicht nur der Ahnen, sondern auch von Fremden! Heilige Reliquien der Stammesgemeinschaft – sie sind der Quell geheimnisvoller Kraft, Vermächtnis für das Wohlergehen der Bewohner.

Eben kehrt eine Gruppe von Jünglingen von einem gefährlichen, weiten Kriegszug zurück. Auf ihren Schultern hängen Rollen aus Blättern und Rinde, in die Schädel von Menschen gewickelt sind, die Opfer der Kopfjäger wurden ... auch diese Schädel werden heilige Talismane, Beschützer und Helfer sein, Unterpfand für Fruchtbarkeit und Erfolg dessen, der sie auf den Waldpfaden mit sich trägt – wem es zuerst gelingt, einem nichtsahnenden Menschen aufzulauern und ihn lautlos zu erschlagen.

Auf dem Ufer des Amur liegt eine Siedlung von Kopfjägern vor uns!

Gerade hat die purpurrote Scheibe der Sonne das gegenüberliegende Ufer berührt, als aus der Tiefe des Urwaldes ein lauter, schrecklicher Schrei ertönt, menschlich, zugleich aber fast tierisch. Es folgt eine ganze Maskenprozession, der Zug der Geister, einer schrecklicher als der andere. Vorne humpelt auf dünnen Beinen ein Ungeheuer mit schielenden Augen und riesigem Kopf, von einer strahlenden Aureole aus Krähenfedern umgeben. Diesem folgt ein zweites Ungetüm, dessen Gesicht mit krummen Linien und sonderbar gekrümmten Giftschlangen in schwarzer und roter

Farbe bemalt ist. Und schließlich kommen, mit wilden Zickzacksprüngen, die Schädelmasken hervor, die Geister der Toten, die Ahnen, die Vertreter der Unterwelt.

Soeben erscheint eine Gruppe von Mitgliedern des geheimen Männerbundes in der Tür des abgelegenen Männerhauses – die Bewahrer der Geheimnisse und der geheiligten Traditionen. Es beginnt die schreckliche Initiationszeremonie der Jünglingsweihe. Wer seine blutige Last, einen abgeschnittenen Menschenkopf, mitbringt und auf den Boden wirft, der gilt von nun an als echter Mann, als vollberechtigtes Mitglied der Kopfjägergesellschaft. Es erwarten ihn aber auch schwere Prüfungen und Mühen. Er muß nicht nur harte Foltern, sondern auch den mystischen Tod erleiden und dann die „Auferstehung von den Toten ..." Jetzt ist die Zeremonie, dieses Vermächtnis der Ahnen, beendet, die mystische, theatralisierte Feier, das „Geistertheater", neigt sich seinem Ende zu.

Am feuchten Sandufer, neben einem schwarzen Basaltblock, blieb nur ein Mensch zurück, der Geisterseher und Schamane. Um die Kraft der von den Vorfahren überlieferten Zeremonie zu verstärken, nimmt er einen spitzen Schlagstein in die Hand, haargenau einen solchen, mit denen Äxte und Beile zugerichtet werden, und beginnt seine schwierige Arbeit. Auf der rauhen Oberfläche des Basaltblocks entsteht das Bild eines unbekannten mythischen Ungeheuers.

Von nun an ist es für immer an seinen Stein gefesselt, jetzt ist es in der Herrschaft des Menschen, der es ins Leben rief und ihm eine Seele gab!

... Es werden Jahrtausende vergehen. Die Siedlung der Kopfjäger wird verschwinden. Doch die Zeit wird sich als kraftlos erweisen vor dem ewigen Fels und dieser Zeichnung, von der Hand eines alten Künstlers im Morgenrot der Geschichte der Amurstämme aus dem Stein gehauen. Und wißbegierige Menschen werden hierherpilgern, einer nach dem anderen, um die Geheimnisse der Vergangenheit zu enträtseln. Wer weiß, vielleicht haben sich hier in der Tat einmal diese geheimnisvollen Zeremonien abgespielt, lag hier tatsächlich eine Kopfjägersiedlung?!

In all diesen Beispielen haben wir freilich bloß allgemeine Übereinstimmungen zwischen den alten „Larven“ und den gegenwärtigen ethnographischen Masken vor uns. Diese Übereinstimmungen können aber auch etwas anderes bedeuten: Findet sich nicht in der Ethnographie ein „Widerhall“ einer längstversunkenen alten Kultur? Es ist konkret von der Möglichkeit die Rede, solchen Widerhall der alten Sakatschi-Aljaner Petroglyphentradition eben hier, am Amur, zu finden.

Die Nanai schrieben die Felszeichnungen manchmal dem legendären Volk „Cha“ zu. In anderen Legenden treten als die Schöpfer der Felsbilder die mythischen Urahnen der Nanai auf, die ganz zu Beginn der Schöpfung des Weltalls lebten. Und könnte es nicht sein, daß die Legenden dieser zweiten Gruppe tatsächlich Elemente irgendeiner wahren Information in sich tragen, könnte es nicht sein, daß in ihnen ein Abglanz realer Beziehungen auf uns kam, die zwischen der ältesten Bevölkerung und den heutigen Bewohnern dieses wunderbaren Landes bestehen? Diese Vermutung mag auf den ersten Blick wohl allzu kühn erscheinen – wie viele geschichtliche Stürme zogen doch über diese Orte, wie weit hinter uns liegen diese mythischen Zeiten, als sich die alten Bildhauer mit ihren Steinwerkzeugen an den Felsblöcken von Sakatschi-Aljan abmühten!

Aber trotzdem, könnte es nicht sein?

Spiralornament und Urmythos

Vor den Erforschern der Geschichte und Kultur der nordasiatischen Völker lag das Rätsel um die Herkunft der eigenartigen Kunst der Stämme am Unteren Amur, der „Golden" (Nanai), Ultschen, „Giljaken" (Niwchen) und Negidalen. Der bedeutende russische Reisende, Naturforscher und Völkerkundler A. Th. Middendorf widmete als erster seine Aufmerksamkeit der Eigenart des dekorativen Schaffens der Amurstämme und dessen grundlegendem Unterschied zu dem, was ihm aus den Nachbargebieten der sibirischen Taiga bekannt war.

Auf seiner Reise über das Stanowojgebirge gelangte er zu den „unteren Tungusen", den Negidalen, die trotz Rentierzucht und der Lebensweise von Wanderjägern viel von der Kultur ihrer seßhaften Nachbarn an den Ufern des Amur übernommen hatten. Middendorf fühlte sich, nach seinen eigenen Worten, plötzlich so, „als sei er bei einem völlig neuen Volk angekommen". Die Sprache der Negidalen war die ihm längst und gut bekannte tungusische. Form und Schnitt der Kleidung aber, die Art der Stickmuster und die metallischen Verzierungen – das alles war neu. Alles wies darauf hin, daß Kleidung und Verzierung „aus einem anderen Modezentrum kamen", daß sie einem anderen Kreis von Brauchtum und künstlerischem Geschmack als dem der Tungusenstämme Ostsibiriens angehörten.

Die Bekanntschaft mit der Ornamentik der Amurvölker machte auf L. v. Schrenck den gleichen Eindruck. In ihr, so schrieb er, „kommt ein origineller Charakter und Geschmack zum Ausdruck, der völlig von dem verschieden ist, was wir bei sibirischen Ureinwohnern sehen. So unterscheiden sich zum Beispiel die Stickereien, mit denen die sibirischen Tungusen ihre Gewänder verzieren, durch äußerste Einförmigkeit der Muster und ihrer Motive. Am häufigsten bestehen sie aus aufeinanderfolgenden oder sich überschneidenden Reihen einfacher Figuren: kleiner Drei- und Vierecke, Kreise, ungelenker Brezelfiguren und so fort. In den Mustern und Ornamenten der Giljaken finden jedoch im Gegensatz dazu verschiedenartig verschlungene Linien, kunstvoll gewundene Arabesken und üppige Schnörkel breite Anwendung." Mit einem Wort, vor den Gelehrten eröffnete sich plötzlich eine neue Welt, tat sich der Reichtum einer phantastisch raffinierten Ornamentik auf, und das eigenartigerweise bei Stämmen, deren Gesellschaftsform und Wirtschaftsniveau rückständig war. Keines der kleinen Völker hatte damals eine einigermaßen ausgebildete Klassengesellschaft. Bei den Amurstämmen gab es sogar noch im 19. Jahrhundert die alte Gruppenehe, die L. J. Sternberg hervorragend beschrieben hat. Keiner von ihnen kannte eine Produktionswirtschaft, weder Ackerbau noch Viehzucht. Einziges Haustier der seßhaften Amurstämme war der Hund, der nicht nur Jagdgefährte, sondern auch Zugtier war und zugleich Fleischnahrung lieferte. Er wurde auch den Geistern geopfert, während die Rentierzüchter zu diesem Zwecke das Rentier benützten, die Viehzüchter der Steppen aber Pferde, Stiere und auch Schafe. Von ihrer wirtschaftlichen Rückständigkeit abgesehen, hatten die Amurvölker auch kein eigenes Schrifttum, nicht einmal Ansätze dazu.

Und nun erhebt sich, vor dem Hintergrund einer so primitiven Wirtschaft und archaischen Gesellschaftsstruktur, plötzlich eine so ungewöhnliche und verfeinerte Ornamentalkunst, die den Neid jedes zivilisierten Volkes erwecken könnte, und nicht nur eines Volkes des Altertums, sondern auch unserer Zeit. Wie immer in solchen Fällen galt es den Urquell einer derart differenzierten und reichen Kunstentfaltung in einem anderen Land, bei einem anderen Volk aufzuspüren, das einen langen historischen Weg gegangen war und eine hohe Kultur geschaffen hatte: China.

Wohl waren historische Kontakte der Chinesen und der Amurvölker bekannt. Und in dem Bemühen, die unerwartet hochentwickelte, komplizierte und reiche Ornamentik der Amurstämme zu erklären, sahen einige Gelehrte in ihr nur einen Abglanz der chinesischen und ein Resultat des kulturellen Einflusses der Zivilisation Chinas. Dieser Ansicht gemäß stellten sie kategorisch fest, daß die Kunstentfaltung um so höher ist, je näher ein Volk dem Zentrum der chinesischen Kultur lebt.

So kam zum Beispiel einer der ersten Erforscher der Kunst der Amurstämme, B. Laufer, der über sie ein umfangreiches Werk schrieb, zu dem Schluß, daß die reiche und komplizierte Ornamentalkunst der Amurstämme nicht von ihnen selbst geschaffen, sondern von außen entlehnt wurde. Nachdem er in der Kunst der Amurstämme eine Reihe von Elementen entdeckt hatte, die, wie er glaubte, „chinesischer" Herkunft waren, schrieb Laufer, daß ihre „Formen und Konzeptionen" von chinesischem Geist geprägt seien und ihr Ursprung sich „zweifellos in China" befände. Vor undenklichen Zeiten hätten die Amurstämme infolge der Kontakte zu den Chinesen Elemente ihrer Kultur übernommen, anfangs als einfachen Tribut an die Mode. Später aber entwickelten sie diese Elemente auf eigener Grundlage selbständig und unabhängig weiter.

Was die genauere Zeitbestimmung dieses Kontaktes und der ursprünglichen Entlehnung chinesischer Kulturelemente betrifft, so nahm Laufer an, daß sie mit der Übernahme der chinesischen Schrift durch die bisher schriftlosen Amurstämme zusammenfällt. Ungeachtet ihrer kulturellen Armut spürten sie das Bedürfnis nach höherentwickelter Ornamentik, die sie ebenfalls von den Chinesen annahmen. Da, nach seiner Meinung, das einheimische Schrifttum am Amur in der Epoche des Dschurdschenreiches beginnt, dringen offenbar zu dieser Zeit auch die Elemente chinesischer Kunst und Ornamentik ein, die auf dem Boden des Amurgebietes dann ihren eigenen Entwicklungsweg gehen.

Ungefähr die gleiche Ansicht vertrat seinerzeit L. v. Schrenck. Er stützte sich auf solche Muster in der Ornamentik der Niwchen (Giljaken) wie „reiche Schnörkel, ausgeklügelt ineinander verschlungene Bänder, Figuren in Gestalt zugespitzter, gezahnter Schildchen", die auch auf altchinesischen Erzeugnissen, auf teuren

Kleidern, auf Porzellan und auf Elfenbeinschmuck anzutreffen sind, wie es sie in unseren Museen gibt. „Ebensolche Verzierungen treffen wir zum Teil auch auf altjapanischen Gegenständen", fügt Schrenck hinzu. „Solcherart sind zum Beispiel die Verzierungen auf den kupfernen Auflegestücken der halbverrotteten hölzernen Schwertscheiden, die J. S. Poljakow in Ainugräbern im Süden Sachalins fand und die zweifellos japanischer Herkunft sind."

Aus alldem zog Schrenck den Schluß, daß „die Giljaken-Ornamentik sich stark unter dem Einfluß altchinesischer, teils auch aljapanischer Vorbilder entwickelte. Anders konnte das auch nicht gewesen sein dank ununterbrochener, Jahrhunderte dauernder Handelsbeziehungen der Giljaken mit den Chinesen und Ainu, die ganz dem japanischen Einfluß unterworfen sind. Auf diese Weise spiegelte sich das Vordringen der chinesischen Kultur – die sich entlang der Flüsse Sungari (Songhuajiang) und Amur (Heilongjiang), diesen natürlichen Handelswegen der Chinesen zu den Giljaken, ausbreitete – unter anderem auch in der Ornamentik der letzteren wider."

Aber einige Zeilen weiter vermerkte derselbe L. v. Schrenck einen besonders wichtigen Umstand, der den Schlußfolgerungen über die Entstehung der Giljaken-Ornamentik eindeutig widersprach, die im Grunde mit der der übrigen Amurstämme, die andere, tungusische Dialekte sprachen, gemeinsam unter dem Einfluß der Chinesen und Japaner stand.

Schrenck schrieb hier etwas völlig Widersprüchliches. Entsprechend seinen eigenen Beobachtungen verminderten sich Geschmack und Entwicklungsstand der Ornamentik nicht, sondern erhöhten sich, je weiter entfernt von den Chinesen die Stämme siedelten. Namentlich am Unterlauf des Amur, weit entfernt vom direkten Kontakt mit der mandschurisch-chinesischen Kultur, hatte der Kunststil, nach Meinung Schrencks, den ausgeprägtesten und eigenständigsten Charakter.

Im Bemühen, diese von seinem erfahrenen Auge als Völkerkundler klar erfaßte Tatsache zu erklären, die der traditionellen Vorstellung widerspricht, daß die Kunst der Amurstämme von den Chinesen und Japanern entlehnt sei, schrieb Schrenck, daß sie nicht so sehr „von den natürlichen Neigungen dieser Völker" abhänge, als vielmehr von politischen Bedingungen. Der Grund, dachte Schrenck, lag darin, daß die Giljaken, die unabhängig von den Chinesen und Mandschuren waren, ein sichereres Leben führten, wenn sie diesen nicht nur „nicht erlaubten, sich in ihrem Land häuslich niederzulassen, sondern sogar es zu besuchen verboten". Deshalb konnten sie sich ungestört ihres Besitzes erfreuen und ihrer Neigung zur Verzierung ihrer Kleidung und der Gegenstände des Alltags freien Lauf lassen.

Diese Erklärung war jedoch künstlich und gezwungen, um so mehr als die konkreten Verwandtschaftsmerkmale der giljakischen Ornamentik mit der japanischen und chinesischen auch damals nicht ganz offensichtlich waren. Schrenck selbst polemisierte mit Middendorf, der solche Analogien zu Giljaken-Ornamenten auf Nadelkissen in der Inselwelt der Südsee suchte. Er schrieb, daß nach Meinung Middendorfs diese Verzierungen „Abkömmlinge der dort beliebten Darstellung des menschlichen Schädels sind, was mit Menschenfresserei und Trophäen aus menschlichen Schädeln in Verbindung steht".

Einfacher war es anzunehmen, daß sich am Unterlauf des Amur, dort, wo die Urbevölkerung in Leben und Kunst stärker an den alten völkischen Traditionen festhielt und äußere Einflüsse unbedeutend waren, ein uraltes und völlig selbständiges Kunstschaffen fortsetzte.

Zu Zeiten Schrencks, aber auch Laufers, gab es jedoch keine Unterlagen und Materialien, die diese Gedanken untermauert hätten. Seine wertvolle Beobachtung, die an sich ganz neue Möglichkeiten eröffnete, die Herkunft der Giljaken-Ornamentik zu deuten, konnte keine rechte Wertschätzung finden. Außerdem hatte man noch keine genaue Vorstellung davon, wie die Kultur der Amurstämme im frühen Altertum, vor der Berührung mit den hochentwickelten Kulturen Chinas und Japans, aussah.

Zu solchen Unterlagen kamen wir bekanntlich erst in unserer Zeit durch gründliche archäologische Forschungen am Amur und in den angrenzenden Gebieten des Fernen Ostens. Erst 1935 wurden in einer neolithischen Erdwohnung auf der Insel Sutschu reichverzierte Tongefäße gefunden. Ihre Oberfläche wurde zuerst mit einem vertikal angeordneten Zickzackmuster gekerbt. Darüber legte man tiefeingeschnittene große Spiralen in freier Anordnung. In den Räumen zwischen den Spiralen waren Dreiecke angebracht.

Auf einigen Gefäßen von der Insel Sutschu waren die komplizierten Spiralmuster nicht nur eingekerbt, sondern auch gemalt. Auf dem leuchtend himbeerroten Untergrund dieser Gefäße laufen vertiefte Streifen eines Bandmusters, die in sattschwarzer Farbe gezogen sind.

Die Spiralornamentik, die sich mit dem Untergrund aus punktiertem Zickzackmuster verbindet, findet sich in gleicher Form auch am Oberlauf des Amur, an der Krassnaja Retschka bei Chabarowsk, in Wosnessenowka nahe der Mündung des Chungariflusses, aber auch in der Umgebung des Dorfes Scheremetjewo und beim Ort Kasakewitschewo. Dieses Ornament erhielt sich bei den einheimischen Amurstämmen fast unverändert bis auf unsere Tage.

Aus Spiralwindungen besteht das originelle Muster, das die alte Kleidung der Amurstämme zierte, zum Beispiel die Frauen-Chalate aus Fischhaut, aber auch Hausgerät und sogar Gebäude. Die farbigen Spiralen verliehen zum Beispiel den alten Bestattungshäuschen der Zwillingsvölker Giljaken und Ultschen ein märchenhaftreiches Aussehen.

Das Spiralornament, im Prinzip dem neolithischen analog, ist in der Kunst der Nanai, Ultschen und Giljaken so alltäglich und so verbreitet, daß es im wesentlichen den Hauptanteil der gegenwärtigen Ornamentik dieser Stämme bildet, den Fond oder Untergrund, auf dem alle die Sujets herausgebildet wurden und so volkstümliche Darstellungsmotive wie Figuren von Fischen und Hähnen.

Zugleich mit verschiedenen Varianten des Spiralornaments erreichten bei den Amurstämmen in der Jungsteinzeit Muster von ineinander verflochtenen, mehr oder weniger breiten Bändern, die ein Netz mit rhombischen Zellen bildeten – das „Amurgeflecht" –, einen hohen Entwicklungsstand.

Auch die Muster des Amurgeflechtes erhielten sich bei den Amurstämmen bis in die Gegenwart, sie sind die unbestrittenen Vorläufer der heutigen, die freilich wesentlich ausgereifter und der Form nach verfeinerter sind. In einer Reihe von Fällen bewahrte

Abb. 25: Gegenüberstellung von neolithischen Felszeichnungen und Folklore-Ornamenten des 20. Jahrhunderts bei den Amur-Völkerschaften: (a, c, e, g) 20. Jahrhundert, (b, d, f) neolithische Felszeichnungen.

dieses Ornament jedoch bis zum heutigen Tag seine einfache Ausgangsform und unterscheidet sich nicht wesentlich von seinem neolithischen Urbild. Wir sehen hier ebensolche Rhomben, schachbrettartig angeordnet und voneinander durch die leeren Streifen des Untergrundes getrennt. Eigentlich stellt dieser „Untergrund" das echte Ornament dar, während die Rhomben der eigentliche Untergrund zu sein scheinen.

Das Ornament in Form geprägter Zickzacklinien, die in vertikalen Reihen sowie in Form des Amurgeflechtes an der Außenfläche des Gefäßes angebracht sind, ist in der Jungsteinzeit nicht nur im weiten Raum des Amurgebietes, sondern auch im Primorje verbreitet, wo jedoch die für das Amurbecken so charakteristischen Spiralen fehlen. Das „Amurgeflecht" ist die Grundlage der fernöstlichen neolithischen Ornamentik und ebenso der gegenwärtigen.

Noch ein charakteristisches Element der neolithischen Amur-Ornamentik kam auf unsere Tage: die Arkaden oder Bogen, die eine Art Fischschuppenmuster bilden. Ich erinnere mich daran, welch starken Eindruck der prächtige Chalat einer Nanai-Frau machte, der mit einer solchen vielfarbigen Applikation verziert war, mit farbigen Schuppen, die genau den Schmucksaum auf den neolithischen Gefäßen Kondons wiederholten. Das war ein wahrer Triumph der Idee von der genetischen Verwandtschaft der alten und gegenwärtigen Ornamentik der Amurstämme.

Die zweite, nicht weniger charakteristische und eigenartige Sphäre künstlerischen Schaffens der ältesten Bewohner des Fernen Ostens stellen, wie wir sahen, die Felszeichnungen dar. In ihnen treten die Besonderheiten der ästhetischen Vorstellungen und des künstlerischen Weltempfindens der fernöstlichen Stämme noch kraftvoller und in noch konzentrierterer Form hervor.

In den Petroglyphen von Amur und Ussuri gibt es weder das Amurgeflecht noch senkrechte, in der Technik der punktierten Kammverzierungen ausgeführte Zickzacklinien. Solche Muster suchen wir hier vergebens. Diese Ornamentik war mit Gegenständen für den Alltaggebrauch, wie Tongefäßen, Kleidung und verschiedenen Geräten aus Holz oder Knochen, organisch verbunden.

Auf den ersten Blick mag es scheinen, daß die Felsbilder unmöglich in einem Zusammenhang mit der gegenwärtigen Ornamentalkunst der Amurstämme stehen. In Wirklichkeit aber sind die krumme Linie, sind verschiedene Varianten und Formen dieses Krummlinienmusters, welches Gesicht und Wesen der gegenwärtigen und der alten Amur-Ornamentik prägt, in den Felsbildern des Amur und Ussuri nicht nur vorhanden, sondern nehmen sogar einen hervorragenden Platz ein.

Es sind hier natürlich nicht nur konzentrische Kreise vorhanden, nicht nur verschiedene Bogen, sondern die Spirale selbst, diese „Seele" der Amur-Ornamentik in ihrer reinen Gestalt. Sie ist nicht nur anwesend in den gegenwärtigen Nanai- oder Niwchen-Mustern, sondern wesentliches Formelement für verschiedene Sujets der Felsbilder von Saktschi-Aljan und anderer Fundstätten. In einigen Fällen dienen die Spiralen oder deren Derivate – konzentrische Kreise – zur dekorativen Füllung der Innenfläche der Zeichnung, als Ergänzung zu ihr, sie spielen die Rolle von Details; so zum Beispiel die Augen einiger Larven oder die Schneckenwindungen und Kreise innerhalb der ornamentalen Hirschfiguren von Sakatschi-Aljan. Wie wir sehen, ist analog dazu manchmal auch die Nase der Larven in Form von Windungen gestaltet. Es gibt noch ausdrucksvollere Beispiele, wenn etwa auf den Felsbildern die ganze Zeichnung aus konzentrischen Kreisen oder Spiralen besteht. So sieht beispielsweise eine Larve auf dem Felsen nahe dem Dorf Scheremetjewo aus, die gewissermaßen ein sich ununterbrochen abwickelndes Spiralband aufweist. Es beginnt beim rechten Auge der Larve, umkreist es und füllt die ganze Innenseite der Maske durchgehend mit konzentrischen Kreisen. Die zweite Larve auf demselben Felsen hat zwei Augen, die beide aus Spiralwindungen gebildet sind, deren Enden nach unten sinken und das innere Oval des Gesichtes ausfüllen.

Natürlich wurden Schlangen auf den Felsbildern als Spiralen dargestellt. Derartige Schlangenzeichnungen sind in Sakatschi-Aljan und Scheremetjewo zu sehen. Wir haben von diesen Fundstätten auch beachtliche Beispiele, wo ganz realistisch ausgeführte Schlangenspiralen mit den charakteristischen Schlangenköpfen an einem Ende und einem spitzauslaufenden Schwanzstück am anderen der kompositionellen Gestaltung der Larve dienen. Die Übereinstimmung der vorzeitlichen Petroglyphenkunst mit der Gegenwartskunst läßt sich im Bereich konkreter Muster und Sujets noch weiter verfolgen. Von der Schlange war eben die Rede: Sie und der „Mudur", der Drache – das sind vertraute und traditionelle Elemente der Nanai-Ornamentik ebenso wie der Felsbilder. Die „Muduren" der Nanai ziehen sich gewöhnlich nicht nur in gewellten Bändern dahin, sondern auch als enggewundene Spirale, so wie auf den Felsblöcken Sakatschi-Aljans oder auf den Felsen am Ussuri.

Auf den Felsbildern von Ussuri und Amur treffen wir weiters Darstellungen von Hirschen nicht nur mit Schneckenmustern, sondern auch mit den charakteristischen geraden Streifen quer über den Leib. Wie Laufer meint, spielt auch in der Ornamentik der Amurstämme nach Hähnen und Drachen der Hirsch die wichtigste Rolle. Unter den von ihm aufgezeichneten Ziermustern der Amurstämme gibt es Hirschfiguren mit ebensolchen Querstreifen wie auf den Felsbildern.

Das dritte, nicht so häufige, aber sehr wichtige Felsbildsujet ist der Vogel. Es wird vermutet, daß in der zeitgenössischen Nanai-Ornamentik der Hahn überwiegt. Wenn wir jedoch die Ornamentmuster, die Laufer herausgab, aufmerksam betrachten, können wir auf ihnen Abbildungen derselben Schwimmvögel wie auf den Petroglyphen entdecken: Gänse, Enten und Schwäne. Hierher gehören zum Beispiel auch die Vogelzeichnungen im Buch Laufers, die sich weitgehend mit den Miniaturfiguren sitzender Schwimmvögel auf den Bildern von Scheremetjewo decken.

Es gilt nun, in der gegenwärtigen Ornamentik das für die Felsbilder Wichtigste zu entdecken: Larven, anthropomorphe Darstellungen, Masken. Laufer hat seinerzeit entschieden verneint, daß es in der Amur-Ornamentik anthropomorphe Elemente gäbe. Er verwies nur auf zoomorphe und Pflanzenelemente, vor allem auf stilisierte Zeichnungen von Fischen, Hähnen und Drachen als charakteristisch für die Amur-Ornamentik. Im Grunde hatte er vollkommen recht: In der Ornamentik der Nanai, Ultschen und Giljaken gibt es tatsächlich keine solche augenfälligen anthropomorphen Darstellungen, die sich anschaulich mit den exakten

Abb. 26: Larve aus Scheremétjewo am Ussurifluß.

Zeichnungen von Hähnen oder Fischen vergleichen ließen. Wenn man jedoch die Ornamentmuster der Amurstämme aufmerksam betrachtet, kann man auf ihnen wenn schon nicht genau dieselben, so doch jedenfalls sehr ähnliche, stark stilisierte, affenähnliche Larven beziehungsweise Masken sehen. Dabei stellen solche Figuren keineswegs eine Ausnahme dar, sondern sind das verbreitetste, ja eigentlich das Hauptelement der reichen Ornamentik der Nanai und in deren Gefolge der Ultschen.

Im Buch B. Laufers ist eine komplizierte Ornamentalkomposition aus doppelten, spiralähnlichen Linien und Bogen abgebildet.

In ihr erkennt man in aller Deutlichkeit eine affenähnliche Larve mit breitem und rundem oberen Teil, auf deren Innenfläche mit doppelter Spirale ebenso große Augen wie auf den Felsbildern angedeutet sind. Darunter sind breite Affennüstern und noch tiefer ein massives Kinn ausgeführt. An den Seiten dieser Fratze stehen breite Ohren ab, die ebenfalls spiralförmig gezeichnet sind. Besonders interessant ist, daß über den Kopf zwei Auswüchse, gleichsam wie Strahlen, hinausragen. Genauso wurden in einer Reihe von Fällen die Ohren auf den Felsbildern dargestellt. Für die anthropomorphen Larven und Petroglyphen sind die geraden Linien, die Auswüchse oder „Strahlen", die sie krönen und oft von beiden Seiten umgeben, ebenso charakteristisch.

Die eigenartigen anthropomorphen Larven der Amur-Petroglyphen sind auf diese Weise nicht spurlos verschwunden, sondern gingen in den Bestand der spätesten Ornamentik als ihr Wesensinhalt ein. Sie wurden in der Amur-Ornamentik in der gleichen Weise verwendet wie auch andere Figuren, zum Beispiel Fische und Vögel: Sie dienten gewissermaßen als „Baumaterial" und wurden Details komplizierter Ornamentkompositionen. Aber zum Unterschied von den Fisch- und Vogelfiguren gingen sie völlig in den Bestand des gemeinsamen ornamentalen Gewebes ein, lösten sich fast vollständig in ihm auf und verloren ihre Eigenständigkeit in solchem Ausmaß, daß sie nur durch Vergleich mit den Felszeichnungen entdeckt werden können, wo diese Larven sich noch im isolierten Ausgangsstadium, ganz für sich, befinden.

Das „Grundrepertoire" der Felsbilder wiederholt sich solcherart in der zeitgenössischen Ornamentik. Da sind erstens affenähnliche und aus Spiralen bestehende Masken oder Larven, zweitens Darstellungen von Hirschen mit Querstreifen über den Leib, drittens Schwimmvögel, viertens Schlangen.

Wir können weitere Übereinstimmungen der alten, ihrer Herkunft nach neolithischen Ornamentik mit der gegenwärtigen des Unteren Amur aufzählen. Als interessantes und in der Ausdruckskraft überraschendes Beispiel kann ein charakteristisches Element der Nanai-Ornamentik dienen, dem S. W. Iwanow als Beweisstück für den vermuteten Einfluß der chinesischen Kunst auf die

Amur-Kunst große Aufmerksamkeit widmete: „Von den geometrischen Motiven, die ohne Zusammenhang mit den zoomorphen Prototypen sind, halten wir uns vor allem beim Kreis auf, in den ein kleines Quadrat eingezeichnet ist. Muster aus solchen Kreisen gibt es bei den Birar-Ewenken, den Manegren, Nanai, Ultschen, Negidalen und Niwchen auf Kopfkissen, Teppichen, Gürteln und anderen Gegenständen. Die Kreise, die einander berühren, werden nach einem geraden Netz gebildet; manchmal nehmen sie den zentralen Teil kreuzförmiger Motive ein oder bilden eine Bordüre. Diese Muster machten keinerlei Weiterentwicklung durch, sie sind überall gleich, weshalb die Erklärung ihres Ursprungs keine Schwierigkeiten bereitet.

Die Kreise erinnern an die kleine chinesische Wechselmünze Tschoch, die vor dem Anschluß des Amurgebietes an Rußland in großer Zahl zu den dortigen Völkern gelangte. Davon, daß die Kreise tatsächlich eine Wiedergabe dieser Münze sind, sprechen auch ihre Bezeichnungen." So nennen die Ultschen diese Muster Dschacha. Unter derselben Bezeichnung, siaka, sind sie laut Iwanow den Nanai bekannt. Die Orotschen nennen sie dsecha, die Niwchen tschcha. Daraus folgt, wie Iwanow schließt, daß die Völker des Unteren Amurgebietes keine chinesische, sondern eine mandschurische Bezeichnung der Kupfermünze annahmen. Der Gedanke, daß dieses Muster die Form einer chinesischen oder mandschurischen gelochten Kupfermünze wiederholt, wird nach Ansicht Iwanows noch dadurch bestärkt, daß es auch auf alten chinesischen Geweben zu finden ist.

„Auf diese Weise hatten die Stickerinnen am Amur eine genügende Anzahl von Geldstücken selbst und münzähnliche ornamentale Motive zur Verfügung, die durch Formvollendung und symmetrische Konstruktion Aufmerksamkeit erregen. Es ist nicht verwunderlich, daß diese Motive bei den verschiedenen Völkern im Gebiet des Unteren Amur weite Nachahmung fanden." Um so interessanter ist es, daß wir gerade dieses Schmuckmotiv 1966 auf einer Tonscheibe entdeckten, und zwar in der neolithischen Schicht einer alten Siedlung beim Dorf Wosnessenowka am Unteren Amur. Wir fanden es zusammen mit der charakteristischen Keramik und mit steinernen Erzeugnissen.

Dieses Muster stellt nichts anderes dar als den Teil einer Schmuckkomposition, wie wir sie im Amur-Neolithikum als „Amurgeflecht" nicht erst einmal vermerkten. Als Grundlage dient ihm ein Rhombus, der in einen Kreis eingeschlossen ist. Es hat folglich seiner Herkunft nach nichts mit chinesischen kupfernen Tschoch-Münzen zu tun. In diesem Zusammenhang sei ein allgemeiner und für die Gegenwartskunst der Amurstämme charakteristischer Zug der Schmuckkomposition insgesamt erwähnt. Es handelt sich um die breite Verwendung von Ausschnitten oder Teilen des Amurgeflechts sowie des Mäanders.

So entstand die „Figurenklammer", das beinahe charakteristischste Schmuckmotiv, welches Iwanow hervorhob. Diese „Klammer" ist in verschiedenen Varianten bekannt, in einfacher und doppelter Form; sie wird gewöhnlich zu einer Bandumrahmung verlängert. „Die Doppelklammer sieht einem Geigenkörper ähnlich", schreibt Iwanow. „Wir finden solche Muster im einzelnen auf Gewändern, Schuhen und Geräten aus Birkenrinde." Was ihre Herkunft betrifft, nimmt er an, daß die Figurenklammer aus einem hammerförmigen Mäander hervorging, der aus Ostasien entlehnt wurde. Das läßt sich laut Iwanow „nach den Varianten und Übergangsformen des Mäanders, die sich im Ornament der Völker am Unteren Amur erhalten haben, gut verfolgen". Die Klammer jedoch ist krummlinig, während der Mäander geradlinig ist. Diesen Widerspruch klärt Iwanow so: „Die Figurenklammer erfuhr im Amur-Ornament eine wesentlich größere Ausbreitung als der Mäander selbst, was die Vorliebe der Amurvölker für krummlinige, weiche und fließende Linien erklärt, die dem ästhetischen Geschmacksempfinden der Bevölkerung mehr entsprachen als geradlinige oder gebrochene Figuren."

Wahrscheinlicher aber ist eine völlig andere Erklärung: Die krummlinige Klammer ist nur eine partielle Formveränderung des Amurgeflechts und nicht des Mäanders. S. W. Iwanow hat in tabellarischer Weise dreizehn ornamentale Muster in Form krummliniger Klammern zusammengestellt, deren uns schon bekannte Motive deutlich die neolithische Herkunft erkennen lassen.

Und dieses originelle Muster, das der Ornamentik des Amurgebietes solch eigenartiges Gepräge verleiht, hat daher tiefe örtliche

Wurzeln, örtliche auch in dem Fall, wenn es sich aus dem Mäander heraus entwickelt. Wie wir wissen, existieren im Neolithikum des Amur Mäander und Amurgeflecht zu einer bestimmten Zeit nebeneinander und in enger Verbindung miteinander, manchmal sogar auf ein und demselben Gefäß.

Wir verfolgten in der gegenwärtigen traditionellen Ornamentik der Amurstämme eine Reihe charakteristischer Merkmale, die sie mit der ältesten lokalen Ornamentik der Steinzeit verbinden. All das und die breite Anwendung der Spirale als Grundelement und wichtige Gestaltungskonzeption verbinden die alten Felszeichnungen mit der zeitgenössischen Schmuckkunst der Amurvölkerschaften. Es beweist außerdem das Vorhandensein einer bestimmten künstlerischen Tradition, die offenbar im Laufe der Jahrhunderte und möglicherweise Jahrtausende nicht unterbrochen worden ist. Es beweist auch die Existenz einiger Merkmale dieser Tradition in der Kunst der Mohe und Dschurdschen; doch das ist schon ein eigenes Thema.

Die ununterbrochene künstlerische Tradition bedeutet natürlich nicht nur eine Erbfolge in Stil, Kunstform und konkreten Sujets, sondern auch die Möglichkeit der Vererbung der mit diesen Sujets verbundenen Ideen. Heißt das mit anderen Worten nicht, daß in der Mythologie und überhaupt in der Folklore der jetzigen Nanai sich jene Ideen erhalten können, welche die ganze ungewöhnliche und rätselhafte Welt der Felsbilder des Amur und Ussuri hervorbrachten? Es ist tatsächlich so!

Schon den ersten Erforschern dieser alten Denkmäler war bekannt, daß sich die Nanai selbst seit langem für die Zeichnungen auf den Felsblöcken von Sakatschi-Aljan interessierten. Wie wir wissen, gaben die Nanai auf die Frage, wer diese Felsbilder zeichnete und wann das war, immer die gleiche Antwort, daß deren Entstehung mit den mythischen Zeiten der drei Sonnen und des Großen Schützen, mit dem Beginn des Weltalls in Verbindung stehen.

Berthold Laufer zeichnete als einer der ersten den alten Weltschöpfungsmythos auf: „Zu Anfang der Zeiten lebten drei Menschen. Einst sandten sie drei Schwäne zum Tauchen, um für die Erde Steine und Sand zu erlangen. Die Vögel tauchten, und sieben

Tage waren sie unter Wasser. Als sie herauskamen, blickten sie um sich: Die Erde wuchs, es floß der Amur. Dann machten die drei Menschen einen Mann namens Kado und eine Frau Dschultscha, dann eine Jungfrau namens Mamilschi. Das Volk vermehrte sich und nahm die ganze Terrasse ein, die an den Amur grenzt. Kado sagte: Es sind drei Sonnen am Himmel. Man kann nicht leben, es ist zu heiß. Ich möchte eine Sonne abschießen! Seine Frau sagte zu ihm: Geh! Kado ging gen Sonnenaufgang, grub eine Höhle und versteckte sich darin. Die erste Sonne ging auf, und er schoß sie ab; dann zielte er auf die zweite, traf aber daneben. Die dritte traf er. Als er heimkehrte, war es nicht mehr heiß. Mamilschi machte Zeichnungen auf den Steinen. Dschultscha sagte: Jetzt werden die Menschen sehen, daß mein Mann zwei Sonnen erschlug. Nachdem zwei Sonnen erschlagen waren, wurden die Steine hart. Dann sagte Mamilschi: Es gibt viele, viele Menschen, und es wird kein Platz sein für sie, wenn sie nicht sterben. Ich möchte sterben, ihnen den Weg zeigen ... Mamilschi sagte: Burunduk stirbt nicht, er schlummert im Winter ein, im Frühling erwacht er. Tumna lebt im Sommer wie ein Fisch, im Winter aber schläft er, die Schlange auch ... die anderen Tiere werden geboren und sterben. Auch der Mensch muß geboren werden und sterben ..."

Den Urmythos von den ersten Menschen auf Erden, vom Bruder Chodai und der Schwester Mjamendi, die damals, als drei Sonnen am Himmel waren, aus dem Nichts und Nirgendwo auftauchten – diesen Mythos zeichnete auch I. A. Lopatin in seiner Monographie über die Golden auf. Dieser Variante gemäß entstanden die Menschen aus dem Blut der Mjamendi, die sich in den Finger gebissen hatte, so daß der Lebenssaft herausgeflossen war. Später erschießt Chodai auf Bitte Mjamendis mit einem Pfeil die zwei überflüssigen Sonnen. Als sich die Menschen so sehr fortgepflanzt hatten, daß es ihnen auf Erden zu eng wurde, schickte Mjamendi Chodai auf die Suche nach einer Pforte ins Jenseits, damit die Menschen zu sterben begännen. Doch konnte man sie nicht begraben, da es noch keine Schamanen gab und niemand die Seelen der Toten nach „Buni", ins Jenseits, begleiten konnte. Auf der Erde häuften sich die Leichen. Nachts erschien dem alten Chodai im Schlafe der schreckliche Seon und sagte ihm, er möge in den Wald gehen, wo ein Baum wächst und auf ihm die Schamanengeräte: der Spiegel (Toli), Glöckchen und Hörner für die Kappe. Als Chodai fast alle die Geräte vom Baum abgenommen und in einem Sack verschnürt hatte, begannen diese Dinge plötzlich in der Nacht zu sprechen und zu lärmen: „Warum hast du allein uns genommen? Für dich wird es zuviel." Chodai knüpfte die Schnur wieder auf, und die Schamanengeräte flogen unter lautem Pfeifen heraus und in verschiedene Richtungen, zu Menschen der einzelnen Chala (Geschlechter) hin, die der Schamanenberufung würdig waren: die Geschlechter Jukamika, Udinke, Beldy und andere. So traten die Schamanen auf den Plan und begannen die Toten zu bestatten und die Seelen nach Buni wegzuführen. Dem greisen Chodai fiel es schwer, flußaufwärts zu fahren, und deshalb sprach er einen Zauber, daß die eine Hälfte des Wasserlaufs von seiner Fansa[34] aufwärts floß, die andere abwärts. Doch da Chodai ahnte, daß die Menschen nur träge würden, ließ er das Wasser wieder hinunterrinnen.

In den Legenden, die P. P. Schimkjewitsch aufschrieb, ist vom ersten Menschensohn Doldschu-Chodai die Rede. Beunruhigt über die maßlose Vermehrung der Menschen geht Doldschu-Chodai in eine Höhle und stirbt, und in der Folge beginnen auch die Menschen auf der Erde zu sterben. Daran schließt die Erzählung von drei Sonnen und davon, daß ein Greis, der Vater des Doldschu-Chodai, mit Pfeilen zwei überzählige Himmelslichter abschießt, dann auch zwei überflüssige Monde, denn auch ihrer gab es drei. Die Legende schließt mit der Erzählung vom Schamanenbaum, dem Auftreten der ersten Schamanen und der Überführung der Seelen der Verstorbenen ins Buni.

Nach einer Variante der Legende, die W. G. Larkin 1963 in Sakatschi-Aljan nach einer Erzählung von Nikolaj Andrejewitsch Odsjal aufzeichnete, zerstörte der Held Boa-Enduri mit Pfeilschüssen zwei Sonnen. Ihre Splitter verteilten sich über das ganze Firmament (Sterne). Analoge Legenden existieren, nach Larkins Beobachtungen, auch bei den Völkern, die den Nanai benachbart sind, den Udägei, Orotschen, Ultschen. Bei ihnen heißt es, daß die

[34] Fansa (fangza): Pfahlbau der Nanai, chinesisch Fangz (Haus, meist einstöckig).

pomorphe Wesen standen, sondern eben ein Vogel und natürlich ein Tauchvogel, ein Schwan, eine Ente, eine Gans.

In den Mythen des Amurgebietes, die wir oben anführten, kommen ebenfalls Vögel vor, darunter nicht nur Raben und Adler, sondern auch Enten oder Schwäne. Das ist im Zusammenhang mit dem Inhalt der Felszeichnungen an Amur und Ussuri für uns besonders wichtig. In einer der frühesten Varianten dieses Mythos, die Laufer festhielt, treten Schwäne besonders hervor: Sie bringen Steine und Sand herbei, um die Erde zu schaffen. Für die Rekonstruktion der uralten Menschheitsmythologie und die Erklärung ihrer Gesetzmäßigkeiten ist das Vorhandensein eines solchen Sujets im Fernen Osten, bei den Nanai, von großem Wert. Noch wichtiger ist es in diesem Fall von einer anderen, konkretgeschichtlichen Seite her: Es zeigt sich, daß die Wasservögel auf den Felsen von Scheremetjewo und den Felsblöcken von Sakatschi-Aljan nicht zufällig als Motiv gewählt wurden. Sie mußten tatsächlich eine wichtige Rolle in der Urmythologie der Amurstämme gespielt haben, und konkret im Weltschöpfungsmythos. Offenbar helfen die Abbildungen der Wasservögel an und für sich die Semantik der Felsbilder wiederherzustellen und mußten wohl die semantische Last getragen haben, jene Ideen, die dem Nanai-Mythos der Sakatschi-Aljan-Steine mit ihren Bildern zugrunde liegen. Bei den Nanai lebt also noch heute jener Mythos, den ihre fernen Ahnen verfaßten, die Schöpfer der Wasservogel-Figuren.

Wir haben keine gewöhnlichen, alltäglichen Vögel vor uns, sondern Schwäne, die die Erde schufen. In diesem Zusammenhang ist ein Detail des Wasservogels auf dem Felsen in Scheremetjewo von Bedeutung: In seine Brust ist ein schräges Kreuz eingeschlagen. Das Kreuz diente seit langem als Zeichen des Weltalls, seine vier Enden symbolisieren die vier Himmelsrichtungen. Das Kreuzzeichen akzentuiert im gegebenen Fall die Schöpfungskraft und kosmische Wesenheit des Vogels von Scheremetjewo. Es dient sozusagen als Anspielung auf die aktive Rolle des Vogels bei der Erschaffung der Welt.

Offenbar ist auch der Umstand nicht zufällig, daß den Wasservögeln, den Enten und Schwänen, eine besonders wichtige Rolle in jenen Mythen zukommt, die vom Weltbaum erzählen, auf dessen

Ästen sich Nester befinden. In diesen wuchsen die Seelen einfacher Menschen oder Schamanen auf, die sich in der geheimnisvollen Welt des Jenseits aufhalten. Diese Seelen sehen wie Wasservögel aus, wie Entenküken. Nach den Vorstellungen der Nanai gibt es drei Weltbäume: einer am Himmel (auf ihm leben alle Seelen bis zur Geburt als federlose Entenküken); ein zweiter solcher Baum steht in der Unterwelt, im Reich der Toten; der dritte ist auf der Erde, und zwar ist es eine Birke, mit den Geräten für den Schamanen. Die Vögel sind an der Weltschöpfung beteiligt, stehen im Einklang mit dem All.

Es gibt noch ein Sujet der Felsbilder in Sakatschi-Aljan und ebenso in Scheremetjewo, das wir nicht übergehen dürfen und das ebenso charakteristisch ist wie die Wasservögel: es handelt sich um die Drachen.

Gemeinhin wurde der „Drakon" der Nanai-Kunst, der mythische Himmels- oder Wasserdrache, als eine Entlehnung aus der chinesischen Mythologie zugeordnet. Aber allein die Bezeichnung dieses Drachen weist seine tatsächliche Herkunft aus heimischer Quelle nach. Die Nanai benannten ihn nicht mit dem Fremdwort „long" (auch: lung), sondern mit ihrem ureigenen Terminus „mudur".

In der Volkskunst eines der Amurstämme gibt es das originelle Bild eines Riesendrachen, der in Sümpfen und Mooren haust, in der Taiga jedoch die Feuerspur eines Waldbrandes hinter sich läßt. Dieses schon in seinen Ausmaßen kosmische Bild ist dadurch erwähnenswert, weil sich in ihm anschaulich zwei Zyklen ineinander verflechten, die beide gleich alt und selbständig, also nicht aus China entlehnt sind.

Daß der Drache im Wasser lebt, weist darauf hin, daß dieser Mythos gleichen Ursprungs ist wie jener der Waldstämme Ostsibiriens, der Tungusen. Dort verrichtet ein Riesendrache zu Beginn des Werdens der Welt eine große Arbeit, um die Erde in Ordnung zu bringen. Der zweite Wesenszug des mythischen Drachen, seine Feuerspur, weist direkt auf seine sonnenhafte Natur. Er ist die Sonne selbst.

Dieses Element ist eindeutig südlicher Herkunft und steht mit einem bestimmten Komplex mythologischer Vorstellungen in organischer Verbindung. Sie führen uns in den Süden, ins Land der Ainu, und gehören, wie die von L. J. Sternberg gesammelten Fakten beweisen, zum Kreis der uralten Kosmogonie der Südländer, sind die Grundlage der Semantik ihres Krummlinienornaments, darunter der „Amurspirale“ und des „Amurgeflechts“.

Die wichtigste Rolle der Schlange[35] als wohltätiges, mächtiges Wesen im Weltbild der Amurstämme und der Udägei vom Ussuri läßt sich auch an anderen Beispielen ihrer Volkskunst beurteilen. Eines führt der Udägei-Schriftsteller Dschansi Kimonko an. In einer Erzählung von einer erfolgreichen Elchjagd schreibt er: „Bis zum Abend war die ganze Familie damit beschäftigt, daß die einen Fleisch schnitten, es räucherten, die anderen Fett schmolzen und es in Tschumaschki (Behälter aus Birkenrinde) gossen. Aus dem erstarrten Fett schnitt der Vater eine Schlange und legte sie in die größte Tschumaschka. ‚Warum das?‘ fragte ich. – ‚Damit sie unsere Beute beschütze‘, antwortete Dschansi Kimonkos Vater.“

Ein weiteres in Sakatschi-Aljan und Scheremetjewo vorgefundenes Sujet sind Boote. Um den Sinn sowohl der alten als auch der späteren mittelalterlichen Bootsdarstellungen zu verstehen, müssen wir uns gleichfalls den uralten Bräuchen der Nanai zuwenden.

B. A. Kuftin beobachtete am Amur, im Mündungsgebiet des Anjui, eine überaus interessante, „andsja“ genannte Zeremonie: „Sie wird von einem mächtigen Schamanen veranstaltet, um seine Schutzgeister zu besänftigen, und ist auch unter der Bezeichnung ‚unki‘ bekannt, das ist die festliche Zeremonie bei Antritt einer Reise. Zaubersprüche murmelnd, umschreitet der Schamane die Jurten. Während er das ganze Lager umrundet, nähert er sich dem für ihn vorbereiteten ‚Bat‘, einem kanuartigen Boot; er stellt sich aufrecht in dessen Mitte. Hinter diesem ‚Bat‘ stoßen noch einige Boote voll Menschen vom Ufer ab. Wenn er auf diese Weise das ganze Wohngebiet an der Anjuimündung umfahren hatte, kehrte der Schamane zu seiner Jurte zurück und schritt, ohne sich Rast zu gönnen, zur Opferdarbringung.“

Ähnliches sah L. von Schrenck viel früher, um die Mitte des 19. Jahrhunderts, bei den Giljaken am Amur. „Die Ungeduld, mit

[35] Die Begriffe „Schlange“ und „Drache“ werden fast wie Synonyme gebraucht.

der die Giljaken immer den Eisbruch erwarten, der den Fluß wieder belebt, ist verständlich", schreibt er. „Dieser Augenblick, der die Zeit des Fischfangs und verschiedener Verbindungen eröffnet, ist im Leben der Eingeborenen ein wichtiges Ereignis und wird von ihnen freudig begrüßt. Kaum ist der Fluß vom Eis befreit, werden in allen nur irgendwie bedeutenden Giljakendörfern große Boote ausgerüstet. In jedes steigen so viel Ruderer, als nur Platz haben. Flink gleiten die Boote über das Wasser, die Luft widerhallt von freudigen Schreien. Dem Fluß werden Geschenke dargebracht, man wirft Beeren, Getreide, Tabak und Stückchen gedörrten Fischs in seine Fluten. Einmal gelang es mir, ein solches Boot bei der Darbringung der Opfer zu beobachten. Das war am 14. (26.) Mai 1856[36], am Beginn meiner Rückreise von Nikolajewsko, zwischen den Dörfern Wajr und Mag. In einem ziemlich langen Boot saßen dreizehn Ruderer und ein Steuermann. Mit zwei Rudern ausgerüstet, saßen sie einer hinter dem andern und füllten das Boot ganz bis zum Bug. Über ihnen erhob sich, an Stangen vorn, hinten, in der Mitte und an zwei Querstangen befestigt, ein Aufbau. Die Menschen ruderten aus allen Kräften. Der Steuermann begleitete jeden Ruderschlag mit einer kräftigen Handbewegung. Wie ein Pfeil schoß das Boot an uns vorbei. Die Luft erbebte von wildem Geschrei."

Der Sinn der Zeremonie, die Schrenck und Kuftin beobachtet hatten, ist klar, es ist eine magische Zeremonie, die alle Nanai vor Not und Unglück, vor der Wirkung böser Kräfte bewahren sollte. Vielleicht hatten die mit Menschen vollgepfropften Boote auf den Felsbildern dasselbe Ziel und waren Darstellungen ähnlicher Bräuche. Daß die auf den Felsbildern dargestellten Boote mit ihrer großen Menschenfracht realen Hintergrund haben, läßt sich nach Unterlagen Sternbergs belegen: „Früher waren diese ‚Omorotschki' neun bis zehn Meter lang, hoben drei Sotnien[37] Lachse und faßten ganze Familien mit Hab und Gut", schreibt dieser Forscher über die Negidalen. Ein Zusammenhang mit dem Totenkult, mit der Überfuhr der Seelen ins Jenseits, wie bei den Völkern

[36] Julianischer (gregorianischer) Kalender.

[37] Eine „Sotnie": hundert Stück.

Südostasiens, wovon schon die Rede war, ist nicht auszuschließen. Jedenfalls macht eine Annahme die andere nicht unmöglich.

Die letzte und am besten vertretene Kategorie der Felszeichnungen von Sakatschi-Aljan sind anthropomorphe Darstellungen. Bei aufmerksamer, vergleichender Analyse ergeben sich wiederum Übereinstimmungen mit ethnographischen Materialien. Wir können hier von der Zeichnung Nr. 16 ausgehen, die ein menschenähnliches Gesicht darstellt, ziemlich einfach und realistisch ausgeführt, ohne ins Detail zu gehen, mit rhombischem Körper, ohne Hände, die Innenfläche des Gesichts mit parallelen Winkeln ornamental ausgefüllt. V. Dioszegi, ein Spezialist für das Schamanentum der sibirischen Völker, meinte, als ich ihm die Abbildung zeigte, daß sie am ehesten an die Figur „Seon" der Nanai erinnert, den Schutzpatron der Jagd, Girki-Aijami.

Nach der Beschreibung I. A. Lopatins stellt „das Idol dieses Seon ein längliches Brett von drei bis vier Werschok[38] dar, an dessen einem Ende Bilder neun gleicher Seons ausgeschnitten sind, darunter hängen an einer Schnur neun Darstellungen eines anderen Seon, deren Gesichter und Körper mit schwarzer und roter Farbe bemalt sind. Diese an einer Schnur baumelnden Seons sind Holzfigürchen mit rhombischem Kopf, dessen Stirnteil durch eine stark gezogene Quergrenze abgehoben ist. Der Rumpf der Seons ist ebenfalls rhombisch, und auf ihm sind von oben bis unten Winkel gezeichnet, die wie eine Wiedergabe von Rippen aussehen. Am Kopf befindet sich ein ohrenartiger Vorsprung für die Schnur, an der man die Figuren auffädelt. Der kleine rhombische Kopf und der rhombische Rumpf, die parallelen Winkel auf dem Rumpf dieser neun Seons, das Ornament auf dem Kopfteil wiederholt tatsächlich die Form der anthropomorphen Figur, die in Sakatschi-Aljan zu sehen ist.

Dieser Seon wird vom Jäger verfertigt, bevor er zur Jagd aufbricht. Er trägt dieses Idol in einem eigenen Futteral, und im Falle einer erfolglosen Jagd hängt er es bei einer Rast auf und betet unter Darbringung eines Opfers. Wird das Gebet erhört und verläuft darauf die Jagd erfolgreich, dann zeichnet der Jäger auf

[38] Ein „Werschok": 4,4 cm.

Abb. 28: Felszeichnungen aus Sakatschi-Aljan.

Papier oder ein Stück Fischhaut das Ebenbild des Byrka-Girki. Auf ihm ist in primitiver Weise der Seon Doontä dargestellt, über ihm Sonne und Sterne, an den Seiten zwei Drachen. Auf einer anderen Ansicht des Byrka-Girki ist Girki gezeichnet, an seinen Seiten neun Schlangen (kollja), über ihm die Sonne (siu), neun Vögel, neun Pferde (mori) und neun Menschlein. Diesem Seon werden Blut, Herz und Kopf eines erschlagenen wilden Tieres zum Opfer dargebracht."

P. P. Schimkjewitsch beschrieb den „Burchan Girki" folgendermaßen: „Der Heiligenschrein Girki des Burchan Nai besteht aus einem Brettchen mit neun Menschenköpfen, an die mit einer Schnur neun Girki in Form länglicher, nach unten zugespitzter Brettchen mit viereckigen Köpfen gehängt werden und die in schachbrettartigem Muster zweifarbig bemalt sind. In dieser Gestalt werden die Girki für gute Jagd im allgemeinen und für die Zobeljagd im besonderen ausgeführt; wenn das wilde Tier vor dem Jäger entflieht oder seinen gewohnten Wildwechsel verläßt und die Jagdfallen umgeht, dann ergreift der Golde, wenn er sich auf die Jagd begibt, den vom Schamanen angefertigten Girki, den er in einem eigenen Kästchen bei sich trägt und hängt diesen Burchan bei einer Ruhepause auf. Hat der Burchan dem Jäger geholfen und verlief die Jagd erfolgreich, dann läßt er diese Abbildung in seiner Fansa und zeichnet, wenn er heimkehrt, Byrka-Girki."

„Den Girka-Burchanen", fügt Schimkjewitsch hinzu, „bringt er Blut, Herz und Kopf eines geschlachteten Wildtieres zum Opfer; sie verbeugen sich vor ihm, knien nieder und versprechen, im Falle guter Jagdbeute noch mehr als beim Beten zu opfern."

Es gibt noch eine weitere, völlig unerwartete Übereinstimmung eines Sujets der Nanai-Folklore mit den Felszeichnungen: eine Tierfigur in Gestalt eines Pferdes, das eine Larve auf dem Rücken trägt. In einer der von P. Schimkjewitsch aufgeschriebenen Legenden („Sage vom Kopf") heißt es:

„In einer Fansa lebte der Kopf eines Mannes ohne Rumpf. Er lag immer auf der Pritsche. Es vergingen viele Jahre. Einmal lief ein Pferd zur Fansa, lief hinein, lief mehrmals im Kreis herum, blieb vor dem Kopf stehen und wieherte. Da begann der Kopf sich hin- und herzubewegen, hüpfte dann auf der Pritsche umher und

Abb. 29 und 30: Schamanenmasken aus der Sammlung des Chabarowsker Museums.

sprang auf den Rücken des Pferdes. Das Pferd wieherte abermals und eilte, mit dem Kopf auf dem Rücken, amurabwärts davon." Dann wird erzählt, wie das Pferd vor einer Fansa stehenbleibt, in der die „einsame Frau Amfudi-Amutscha" lebt, eine große Schamanin. Sie befiehlt dem Burchan, zum See zu gehen und den Kopf hineinzuwerfen, damit sich dieser zu einem Mann verwandle; allein der Kopf verschwindet im See. Dann verwandelt sich die Schamanin in eine Ente. Anschließend folgt eine lange Geschichte von den Abenteuern eines Märchenhelden Margo, in den sich zu guter Letzt der Kopf verwandelt hat.

Diese Zeichnung ist von allen ungewöhnlichen Felsbildern Sakatschi-Aljans die ungewöhnlichste. Mit klarer Absicht ist hier gleichzeitig eine Larve und ein Tier in der Gestalt eines Pferdes zusammengelegt. Es ist nicht daran zu zweifeln, daß hier die Maske eines anthropomorphen Wesens vorliegt, und zwar eines

Kopfes, keines Reiters. Die gleiche Entstehungszeit beider Darstellungen, die ein Ganzes bilden, wird durch die Einheit des Stils belegt. Ebenso wichtig ist, daß die Zeichnung mit einem ungewöhnlichen und in seiner Art einmaligen Mythos übereinstimmt. Man kann nur annehmen, daß entweder die Zeichnung als Illustration zu einem schon vorhandenen Mythos diente oder der Mythos als Erklärung zur Zeichnung entstand.

Zur Vervollständigung des Bildes wäre hinzuzufügen, daß der Mythos vom Schädel, der ohne Körper selbständig lebt, auch bei den Nachbarvölkern der Amurstämme vorkommt. Das beweist sein hohes Alter und seine tiefe historische Verankerung, aber offenbar auch konkrete kulturell-ethnische Kontakte und die gegenseitige Beeinflussung verschiedener Stämme in ältester Zeit. So gelang es mir, an der Unteren Lena eine farbenprächtige Erzählung vom Schädel eines berühmten alten Schamanen aufzuzeichnen. Nicht nur, daß der Schädel nicht zerstört wurde, als das Arangas-Gerüst, auf dem der Schamane einst bestattet worden war, verfaulte und einstürzte, er lebte auch noch tatkräftig weiter. Jede Nacht machte er sich auf zu einem benachbarten See, um Wasser zu trinken, und kehrte dann auf demselben Weg zurück. Der Erzähler behauptete sogar, man könne bis heute den Pfad sehen, der sich durch den Gang des Schädels zum See und zurück gebildet hatte.

W. G. Bogoras brachte eine Nacherzählung der tschukotischen Legende von einem Wunderschädel, der sich in einen Menschen wandelt: „Ein junges Mädchen fand in der Tundra einen Schädel und trug ihn heim. Sie steckte ihn in einen Sack, in dem sie ihre Sachen verwahrte. Von Zeit zu Zeit nahm sie ihn heraus und lächelte ihn an. Der Schädel lachte auch. Nach einiger Zeit wurde die Mutter des Mädchens auf das sonderbare Benehmen ihrer Tochter aufmerksam und erspähte den Schädel. Alle Familienmitglieder liefen voller Schreck vom Wohnort fort und überließen das Mädchen der Willkür des Schicksals. Vor dem Schädel stehend, begann das Mädchen zu weinen. Sie stieß ihn mit dem Fuß. Der Schädel ging fort auf die Suche nach seinem Körper und kehrte bald als schöner Jüngling wieder.“

Bei den übrigen anthropomorphen Darstellungen, die mit

Schamanenmythologie und Kult in Verbindung stehen, läßt sich keine so enge Verwandtschaft mit den Larven der Felszeichnungen feststellen. Bemerkenswert sind jedoch vor allem die zahlreichen anthropomorphen Abbildungen der Schamanengeister, der „Seons“, die einzeln und gruppenweise vorkommen. Ebenso wichtig sind dann die sich auf ihnen ständig wiederholenden stilistischen Besonderheiten, die charakteristischen Gestaltungsverfahren. So sind die Gesichter der Seon-Skulpturen gewöhnlich durch zwei breite, seitliche Schnitte geformt, die eine scharfe Längskante, die „Nase“, in zwei Teile trennt. An den Seiten dieser „Nase“ sind fast immer symmetrisch angeordnete kleine Augenhöhlen angedeutet. In vielen Fällen ist die Stirn durch einen Querwulst oder eine Kante vom Gesicht abgesetzt.

Diese Gliederung der Seon-Skulpturen hängt sicher mit der Holzschnitztechnik zusammen und erinnert an die überlieferte Gliederung der anthropomorphen Masken von Sakatschi-Aljan. Wollen wir solche Vergleiche ziehen, dann sind die traditionellen Gestaltungsverfahren des Kopfes und Kopfaufputzes der Nanai-Seons noch wichtiger. Am häufigsten hebt sich, wie gesagt, der obere Teil des Gesichtes besonders ab, hat die Form eines mehr oder weniger hohen Dreiecks und ist oft mit einer ganzen Serie von vertikalen Zacken ergänzt, die ihrerseits wiederum in kleinen Köpfchen enden. Ein derartiger Seon ist im Buch von Lopatin abgebildet. P. P. Schimkjewitsch nennt diesen Seon „Segämi“ (auch Segemi). Nach seinen Worten „hält man eine Gruppe Segämi-Burchanen für besonders schrecklich. Sie stellt die Unvernunft des Menschen dar, die Fallsucht und überhaupt alles, was von psychischer Zerrüttung und Krämpfen begleitet wird. Jeder Burchan, auf dessen Kopf vier bis fünf Burchane abgebildet sind, Adshecha und Butschtschi, trägt die Bezeichnung Segämi.“

Analoge Geisterdarstellungen gab es zu Schrencks Zeiten bei den Niwchen am Amur. Er spricht an einer Stelle von einem „gekauften Idol“, das einen Tschurban (Holzkopf) mit menschlichem Gesicht und einer Reihe von Zacken auf dem Scheitel darstelle. Jeder Zacken sei seinerseits als menschliches Antlitz ausgeführt.

Kopfputz und Aufsätze auf den Abbildungen der Amur-Seonen

erinnern wiederum lebhaft an die „Strahlen“ der Larven von Sakatschi-Aljan und bringen uns auf den Gedanken, daß es eine genetische Verbindung zwischen ihnen gibt, daß sie miteinander verwandt sind.

Auf ihre Art nicht weniger bedeutsam sind die charakteristischen Schamanenmasken der Nanai und Udägei, die, aus Holz geschnitzt und bemalt, anstelle des Bartes mit Fellstücken ergänzt sind. Nach Larkins Angaben „wurde die hölzerne Maske Kambaba nur von starken Schamanen benutzt, wenn sie sich auf die Suche nach der Seele eines Kranken begaben oder während der Reise der Seele eines Verstorbenen nach Buni. Wenn er das Gesicht mit der Maske bedeckt hatte, konnte der Schamane ungehindert und unerkannt ins Buni eindringen. Fiel die Maske aber auf irgendeine Weise vom Gesicht, so durfte er nicht mehr aus Buni zurückkehren und kam um. Die Udägei-Masken waren mit Bärenfell eingefaßt, die Vorderseite wurde mit Spiralmustern verziert; analoge Masken hatten die Nanai, und ihre Bestimmung war die gleiche.“

In der ethnographischen Sammlung des Chabarowsker Heimatmuseums gibt es zwei derartige Holzmasken. Ihr allgemeines Aussehen, besonders ihre farbigen, schwarzen und roten Spiralmuster, die wahrscheinlich Tätowierungen wiedergeben, wiederholen fast zur Gänze Form und Aussehen einiger Larven, die auf den Felsblöcken in Sakatschi-Aljan zu sehen sind. Bekanntlich sollen derartige Masken die Umwandlung des Schamanen in das auf ihnen abgebildete mythische Wesen oder in einen Geist bewirken. Daher ist die Übereinstimmung der Larven von Sakatschi-Aljan mit den Holzmasken der Schamanen völlig natürlich.

Noch eine Parallele der Petroglyphen mit den ethnographischen Unterlagen ist bemerkenswert: Bis heute besteht bei den Udägei und den Nanai der Brauch, die Fladen aus Maulbeermehl mit verschiedenen Ritzzeichnungen zoomorphen Charakters zu schmücken. Man zeichnete Frösche, Spiralen, Eidechsen und Schlangen. Die Udägei glauben, daß diese Bilder die fernen Ahnen symbolisieren, die ihren Anverwandten im Kampf mit den bösen Geistern Hilfe gewähren.

Eine detaillierte Analyse der Übereinstimmungen zwischen den

Abb. 31: Larven auf Felsbildern aus Nordwestkanada.

Petroglyphen auf der einen und den Gegenständen kultischer Kunst der Amurstämme auf der anderen Seite verstärkt auf diese Weise neuerdings den Gedanken von der Verwandtschaft und genetischen Verbindung der alten und gegenwärtigen ethnographischen Kunstformen des Amurgebiets. Diese Übereinstimmungen erlauben auch, dem Sinn der Felszeichnungen von Amur und Ussuri näherzukommen, der untrennbar mit der uralten Mythologie und dem Schamanentum verbunden ist. Überreste alter Religionen kamen fragmentarisch und stark entstellt in unsere Zeit, existierten in der ethnographischen Wirklichkeit des 19. und zu Beginn des 20. Jahrhunderts, wie sie Schrenck, Laufer, Sternberg, Lopatin, Schimkjewitsch und andere Völkerkundler sahen.

Es läßt sich natürlich nicht behaupten, daß im vorliegenden Fall die uralten Glaubensvorstellungen und die in ferner Vergangenheit geschaffenen künstlerischen Formen unversehrt oder auch nur einigermaßen vollständig und unverändert in unsere Zeit kamen. Seit der Jungsteinzeit gingen die Amurvölker einen langwierigen und komplizierten Weg der kulturellen Entfaltung, machten viele wichtige historische Erfahrungen und sogar größte Veränderungen durch. So fern auch die Stämme am Unterlauf des Amur den politischen Wirren waren, die am Mittleren Amur oder im Küstengebiet tobten – wo solche Reiche aufstiegen und untergingen wie das „eiserne“ Imperium Liao der Kidanen oder das „goldene“ der Jin[39] oder, noch vor ihnen, das Reich der Bohai, das durch seine hohe Kultur bekannt ist –, solche Veränderungen mußten sich in dieser oder jener Weise auf die Kultur dieser nördlichen Stämme, auf ihre Kunst auswirken.

Als eindrucksvolles Beispiel können die Felszeichnungen von Sakatschi-Aljan aus der Metallzeit dienen, in denen die Verbindungen der Mohe-Stämme mit den türkischen Völkerschaften Zentral- und Mittelasiens, den berittenen Kriegern und Pferdehirten der Steppenwelt, konkret zum Ausdruck kommen.

Daher ist die schon von Schrenck und Laufer gestellte Frage nach der Herkunft der Elemente, welche die Amurstämme von den späten Hochkulturen übernahmen, von großem Interesse. Natürlich hatte Laufer recht, wenn er sagte, daß es in der lokalhistorischen Ornamentik der Nanai Elemente gibt, die von außen übernommen wurden, z. B. Hahn, Fledermaus und vielleicht auch Fische. Tatsächlich finden sich im „Repertoire“ der Felsbilder keine Fische, keine Hähne und auch keine Fledermäuse. Man muß aber die Behauptungen Laufers und anderer Forscher ziemlich einschränken, die von der Nanai-Ornamentik schrieben, daß in ihr der Hahn einen besonders wichtigen Platz einnimmt. In Wirklichkeit erweisen sich einige der Vogelbilder, die als Figuren von Hähnen angesehen wurden, als stark ornamentalisierte Derivate der alten Darstellung von Schwan und Gans, die wir von den Felszeichnungen in Scheremetjewo kennen. Dies wird auch daraus klar, daß diese „Hähne“ der Nanai-Muster oft einen Fisch im Schnabel halten, was zu richtigen Hähnen ganz und gar nicht paßt.

[39] Jin 金 : Gold (gesprochen dschin).

Es gibt auch Beispiele von Überarbeitung der traditionellen Sujets, zum Beispiel des Bildes des mythischen Drachen Mudur im Stile der von außen übernommenen Modelle. Doch war eine solche Überarbeitung nur oberflächlich und berührte das Wesen des alten Bildes und seine Gestaltung nicht. So windet sich etwa der schuppige und bärtige Drache Mudur auf den Kultbildern der Nanai ebenso als Spirale wie die Drachen-Schlangen auf den Felsbildern von Sakatschi-Aljan. Interessant ist auch die Tatsache, daß im benachbarten China das Bild des Drachen in der Gestalt, wie er in spätmittelalterlicher Zeit dort dargestellt wurde, der archaischen Kunst der Epochen Zhou, Jin und Han fremd ist.

Es ist nicht ausgeschlossen, daß das „klassische" Bild des Drachen unter dem Kunsteinfluß der China benachbarten Stämme des Nordens und Ostens entstand. In deren Mythologie gab es seit eh und je die Vorstellung von verschiedenen Beherrschern des Elementes Wasser, das in Gestalt einer Riesenschlange, manchmal eines Fisches – wie z. B. der mythische „Ker-Balyk" bei den Altai – verkörpert wurde.

Außer den erwähnten Tier- und Vogelzeichnungen, die wir für entlehnt halten dürfen, gibt es, wie wir jetzt wissen, auch in der späteren Geschichte des Amurgebiets (17. bis 19. Jahrhundert), also während der Herrschaft des Mandschu-Reiches Qing (letzte Dynastie, 1644 bis 1912) in der benachbarten Mandschurei eine ganze Schicht von Nanai-Ornamentik, die einen sehr wichtigen Platz einnimmt. Es ist das Motiv der „laufenden Spirale" oder gewellten Linie, mit Pflanzenelementen umrankt, mit blatt- und blütenförmigen Schnörkeln. Die laufende Spirale und die gleichartige Welle wird bei den Nanai als beliebte Umrahmung jeder beliebigen Zeichnung angewendet, wie der am weitesten verbreitete, verzierte Saum an der Nationaltracht der Nanai-Frauen, der Chalat aus Fischhaut. Die Herkunft dieser Verzierung am Saum steht im Zusammenhang mit historischen Kontakten verhältnismäßig früher Zeit, und zwar frühestens Mitte des 1. Jahrtausends v. Chr. Wie die Forscher meinen, geht dieses Motiv auf die stilisierte Abbildung einer Weinrebe mit Blättern und Trauben zurück. Es hat sich aus dem antiken und frühmittelalterlichen Mittelmeerraum, wo seine Heimat ist, weit nach Osten ausgebreitet, kam schon zur Tang-Zeit nach China, ins fernöstliche Küstengebiet zur Zeit des Bohai-Reiches und nach Japan in der Blütezeit der mittelalterlichen Kultur der Nara-Epoche.

Warum dieses Motiv bei den Nanai so breite Anwendung und gewissermaßen eine zweite Heimat fand, wird klar, wenn man bedenkt, daß die Spirale und überhaupt die Krummlinienornamentik am Amur seit Urzeiten bestand. Die Ursache liegt also nicht in der Kraft und Tiefenwirkung des fremden Einflusses an sich, sondern darin, daß er auf den fruchtbaren Boden traditioneller nationaler Formen und auf das künstlerische Weltverständnis der örtlichen Stämme traf, erworben in jahrtausendelangem Bemühen. Wir müssen auch jene Annahme Laufers überprüfen, nach der namentlich in der Dschurdschenzeit der Einfluß solcher Motive fremdländischen Ursprungs auf die Ornamentik der fernöstlichen Stämme durch verstärkte Kontakte der Dschurdschen mit den Chinesen während der Eroberung Nordchinas hervorgerufen wurde. Ein solches Eindringen fand natürlich statt, aber – wie wir sahen – keineswegs in dem Ausmaß und der Intensität. Und schließlich wissen wir jetzt – und das ist besonders wichtig –, daß die Entdeckung der neolithischen Spirale und des „Geflechts" am Amur als erstes Glied einer logischen Kette andere neue Ideen und Hypothesen nach sich zog und zum Leben erweckte.

Oft lastet die herkömmliche Gegenüberstellung der alten Ackerbauern und der Jäger und Fischfänger wie eine Hypnose auf uns. Freilich, die Ackerbauern hatten mit der Zeit ihre Brüder, die unter ungünstigen natürlichen Bedingungen lebten, eindeutig überholt. Sie entwickelten ihre Produktionskräfte und gesellschaftlichen Beziehungen schneller. Doch auf der anderen Seite hatte auch der große Humanist unseres Jahrhunderts, Maxim Gorkij, recht, wenn er schrieb, daß die Kulturgeschichte die Jäger „beleidigte". Er meinte, diese hätten zu ihrer Zeit und in ihrer Art keine geringeren kulturellen Werte geschaffen, vor allem auf künstlerischem Gebiet. Nicht zufällig verschwand mit dem Untergang der frühen Lebensordnung der nomadisierenden Mammut- und Elchjäger auch die ausdrucksvolle, lebendig-realistische Kunst der Altsteinzeitmenschen.

Es ist daher nicht verwunderlich, daß es neben den Völkern der

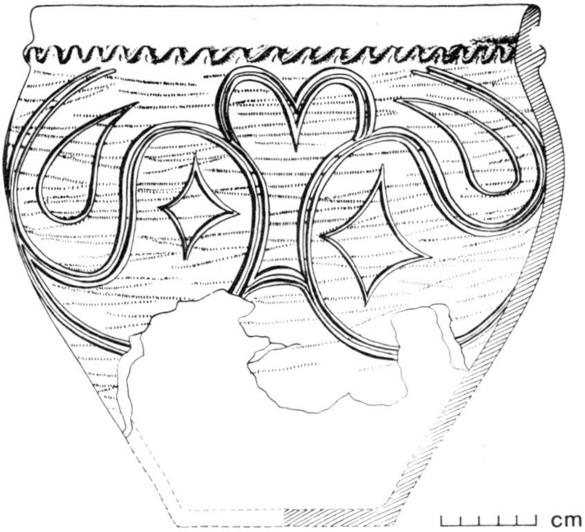

Abb. 32 (links): Spiralenverziertes Gefäß aus einer neolithischen Wohnstätte in Kondon.

Abb. 33 (rechts): Gefäß aus Niseko, Hokkaido (Japan).

ersten Ackerbauern ein anderes Land gab oder eigentlich nicht ein Land, sondern eine ganze Welt gleich alter und glänzender eigenständiger Kulturen, darunter jene des Amur. Das waren keineswegs „Barbaren", keine „Wilden" (wie sie chauvinistische Historiker in Vergangenheit und Gegenwart darstellten), sondern Menschen, die ihren vollwertigen und gleichberechtigten Beitrag zur Weltkultur leisteten. Sie waren im Lauf von Jahrtausenden die einzig souveränen Herren ihres Landes und ihres Schicksals. Schon in der Steinzeit gelangen ihnen Entdeckungen und Erfindungen, zum Beispiel Boote und nichtbrennbare Gefäße aus Birkenrinde, raffinierte Fischfangmethoden, darunter den ältesten Köder der Welt. Die aus dem Halbedelstein Nephrit hergestellten Köder fand man bei Komsomolsk am Amur und bei Blagoweschtschensk. Sie „spielen" auch jetzt im Wasser nicht schlechter als unsere metallenen.

Diese Errungenschaften erlaubten den fernen Ahnen der Amurstämme, die weiten Räume der Taiga zu entdecken und zu erschließen, die Seen und Flüsse der fernöstlichen Taiga. Wie wir sahen, bewahrte ihre reiche Kunst bis heute große Lebenskraft.

Und wer weiß, wie weit sich der Einfluß dieser Kunst nicht nur in der Zeit, sondern auch im Raum ausbreitete?

Jedenfalls ist die „Amurspirale", wie wir jetzt wissen, nicht jünger als die Spirale, die wir von der frühen Ackerbaukultur Yangshao im Huangho-Becken kennen. Die Spiral- und Krummlinienornamentik war insgesamt überhaupt die Leistung eines großen Kreises von Stämmen des pazifischen Raumes. Dazu zählen weit südlich des Amur lebende, solche der Inselwelt der Südsee, Polynesiens, Neuseelands, wo bei den Maori dieselbe Krummlinienornamentik üppig blühte.

In jeder allgemeinen Völkerkunde können wir die mit Spiralornamentik bedeckten tätowierten Gesichter der Maoriführer sehen, ebenso Götter und Ahnenstatuen, Architekturdetails aus Holz und verschiedene Gegenstände des Alltags, die mit sonderbaren und geradezu überschwenglichen Spiralmustern verziert sind. Ebenso wichtig ist, daß die Larven-Masken der Amurpetroglyphen, darunter die mit Spiralen ornamental ausgefüllten, in der gleichen Richtung nach Süden zu verfolgen sind, von der Amurmündung bis Australien. Wir kennen auch den Namen jener Gottheit, die in der Südsee mittels ähnlicher Larven abgebildet wurde: Make Make, der Weltschöpfer bei den Polynesiern, ihre oberste Gottheit und ihr „Kulturheld". Es ist dabei wesentlich, daß diese Gottheit in den Mythen ihrer Verehrer in Gestalt eines Schädels auftritt. So tauchen immer wieder Schädelmasken vor uns auf, die wir von den Basaltbrocken Sakatschi-Aljans kennen, von den Felsdarstellungen bei Scheremetjewo an den Ufern des Ussuri.

Die allgemeine Richtung der ältesten kulturellen Verbindungen, die in wahrlich undenkliche Zeiten zurückreichen, führt uns sozusagen zum Rand der ostasiatischen Landmasse, am Becken des Gelben Flusses (Huangho) vorbei in den Süden, die Inselkette des Stillen Ozeans entlang, die in weitem Bogen die Küste flankiert.

Im Tal des Flusses Huangho ist etwa Ähnliches wie die Larven-Maske nur von einem einzigen Ort, Ban Po, bekannt. Es handelt sich um ein völlig zufälliges, isoliertes Sujet, am wahrscheinlichsten um das Resultat des Einflusses von der Küste des Stillen Ozeans her. Dabei hat die Bezeichnung „Küste des Stillen Ozeans" eine noch weiter gesteckte Bedeutung: Jenseits des

Ozeans, entlang der Küste Nordamerikas, beginnend von Alaska, von der Insel Kodiak bis Britisch-Kolumbien, zur Insel Vancouver, sind Felszeichnungen verbreitet, die nach Technik, nach ihrer Lage auf den Felsblöcken der Küste und nach ihrem Inhalt denen am Amur unerwartet nahestehen.

Mancherorts finden sich hier Larven, auch schalenartige Steine und Partialmasken, identisch mit jenen von Sakatschi-Aljan! So wird der Stille Ozean gleichsam von zwei Klammern umfaßt: weite Bogen von Petroglyphen-Fundorten. Ja, wir können nicht nur von einer Amur-Ussuri-Provinz der Felsbilder sprechen, sondern von einem in seinen Ausmaßen ungeheuren pazifischen Gebiet von Felsbildern mit Masken. Es ist nicht auszuschließen, daß diese Ähnlichkeit der Felsbilder der nordamerikanischen Küste mit denen vom Amur ein neuer Beweis für uralte Kontakte zwischen Asien und Amerika ist. Dabei handelt es sich wiederum vorwiegend um Kontakte von Küste zu Küste, ohne daß die inneren Gebiete der beiden Kontinente Amerika und Asien berührt werden.

Was die eigentlichen Festlandgebiete Ostasiens betrifft, ist es klar, daß sowohl die Felsbilder des Amurtyps wie auch die Spirale der Weltansicht des archaischen China innerlich fremd waren. Die Spirale bildete in Chinas Kunst kein Grundelement, sondern ein entlehntes, dem frühesten Ackerbauern fremd. Sie sagte seinem Herzen und seinem Verstand nichts. Er hatte statt dessen andere, für ihn viel wichtigere Symbole der Fruchtbarkeitsmagie, die mit seinen Gedanken, Hoffnungen und Sehnsüchten, mit seinem Kampf um die Ernte in direktem Zusammenhang stehen. So sind zum Beispiel die Fische (Ban Po) mit ihren zahllosen Rogenkörnchen ein Symbol der Fruchtbarkeit, oder die Kürbisse, mit Samen zum Bersten gefüllt. Weder in den Mythen noch in der Volkskunst der Chinesen gibt es etwas, was helfen könnte, den für immer verwehten Sinn der Spirale zu entziffern, so fremd war sie ihrem ganzen künstlerischen Empfinden.

Am Amur hingegen lebte nicht nur die neolithische Spirale bis zur Gegenwart fort, sie behielt auch ihren ursprünglichen Sinn. Wie schon erwähnt, backen die Nanai bis heute ihre Fladen aus Maulbeermehl, auf die sie Spiralmuster prägen, wie auf den alten

Lebkuchen von Wjasma. Die Spiralenden sind deutlich als Schlangenköpfe gezeichnet.

Diese Schlangen auf den geweihten Broten der Nanai winden sich nicht zufällig. In den Mythen der sibirischen Völker war die Schlange keineswegs Symbol des Bösen, der Dunkelheit und des Todes. Sie war einst Abbild des Guten, einer wohltätigen Gottheit, des großen Sonnendrachen Mudur, des Beherrschers des Himmels und der Wasser. Ihm fiel, wie es in den naiven Legenden heißt, in der ursprünglichen Ordnung der Erde, die zu Beginn der Zeiten ganz mit Wasser bedeckt war, eine wichtige Rolle zu. Er, der weise und mächtige Drache der tungusischen Volkskunst, grub gemeinsam mit dem mythischen Mammut die Täler, in die er die Wasser der Flüsse leitete.

Die „Zusammenhänge über die Zeiten" sind auf diese Weise nicht endgültig unterbrochen. In der ethnographischen Kultur der Nanai und ihrer Nachbarstämme am Mittleren Amur kamen Spuren des fernsten Altertums auf uns, Relikte der Urkultur ihrer Ahnen. Und nicht nur Relikte, keine ungeformten Rudimente, keine toten Trümmer der uralten Kultur irgendeines spurlos verschwundenen Volkes. Die Lebenskraft dieser Kunst ist so, daß sie sich nicht nur erhielt, nicht nur die Jahrhunderte überdauerte, sondern als Wesenselement in die Kultur der Menschen unserer Zeit einging. Als unsere Expedition in der alten Nanai-Siedlung Kondon im Komsomolsker Bezirk des Chabarowskgebietes ankam, sahen wir im dortigen Volksmuseum einen Chalat, die Arbeit einer Nanai-Künstlerin. Ein breiter Schmucksaum zierte den Rock, eine geschmeidig gewundene Spirale lief wie eine Meereswelle über den Chalat.

Noch mehr bewegte uns die unerwartete Begegnung von Altem und Neuem am Bolon-See. Als wir am frühen Morgen aus dem Klassenzimmer einer Nanai-Schule heraustraten, in der wir in diesem kalten Spätherbst gastlich und gemütlich untergebracht waren, sah ich wieder die uralte Spirale: Ein kleines Nanai-Mädchen, das umherhüpfte und tanzte, zeichnete sie mit Kreide auf die Platten des Gehsteiges.

In Kondon wurden wir auch zu einem Volkskunstabend eingeladen. Im Haus des neuen Dorfklubs, dessen Wände von

Tannenpech dufteten, sahen wir als Wandschmuck die uns vertrauten Windungen der Amurspirale. Der Nanai-Künstler hatte das Klubhaus ebenso großzügig mit dem beliebten Muster ausgeschmückt wie die Nanai-Mädchen Kleidung und Gerätschaft.

Als wir dann am Morgen zu Erkundungen aufbrachen, entdeckten wir im Hof einer in Bau befindlichen Schule in der tiefen Baugrube, die ein Bulldozer ausgehoben hatte, eine Steinaxt und daneben ein zerdrücktes Gefäß, das mit der gleichen Nanai-Spirale verziert war wie die Wände des Dorfklubs.

In den Kondoner Steinzeitwohnstätten gab es auch Kohle. Die Radiokarbonanalyse ergab ein Alter von etwa 4520 + 60 v. Chr. In einer anderen, einer jüngeren neolithischen Siedlung beim Dorf Malyschewo – „auf dem Felsen" – lebten Menschen ungefähr tausend Jahre später, etwa um 3590 + 60 v. Chr.

Wir hatten also eine verläßliche Datierung der Nanai-Spirale erlangt, aber nicht nur dieser allein. Vor fast fünftausend Jahren begann die Anwendung der Nanai-Ornamentik und bildeten sich ihre Grundelemente heraus – nicht nur die Spirale, sondern zugleich das raffinierte Muster ineinandergeflochtener Streifen, das „Amurgeflecht".

Offensichtlich liegen die Quellen der künstlerischen Leistung der Nanai und ihrer Nachbarn nicht dort, wo sie Laufer suchte, nicht fern vom Amur, sondern im Amurgebiet selbst. Davon zeugen nicht nur das hohe Alter des „Amurgeflechts" und der Spirale im Fernen Osten, sondern noch besser und bestimmter der Umstand, daß diese Ornamentik ein Charakterzug des Neolithikums des Unteren Amur ist, der diese von allen anderen neolithischen Kulturen unterscheidet, die in den Nachbargebieten des asiatischen Kontinents bestanden. Die Spirale fehlt auf den jungsteinzeitlichen Funden des benachbarten Küstenlandes. Es gibt sie auch nicht in der neolithischen Ornamentik Koreas, auf Liao dong und in der östlichen Mongolei. Sie konnte daher nicht aus irgendeiner fremden Quelle über diese Gebiete an den Amur gelangt sein, etwa aus Tripolje in der Ukraine oder aus der Yangshao-Kultur im Tal des Huangho. Einer solchen Hypothese widersprechen die riesigen „leeren Räume", welche diese Gebiete vom Amur trennen und wo die Spirale nicht vorkommt.

Das einzige, was über kulturhistorische Kontakte der frühen Amurbevölkerung mit anderen Gebieten Asiens zu sagen ist, handelt vom Keramikschmuck der neolithischen Jômon-Kultur der Protoainu auf den Japanischen Inseln. So hat zum Beispiel ein Gefäß aus der neolithischen Siedlung Niseko auf Hokkaido zwei breite Horizontalgürtel aus Spiralen und die Form reinen Amurstils. Dieses Gefäß ist offenbar die Schöpfung eines alten Protoainu-Töpfers, der sich entschloß, ein Amurgefäß, das ihn beeindruckt hatte, nachzuahmen.

Interessant ist auch der Umstand, daß im frühen Jômon auf den Japanischen Inseln Gefäße in Eimerform oder konisch geschnittener Form weit verbreitet waren, die mit vertikalem Kamm-Punktmuster verziert waren. (Man erzeugte es mit einem Zahnrädchen oder einer gezackten Muschel.) Mit der Zeit verbreitete sich in der späten Etappe der Jômon-Kultur ein Ornament sehr stark, das die Spirale als Grundlage hat. All das ist ein Beweis der alten Kontakte zwischen den Protoainu einerseits und den Bewohnern des Amurgebiets anderseits. Dabei ist natürlich die Rede von Verbindungen und gegenseitiger Beeinflussung und Wirkung zweier gleich starker Kulturen und nicht vom Druck einer Kultur auf die andere.

Betrachten wir die gegenseitigen Beziehungen der alten Kulturen Nord- und Ostasiens in der Jungsteinzeit konkret, so können wir sie folgendermaßen zusammenfassen: Südlich und östlich der Gebiete, die von den Jägern und Fischfängern der Subarktis und Zentralasiens besiedelt waren und für welche Gefäße mit spitzem oder rundem Boden und mit Grübchen- oder Kammuster charakteristisch sind, lagen drei voneinander unabhängige, „gleichberechtigte“ Kulturkreise: der erste im Becken des Gelben Flusses. Dort entwickelte sich mit der Zeit die Kultur der ältesten protochinesischen Stämme.

Im Becken des Amur entsteht auf eigener, noch mesolithischer Basis (was die älteste Schicht der Felsbilder von Sakatschi-Aljan beweist) die reiche und glänzende Kultur des Amur-Neolithikums. Sie gehörte zu den alteingesessenen Stämmen, den Niwchen, Ultschen, Nanai und ihren Nachbarn und Verwandten.

Auf den Inseln des Japanischen Archipels entwickelt sich

Abb. 34: Geflochtenes Körbchen aus Kondon.

parallel die nach Alter und Kunstreichtum bedeutende Jômon-Kultur, die den Protoainu zugehörte, über deren Verbindungen mit dem Süden und ihre südliche Herkunft schon Sternberg überzeugend berichtete. Er nahm bekanntlich an, daß die Ainu in anthropologischer und kultureller Hinsicht mit den Australoiden der Südsee verwandt sind. Zweifellos befanden sich die alteingesessenen Amurstämme während eines bestimmten Abschnittes ihrer Geschichte lange in engem Kontakt mit den Trägern der Jômon-Kultur, den Protoainu. In diesem Zusammenhang verdient auch die Verbreitung der alten, wie ich glaube paläoasiatisch-neolithischen Kultur des Unteren Amur und der Nachbargebiete Beachtung.

Der erste solche Bezirk ist das Obere Amurgebiet, zwischen Chabarowsk und Blagoweschtschensk. Hier zeigen sich bemerkenswerte Funde von Steinwerkzeugen und Keramik unweit des Dorfes Wojkowo im Hebräischen Autonomen Gebiet, geschliffene Äxte und anderes. Diese Geräte sowie die Keramik stimmen ihrem Charakter nach völlig mit denen überein, die man in einem anderen Bezirk fand, nämlich in den neolithischen Siedlungen unterhalb von Chabarowsk. Die analogen Gegenstände sind: Gefäße mit vertikalem Kamm-Punktmuster in Zickzackform sowie auch mit Spirale verziert. Heimatforscher fanden sie in den zwanziger Jahren an der Krasnaja Retschka bei Chabarowsk.

Noch beachtlicher ist, was bei Ausgrabungen am linken Ufer des Ussuri im Dorf Scheremetjewo gefunden wurde, unweit der berühmten Felsbilder, die R. Maak und N. Alftan als erste beschrieben. Diese Funde zeigen besonders anschaulich, wer im Altertum im Becken des Ussuri wohnte und welche kulturellen Verbindungen diese Menschen zu anderen Gebieten des Fernen Ostens hatten.

Hier lag am Fuß eines hohen Berges, der sich beherrschend über den Fluß erhebt, eine neolithische Ansiedlung. In ihrer Kulturschicht sammelte man Gefäßfragmente vom Typus des Unteren Amur, mit Kamm-Punktmuster in Zickzackform und mit „Amurgeflecht", manchmal mit Farbspuren von rotem Ocker. Die Steinwerkzeuge sind durch einseitig konvexe, massive Dechsel vertreten, wie sie für die Besiedlung am Unteren Amur auf der Insel Sutschu bei Marijinsk charakteristisch sind. Dort wurden große, durchbohrte steinerne Streitkeulen für das Töten größerer Fische gefunden. Es gibt hier aber auch kleine, sorgfältig bearbeitete Werkzeuge aus Feuerstein.

Das ganze Ussurital war also von Stämmen der neolithischen Kultur des Unteren Amur besiedelt, von den uralten Paläoasiaten, den Vorfahren der späteren Niwchen, Ultschen und Nanai. Zum Verständnis der Urquellen des neolithischen Ornaments am Unteren Amur sowie zur Aufdeckung seiner inneren semantischen Gesetzmäßigkeiten ist nicht nur die Spirale interessant, sondern auch ihr zweites Grundelement, das „Amurgeflecht", an dessen besten Mustern man deutlich sieht, daß die ineinander verflochtenen Reliefstreifen die Maschen eines Netzes bilden. Was kann dem Fischer näher liegen als das Fischnetz?

Das ornamentale Netzgeflecht wiederholt also in stilisierter, ornamentalisierter Form ein richtiges Fischnetz! Eine ebenso klar umrissene Verbindung mit den Erscheinungen des Fischerlebens läßt sich auch an einem anderen, ebenfalls weitverbreiteten Schuppenmuster ersehen. Ihm mußte tatsächlich eine echte Fischschuppe als Vorlage gedient haben. Für die Fischer steht ein Muster senkrechter Zickzacklinien, das manchmal fälschlich „Tannenmuster" genannt wird, in ebenso gesetzmäßigem Zusammenhang mit der mütterlichen Erde.

Mit der gleichen Genauigkeit, mit der das „Geflecht" ein Netz wiedergibt, stellt die Zickzacklinie Wasserströmungen dar. Sie ruft die Bewegung des Wassers, die Dynamik von Flüssen und Bächen in Erinnerung.

Es ist auch nicht ausgeschlossen, daß das Zickzackornament seinen Ursprung in autochthoner Technik hatte, in der Flechttechnik zur Herstellung von Körben aus Weidenruten oder Wurzeln der Tanne und anderer Bäume. Auch die Flechtarbeiten auf den wunderbaren Nanai-Körbchen werden in diesem vertikalen Zickzackmuster hergestellt. Ein solches ist im Heimatmuseum von Kondon zu sehen. Auf den weitverbreiteten geflochtenen Tellern der Nanai tritt das Zickzackmuster hervor. Diese Teller gehören unzertrennlich zum Berufsleben der Amurfischer, auf ihnen breiteten sie die gekochten Fische aus, das „tägliche Brot" der Ureinwohner des Amurgebiets.

Alle diese charakteristischen Elemente der alten Amur-Ornamentik finden sich im Ornament der Ureinwohner des Ussuritales, bei den Nanai, Ultschen und Niwchen heute wieder zusammen.

Noch wichtiger ist, daß die Archäologie nicht nur den Zeitenzusammenhang beweist, die jahrtausendelange ununterbrochene Geschichte der Amurstämme, sondern auch die stufenweise Kulturentwicklung. In Wosnessenowka nahe der Chungari-Mündung sahen wir in der Abfolge neolithischer Schichten, wie die Spirale aus dem Mäander entsteht, wie sich das Kulturgut der alten Amurstämme ständig bereichert. Daraus ziehen wir noch einen wichtigen prinzipiellen Schluß: Die Völker des Amur und ihre Kultur wurzeln tief in ihrem eigenen Boden. Sie sind direkte Erben der eigenständigen und angesichts der konkreten historischen

Bedingungen auch hohen Kultur ihrer Vorfahren, der Schöpfer der Felsbilder von Sakatschi-Aljan.

Diese allgemeine Schlußfolgerung ist ein beredter Beweis gegen die Annahme, der Beitrag der Völker Nord- und Zentralasiens zur Weltkultur sei nicht allzu bedeutend und man könne die alte Teilung der Völker in „historische" und „außerhistorische" beibehalten. Diese Schlußfolgerung richtet sich auch gegen die Betrachtung des kulturhistorischen Prozesses vom Standpunkt des Europazentrismus und gegen dessen Antithese, den Asienzentrismus, der sich bemüht, einem einzigen Volk Asiens, nämlich dem chinesischen, die kulturelle Hegemonie in diesem Teil der Welt zuzuschreiben.

Vom Stein zum Metall

Die Epoche der Jungsteinzeit in Sibirien und im Fernen Osten ist durch wichtige Ereignisse und für jene Zeiten bedeutende kulturelle Errungenschaften der örtlichen Stämme gekennzeichnet. Wenn so viele interessante Fakten und Probleme mit der Erforschung der wahrhaft uralten Kulturen des Fernen Ostens verbunden sind, so ist es nicht minder interessant zu wissen, was späterhin im Fernen Osten, in der Metallzeit vor sich ging, als die neolithische Kultur ihr Ende fand, nachdem sie solche Blüte, solchen Glanz schon zwischen 3000 und 2000 vor Christus erreicht hatte.

Versiegten nicht etwa die schöpferischen Kräfte des fernöstlichen Landes, die diese Kultur nährten, drehte sich das Rad der Geschichte nicht zurück? Wir können jetzt sagen, daß uns auch die folgende kulturhistorische Etappe, die Metallzeit, ein ebenso glänzendes und vielgestaltiges Bild bietet. Es war die Zeit, in der neue Kulturen entstanden, sich Produktionskräfte entwickelten, große Veränderungen im ethnischen Bestand der nordasiatischen Bevölkerung vor sich gingen, deren Leben sich deutlich differenzierte. In diesen Räumen mit günstigsten geographischen und ökonomischen Voraussetzungen für eine progressive Entwicklung der sozialen Verhältnisse entstehen mit der Zeit die Klassengesellschaft und der Staat. Und so wie früher liefen alle diese komplizierten Prozesse hier selbständig ab, in ihren eigenen lokalen Formen, auf örtlicher Grundlage.

Neue Ausgrabungen auf der Halbinsel Pestschanij, wo früher

W. K. Arsenjew arbeitete, führten zu einer totalen Umkehrung der früheren, über hundert Jahre vertretenen Ansichten über die Entwicklungswege der Kultur der alten küstenländischen Bevölkerung.

Wie sich herausstellte, war die Sidemin-Kultur, die man für rein neolithisch gehalten hatte, nicht nur den Meeresjägern, Fischern und auf Fischverarbeitung spezialisierten Sammlern zu eigen, sondern auch den Viehzüchtern und Ackerbauern. Während sie ihre vielverzweigte, vielgestaltige Wirtschaft entwickelten, lernten sie unerwartet früh das Eisen, das Metall der neuen Ära, kennen. Nach den Resultaten der Radiokarbonanalyse treten eiserne Arbeitsgeräte hier sogar vor dem 9. Jahrhundert v. Chr. auf.

Zu dieser Zeit bestand am Amur die Uril-Kultur, so benannt nach dem ergiebigsten Fundort auf der Insel Urilsk in der Mündung des Flusses Uril.

Wie die Einwohner der Halbinsel Pestschanij, ein klassisches Beispiel der küstenländischen Sidemin-Kultur, kannten auch die Träger der Uril-Kultur das Eisen, aber Stein fand immer noch weite Verwendung bei der Herstellung größerer Arbeitsgeräte, rechtwinkeliger, flacher, quergeschliffener Äxte (Dechsel); auch für kleinere Werkzeuge verarbeiteten sie das alte und gegen Ende der Jungsteinzeit meistverwendete Mineral, den Obsidian, von bläulichgrauer und pechschwarzer Farbe. Auch der dunkelgraue Schiefer wurde gern benutzt und war das gebräuchlichste Material für Erntemesser, mit einem Loch, an dem man sie aufhängen konnte, auch für Dolche[40] und Klingen, die der Gestalt nach die Bronze-Originale der Karasuk- und Tagar-Formen wiederholen. Was die Uril-Kultur besonders eng mit der Sidemin-Kultur des Küstenlandes verbindet, ist die Keramik: rotglänzende, amphorenartige Gefäße mit engem Hals und weitem, manchmal fast kugelförmigen Körper. Sie wurden mit aufgeklebten, in charakteristischer Technik ausgeführten Rollen geschmückt. Zuerst wurden im rohen Ton enge Rillen angebracht und dann dünne Rollen eingefügt. Diese Technik ist nur in der Uril- und Sidemin-Kultur bekannt.

[40] Kinžaly = Kinschaly.

Abb. 35: Flechtmusterverzierung. Neolithikum. Gefäßfragment aus Kondon.

Weiters wurden zwei neue, deutlich unterschiedene Kulturen der „Mittleren Eisenzeit“ entdeckt. Im Gebiet von Wladiwostok und nördlich von ihm existierte die Chapigou-Kultur, für die Schalen auf einem Untersatz und hohe Gefäße mit Ohren charakteristisch sind – mit „Henkeln“ am Kragen. Nach der Radiokarbonanalyse der Funde in der Siedlung beim Dorf Beregowaja an der Meeresküste nördlich von Wladiwostok datierte man die Chapigou-Kultur schon in das 2. Jahrtausend v. Chr., als Schieferwerkzeuge gebräuchlich waren.

Mit der Zeit treten im früheren Verbreitungsgebiet der Chapigou-Kultur die Träger der für das Küstenland neuen Polzower Kultur auf. Das beweisen die Ergebnisse neuester Ausgrabungen im Küstenland bei Nachodka auf dem Hügel Bulotschka. Unmittelbar über einer Chapigou-Kultur-Schicht wurden dort Überreste einer Wohnstätte der Polzower Kultur mit der für sie charakteristischen Keramik und Resten einer Heizanlage des Kan-Typus gefunden.

Mit der Verbreitung dieser neuen Kultur standen auch wichtige Ereignisse in der Volks- und Kulturgeschichte des Fernen Ostens im Zusammenhang. Die erste Konfrontation mit der Polzower Kultur hatte ich 1935, in der Stadt Chabarowsk auf dem hohen, steilen Amurufer, wo jetzt das Gebäude des Amur-Sanatoriums steht. Wir sahen dort am Uferabhang große Fragmente eigenartiger, riesiger Gefäße, fast wie die antiken Pithosen oder die „Chumy" Zentralasiens. Um sie herum und in den Fragmenten lagen Menschenknochen. Das waren Reste der alten Grabstätte einer ungewöhnlichen Art; mit den Knochen eines Menschen, die in zwei Tongefäßen beigesetzt waren, die mit den Hälsen einander zugewandt lagen. Die Gefäße hatten eine ungewöhnliche Form: Hohe Vasen mit engem Hals, einer Bandverzierung parallel geschnittener Linien, mit breitem tellerartigem Oberrand.

Ebenfalls 1935 wurde ähnliche Keramik an mehreren anderen Stellen des Amurufers gesammelt, unter anderem auf dem hohen Malmysch-Hügel, der den Amur beherrschend überragt. Sie wurde in der unteren Kulturschicht einer Siedlung in der Bolschoj-Dural-Schlucht unterhalb von Nischne Tambowskoje gefunden, unterhalb des Berges, wo sich die in den Legenden des Unteren Amur weithin bekannten Felsen befinden: „Der versteinerte Jäger" und „Bär, Hund und Kessel" dieses mythischen Jägers.

In weiterer Folge wurde entsprechende Keramik im Küstenland auf der Senkinaja Schapka gefunden, im Suifun-Tal unweit von Ussurijsk. Wir wissen jetzt, daß sie für viele Siedlungen im Küstenland nördlich von Wladiwostok charakteristisch ist, aber auch für das Amurtal, sowohl für das Untere als auch insbesondere für das Mittlere. Am weitesten nördlich wurde Keramik der Polzower Kultur bei Ausgrabungen in Kondon gefunden, am Dewjatka-Fluß im Gebiet von Komsomolsk und in Komsomolsk am Amur selbst, auf der Piwanskaja Sopka.

Am stärksten ist sie offenbar im Lenin-Rayon des Hebräischen Autonomen Gebietes verbreitet, aber auch im Bezirk Chabarowsk. Dasselbe kann, zumindest teilweise, vom Küstenland gesagt werden, vom Gebiet nördlich von Wladiwostok: Fundorte sind z. B. die „Blauen Felsen" im Olginsk-Bezirk, eine Stelle namens „Poduschetschka" (Pölsterchen) unweit des Dorfes Nowoneschino. Die beste Vorstellung vom Reichtum der Polzower Keramik geben die umfangreichen Ausgrabungen beim Amur-Sanatorium beim Amur-Sanatorium in Chabarowsk und im Ort Polzo beim Dorf Kukelewo im Lenin-Rayon des Hebräischen Autonomen Gebietes.

Die Stämme der Polzower Kultur lebten in Ansiedlungen, die

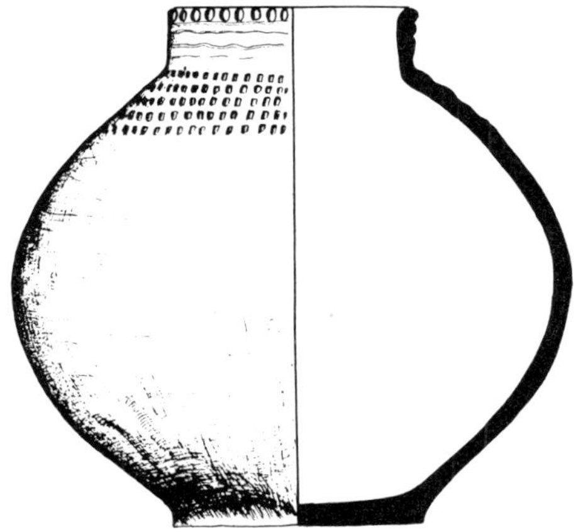

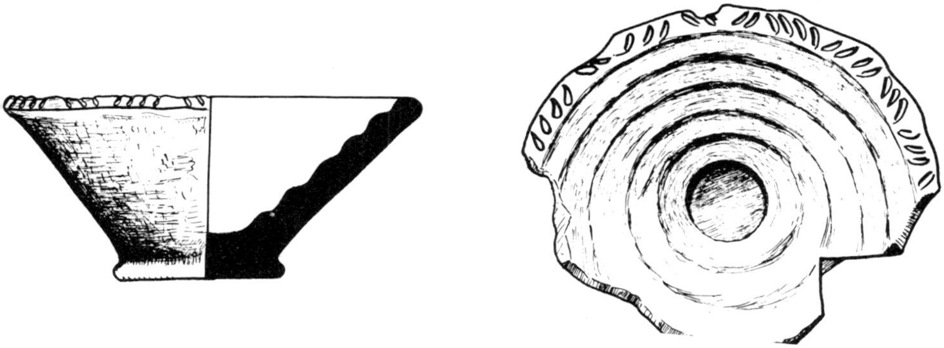

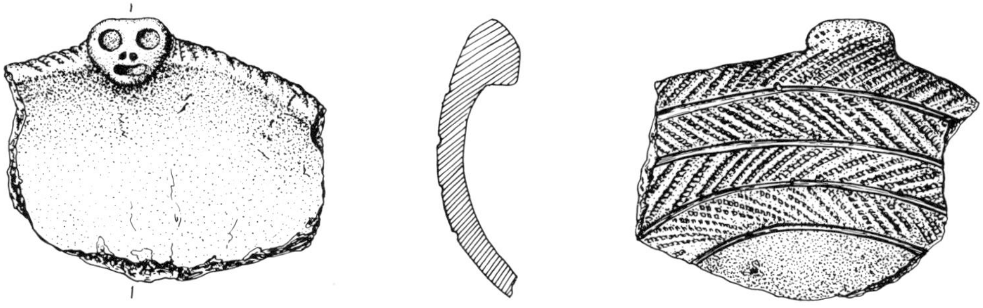

Abb. 36 (links oben): Gefäß der Polzower Kultur aus Kukelewo (Polzo) am Mittleren Amur.
Abb. 37 (rechts oben): Gefäß aus Kukelewo.
Abb. 38 (Mitte): Gefäßfragment aus Kukelewo.
Abb. 39 (unten): Gefäßfragment mit Larve aus Kukelewo.

wie auch früher aus großen, sich eng aneinanderschmiegenden Häusern, mit Wänden aus vertikal aufgestellten und wahrscheinlich mit Ruten umflochtenen Stangen bestanden. Im Inneren der Häuser finden sich manchmal die Reste verkohlter Bretter, auf denen die Menschen arbeiteten, aßen und schliefen.

Das Eisen gewinnt nun gegenüber dem Stein bei der Herstellung von Arbeitsgeräten endgültig die Oberhand. Aber neben den eisernen Pfeilspitzen von eigenständiger lokaler Form, den Spitzen der „Rückkehr"-Harpune, den Messern und aus Stahl gegossenen Kelten[41], den Äxten mit röhrenförmigem Ansatz, den sogenannten Tüllenbeilen, standen auch Pfeilspitzen aus Schiefer von charakteristischer Form, dreieckig, mit langgezogenen Rillen am Ende, in weiter Verwendung.

Die Siedlung Polzo-Kukelewo überrascht mit einer Fülle unversehrter Tongefäße. Die Keramik läßt sich in vier Gruppen teilen. Die erste zeigt große Gefäße, die in Umriß und Ornamentik die alten Uril-Traditionen fortsetzen. Sie haben einen „sphärischen", fast kugelförmigen Körper und dazu kontrastierend einen engen Hals, in den man kaum die Hand stecken kann. Ihr oberer Rand ist ungewöhnlich breit, oft fast wie ein Teller, darunter der schmale Hals, den tiefeingeschnittene parallele Linien wie ein breites Band umfassen. Das Ornament auf dem Gefäß ist gürtelartig angebracht: horizontale, angeklebte Röllchen, manchmal sehen sie wie Zäpfchen aus, häufig finden sich parallele Wellenlinien. In diesen Gefäßen wurden offenbar Getreide aufbewahrt.

Die zweite Gruppe umfaßt Gefäße „zylindrischer Form", d. h. gewöhnliche Küchentöpfe, oft mit einer Brandschicht bedeckt. Sie haben einen leicht verengten Hals und eine weite Öffnung.

Die dritte Gruppe enthält große, für sibirische Verhältnisse sogar riesige, schmale Gefäße von langgezogenen Proportionen, die ein wenig an unsere Metalleimer erinnern. Sie haben manchmal eine außen abgesetzte, trichterförmig erweiterte Kragenöffnung. Die Außenfläche ist fast immer mit pseudotextilen oder schachbrettartigen Abdrücken bedeckt. Diese brachte man mittels einer kleinen hölzernen Schaufel an, in die ein Netzmuster eingeschnitzt

[41] Kelt: Frühgeschichtliche Form des Beils.

war. Weiters hatten manche dieser „situlenartigen" Gefäße mit den Fingern angedrückte, umgürtende Zierrollen angebracht.

Die vierte Gruppe enthält weite Schalen des Phialen-Typus[42], häufig in Miniaturgröße. Die Außenfläche ist gewöhnlich mit dichten, symmetrischen Abdrücken der Fingerpolster geschmückt, dem sogenannten „Fingerornament" (oder „Fingermuster"), das wir auch auf den Gefäßen der anderen Gruppen wiederfinden.

Der allgemein seßhaften Lebensweise der Bewohner dieser Siedlungen, der Verschiedenartigkeit der großen und kleinen Tongefäße, entsprechen die Spuren des Ackerbaus: verkohlte Hirsekörner, die in beachtlicher Menge in mehreren Wohnstätten der Siedlung Polzo-Kukelewo lagen. Es steht außer Zweifel, daß der Ackerbau hier die Existenzgrundlage war; er wurde durch Schweinezucht ergänzt, wie Knochenfunde in den Behausungen zeigen. Jagd und Fischfang traten in untergeordneter Bedeutung hinzu.

Schmuck ist durch Ringe aus weißem Nephrit vertreten. Die Imitation dieser Ringe und Scheiben aus gebranntem Lehm, die zylindrischen „Perlen" aus gelbem Chalzedon, die tönernen Kopien von Anhängseln in „Beistrichform" des Magatam-Typus zeigen, daß dies besonders beliebter und hochgeschätzter Schmuck war.

Wer waren ihrer ethnischen Zugehörigkeit nach diese Menschen, die uns die Siedlungen der Polzower Kultur hinterließen, diese Stämme, deren Verbreitung vom heutigen Chabarowsk (chinesisch Boli) bis Wladiwostok (chinesisch Haishenwei) durch die Stratigraphie der Siedlungen auf dem Bulotschka-Hügel repräsentiert ist? Mit dieser Frage berühren wir ein großes historisches Problem, das die Gelehrten mindestens eineinhalb Jahrhunderte bewegte: Es handelt sich um das Problem der ethnischen Zugehörigkeit und der Beziehung jener alten Einwohner des Fernen Ostens, deren Namen in Chroniken auf uns kamen, zu den heutigen Völkern.

In den Chroniken wurden bekanntlich die ältesten Einwohner des Küstenlandes und der angrenzenden Gebiete der Mandschurei

[42] Phiale: Trinkschale.

Su-shen bzw. Suschenen genannt. Ihre Nachkommen müssen den Schriftquellen gemäß die Ilou-Stämme gewesen sein. Von ihnen geht nach Meinung vieler Forscher eine direkte Linie zu den Tungusisch sprechenden Mohe, von denen schon mehrfach die Rede war.

Von den Suschenen erhielt China in der frühesten Geschichte Kenntnis als Zeitgenossen der Yin-(Schang-) und Zhou-Kaiser, als Bewohner der Gebiete im Nordosten des eigentlichen China, der jetzigen Mandschurei und der benachbarten Länder des Fernen Ostens. Diese Verbindungen waren jedoch von episodenhafter Art und von kurzer Dauer, und die Chinesen hatten von den Suschenen nur sehr unklare Vorstellungen. In der „Bambuschronik" wird erzählt, daß sie 2225 v. Chr. dem legendären Kaiser Shun angeblich Bogen und Pfeile mit Steinspitzen zum Geschenk gemacht hätten.

Als die Zhou die Yin besiegten und die neue Dynastie errichteten, kamen sie erstmals mit den Suschenen in gewisse Berührung. 1122 v. Chr. schlug der Zhou-Herrscher Wu Wang in Henan (Honan) die Heere der Yin-Herrschaft und nahm einen größeren Teil ihres Territoriums in Besitz. Nach dem Sieg über die Yin „nahm Wu Wang Beziehungen mit neun östlichen Barbaren auf (jiu yi) und mit acht südlichen Barbaren (ba yi)". Damals kamen die Suschenen zu seinem Hof und brachten Pfeile mit steinernen Spitzen und Köcher aus Birnenholz zum Geschenk. Wu Wang befahl, in die Schäfte die Worte „Pfeil des Stammes Su-shen" einzugravieren, um dieses für ihn überraschende Ereignis der Erinnerung der Nachkommen zu bewahren.

Die Suschenen schickten dann Gesandte nach China, zur Zeit des Zhou-Herrschers Chen-Wang (1115 bis 1077), um dem Kaiser (und Himmelssohn) zur Thronbesteigung „zu gratulieren". Dies hängt nach Ansicht Posdnejews mit den Kriegszügen Chen-Wangs gegen die in Korea wohnenden und mit den Suschenen Krieg führenden Stämme zusammen.

Die Überlieferung erzählt weiter, daß Konfuzius von den Suschenen Kenntnis hatte: „Konfuzius war im Jahre 495 im Königreich Zhen, da fiel, während er einmal beim Herrscher frühstückte, ein Vogel auf die Terrasse, den jemand mit einem Pfeil

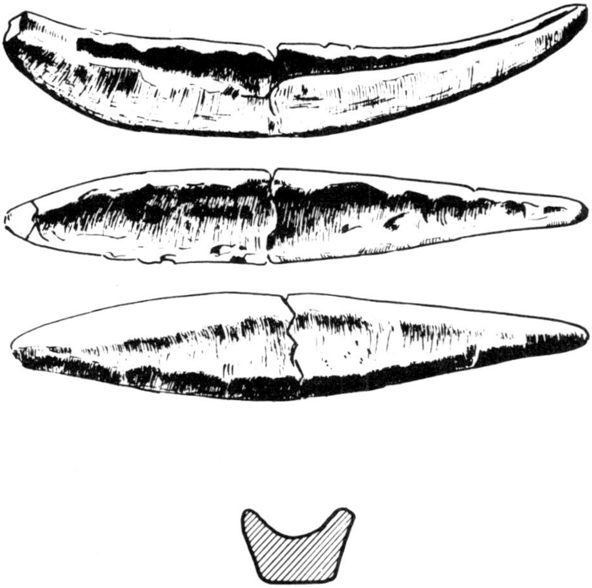

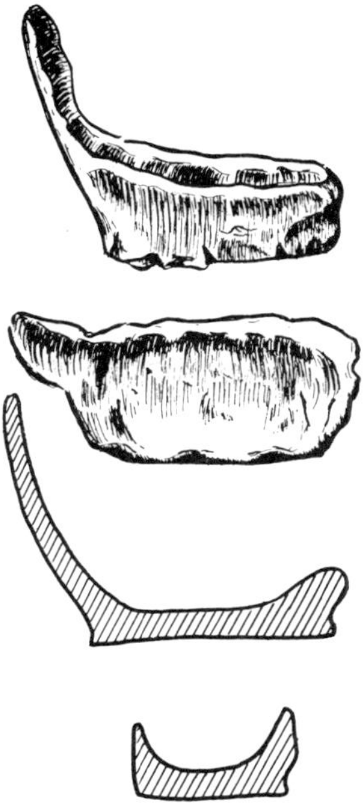

Abb. 40 (links): Tonmodell eines Bootes aus dem Amurgebiet.
Abb. 41 (rechts): Tonmodell einer Wiege aus dem Amurgebiet.

mit steinerner Spitze erschossen hatte. Als Konfuzius über das Land gefragt wurde, sagte er: ‚Der Vogel ist vom Geschlecht der Jagdfalken, das aus dem Suschenenland hervorging, und die Pfeilspitzen erinnern an das Rangemblem, mit welchem Kaiser Wu jenen Prinzen dekorierte, zu dessen Ehren er das Land Zhen in ein Königreich umgewandelt hatte.‘ Daraufhin wurde das königliche Arsenal durchsucht, und tatsächlich wurden dort die Pfeile gefunden, die als Reliquien verwahrt worden waren." W. Eberhard, der sich auf das Han-shu[43] beruft, führt dieselbe Geschichte an. „Etwa fünfhundert Jahre vor unserer Zeitrechnung", schreibt er, „fiel in Lu (Shandong bzw. ‚Schantung‘) ein Falke vom Himmel, durchbohrt von einem Pfeil des Baumes Hu mit steinerner Spitze. Konfuzius war der Meinung, daß dieser Vogel im Land der Suschenen abgeschossen wurde."

[43] Han-shu: das Geschichtswerk der Han-Dynastie, 1. Jh. n. Chr.

Diese Legende ist für die Bestimmung der tatsächlichen Beziehungen Chinas zu den Suschenen charakteristisch. Wie aus ihr zu ersehen ist, vermerkte Konfuzius nur zwei konkrete Fakten, die sich auf die Suschenen und ihr Land beziehen. Die erste Tatsache ist das Vorhandensein von Jagdfalken in ihrem Land. Bekanntlich rühmten sich die nördlichen Länder immer ihrer Jagdvögel. Wie wir weiter ersehen, waren es gerade die Jagdfalken, die eineinhalb Jahrtausende später, in der Dschurdschenzeit, die Abgesandten der Kidanen zu den Ufern des Großen Ozeans lockten, und am berühmten „Falkenweg", dem sie folgten, brachen nicht nur einmal harte und blutige Konflikte zwischen ihnen und den Dschurdschenstämmen aus. Die zweite Tatsache ist die Verwendung von Pfeilen mit Steinspitzen. Gerade solche Pfeile waren es wohl, welche die Suschenen den chinesischen Kaisern überbracht hatten.

Insgesamt ist hier das Land der Suschenen noch vom Nebel der Legende umschleiert; es wird mit einem auf wunderbare Weise aus unbekannter Ferne herbeigeflogenen Pfeil in Zusammenhang gebracht. Auch kann es kein Zufall sein, daß die Legende die Aussagen Konfuzius selbst in den Mund legt. Wenn sogar der größte Weise und Gelehrte Chinas von den Suschenen nichts Wesentliches berichten konnte, so bedeutet das wohl, daß die Chinesen von ihnen tatsächlich nicht mehr wußten. Indes befand sich das Land der Suschenen in engster Nachbarschaft mit jenem Gebiet, wo sich im Norden Chinas von 1122 bis 771 v. Chr. Ereignisse abspielten, die mit der Tätigkeit der Zhou-Stämme und ihrer Dynastien in Zusammenhang stehen. So sind im „Neuen historischen Atlas" Maria Penkalijs, in dem die Unterlagen verschiedener Quellen über den Fernen Osten sorgfältig zusammengetragen sind, die Su-shen-Stämme zwischen den Flüssen Yalu und Liao eingezeichnet, also im äußersten Nordwesten der Korea-Halbinsel. Darüber hinaus erstrecken sich laut diesem Atlas nach Nord und Ost riesige Räume, welche die „Tungiden" (Prototungusen) und „paläomongolischen Stämme" in Besitz haben.

Aus den Quellen geht hervor, daß weder die Chinesen der Zhou-Zeit und noch weniger jene der vorhergehenden Zeit mit diesen Stämmen je irgendwelche Kontakte hatten, sie kannten nicht einmal ihre Namen.

Was die Suschenen selbst betrifft, so waren sie, wie später gezeigt werden wird, höchstwahrscheinlich keine Tunguso-Mandschuren, sondern einer der damals zahlreichen paläoasiatischen Stämme, vielleicht den Niwchen (Giljaken) verwandt.

Im weiteren verschwinden die Suschenen als Völkerschaft von den Blättern der Annalen, in denen nur mehr vom alten Land der Suschenen geredet wird, wo diese einstmals wohnten. So werden im Jahre 254 n. Chr. angesichts der Ereignisse in Gaoli (Korea) interessante Dinge vom alten Land der Suschenen berichtet. In einer Schrift wird erzählt, daß in diesem Jahr der Führer des Stammes Gaogüli (Koguryo), Wei-gong, aufbegehrte und einen Angriff auf Liao-Xi (Liao-Hsi) unternahm. Der Herrscher Yüzhou Mu Qu-jiän schickte ihm den Heerführer Wan-ci (Wan-tsi) entgegen, „der ungefähr tausend Li durch Wo-ju zurücklegte, an die Südgrenze der Su-shen kam und auf einem Stein die Heldentaten des Kriegszugs einmeißelte“. Hier ist namentlich vom alten Land der Suschenen die Rede, da die damals dort wohnenden Stämme nicht mehr diese Bezeichnung trugen.

Die schwachen Verbindungen mit den Suschenen, sofern es solche überhaupt gab, wurden sofort nach Chen-Wang endgültig unterbrochen. „Dann wurde es für mehr als tausend Jahre nicht mehr erreicht, obwohl Qin und Han[44] existierten“, heißt es in einer Schrift der Wei-Dynastie[45].

In einer Handschrift der Jin-Dynastie wird im wesentlichen dasselbe erzählt: „Zur Zeit, als der Zhou Gong Fu Prinz (Wang) wurde, schickte man einen Abgesandten mit einer Grußbotschaft. Dann gab es für die Dauer von mehr als tausend Jahren in den düsteren Zeiten der Qin und Han keine Überreichung von Gastgeschenken mehr.“ Was aber geschah mit den Suschenen? Eines ist klar: auf sie folgten die Ilou, von denen sich in den

[44] Qin: Erstes Kaiserreich in China, 221 bis 206 v. Chr. 秦 : Ch'in, K'in, Tsch'in, heute Qin geschrieben. 汉 : Han, 206 v. Chr. bis 220 n. Chr.

[45] Siehe Fußnote 57.

Schriften schon genauere Angaben erhielten.[46] Dann folgten in der Geschichte der Mandschurei und des Fernen Ostens die Stämme Ugi (Wu-ji, Wu-tschi) oder Mohe (Mohä, Moho).

Nun tritt im chronologischen Abriß der Geschichte des Fernen Ostens und der benachbarten Mandschurei das Problem der Herkunft der tungusischen Stämme überhaupt in den Vordergrund, genauer das Problem des Entstehens der tunguso-mandschurischen Sprachgemeinschaft. Es geht im wesentlichen um folgendes: Die Völker und Stämme, die verwandte Sprachen der tunguso-mandschurischen Gruppe sprechen, waren noch in jüngster Zeit in den riesigen Räumen des asiatischen Kontinents zerstreut, von der Chinesischen Mauer bis hin zum Eismeer. Die Einheit ihrer Sprachen setzt natürlich auch die Einheit ihrer Herkunft voraus oder zumindest enge kulturhistorische Kontakte, in deren Verlauf die Sprache Gemeingut der anfänglich nicht verwandten Völker wurde.

Wo müssen wir also den ursprünglichen Entstehungsort der tunguso-mandschurischen Sprachengruppe suchen und ihrer Träger als ethnischer Einheit, als Vertreter eines bestimmten anthropologischen Typus und konkreter Kulturen? Wie verlief schließlich ihre weitere Geschichte, wie ging die Verbreitung dieser Sprachen in den ungeheuren Räumen vor sich?

Schon vor über hundert Jahren wurden die ersten Versuche unternommen, diese Fragen im Rahmen der noch weiter gesteckten Probleme der Herkunft und frühen ethnischen Geschichte der sibirischen Völker zu beantworten. Auf der Grundlage linguistischen Materials verfaßte M. A. Castrén schon in der ersten Hälfte des 19. Jahrhundert eine große ethnogenetische Konzeption, in der, wie es schien, alle Grundprobleme der ältesten Stammes-

[46] Man muß übrigens erwähnen, daß aus allem, was über die gegenseitigen Beziehungen Chinas und der Ilou-Stämme gesagt wird, doch die Tatsache deutlich hervortritt, es könne keine Rede von irgendeiner Abhängigkeit der Ilou von China sein. Die Ilou erscheinen in den Annalen als in vollem Ausmaß souveräne und unabhängige Stämme, voll Stolz auf ihre Freiheit und Selbständigkeit, was auch in der Haltung der chinesischen Kaiser zum Ausdruck kommt, die mit den Gesandten und „Fürsten" der Ilou wie Gleiche unter Gleichen verkehrten und in jeder Weise bemüht waren, Konflikte mit den kriegerischen Bewohnern des Nordens zu vermeiden.

Abb. 42: Rekonstruktion eines Kleidungsstücks, verziert mit Scheiben und Ringen aus weißem Nephrit. Angara, Glaskow-Zeit (2000 v. Chr.).

geschichte Sibiriens beantwortet wurden, darunter auch die der Geschichte der tungusischen Stämme. Castrén ging von der von ihm festgestellten Tatsache der Verwandschaft zwischen den türkischen, mongolischen, tungusischen und finno-ugrischen Sprachen aus. Diese bilden nach seiner Ansicht eine große Sprachfamilie, die uralo-altaische. Ähnlich den indoeuropäischen Sprachen, dachte Castrén, beruht diese Verwandschaft auf Einheit der Herkunft und geographischen Basis eines Urvolkes oder einer Ursippe. Die letztere sah Castrén im Altai. Er nahm eine Verwandtschaft der Türken, Finnen, Samojeden und sogar der Tungusen und Mandschuren an: „Die nächste Aufgabe der

Sprachwissenschaft muß natürlich die Feststellung einer Verwandtschaft zwischen Finnen und Tungusen über Vermittlung des samojedischen Stammes sein. Weiters geht ein Weg von den Tungusen zu den Mandschuren, und zu den Mongolen führen uns alle Wege, da mit ihnen offenbar Türken, Tungusen und auch die Mandschuren verwandt sind."

Der nächste Schritt bei der Erforschung der ethnogenetischen Probleme Sibiriens ist mit dem Namen eines hervorragenden Ethnographen und Anthropologen verknüpft, einem der Pioniere der wissenschaftlichen Eroberung des Fernen Ostens, Leopold von Schrenck. Zogen Castrén vor allem diejenigen Völker an, mit denen er unmittelbar zu tun hatte, nämlich die vorwiegend zwischen Ural und Baikal wohnenden, so konzentrierte Schrenck seine Aufmerksamkeit auf die Völker des Fernen Ostens. Das Studium dieser Völker führte ihn zu Schlußfolgerungen von großer Reichweite, die jenen Castréns nicht nachstanden.

Die ethnographische Karte Nordsibiriens stellt nach Schrencks Meinung etwas Ähnliches wie eine geologische Karte dar, auf der aus der Tiefe der Geschichte hintereinander Schichten verschiedener Perioden oder „Formationen" hervortreten. Diese lagerten sich im Zuge ständig abwechselnder ethnischer Wellen ab, eine Folge „mehrfach sich wiederholender Überschwemmungen", die von Zentralasien ausgingen. Die erste dieser Wellen bildeten die Paläoasiaten, die Ur-Asiaten, eine Masse verschiedensprachiger Stämme, Splittergruppen der ursprünglichen Bevölkerung der zentalasiatischen Steppen und Hochflächen. Einige der Paläoasiaten blieben seßhaft, und zwar um den Altai und am Jenissej. Hierher gehören die jennissejischen Keten-Ostjaken, aber auch die fast verschwundenen, tatarisierten Kotten, Arinen und Assanen.

Andere paläoasiatische, ursprünglich aus Zentralasien gekommene Stämme fanden sich am äußersten Nordrand des asiatischen Kontinents. Schrenck nannte sie nordöstliche Paläoasiaten. Das sind die Tschuktschen, Korjaken, Jukagiren. Die Ursache ihrer Wanderung vom Zentrum des asiatischen Kontinents an seine Peripherie – und das damit zusammenhängende Verschwinden der paläoasiatischen Stämme – war der Druck „stärkerer und lebenstüchtigerer Völker". „Die ständige Abdrängung der nördlichen paläoasiatischen Völker durch andere, wie finnische oder uralo-altaische, turktatarische, mongolische und tungusische Stämme begann", wie Schrenck fortführte, „wahrscheinlich in sehr früher Zeit und hielt lange an, wobei dieser Prozeß einmal schneller und dann wieder langsamer verlief. Einige dieser Wellenbewegungen erfolgten in historischer Zeit, andere erst in jüngster Vergangenheit."

Wenn also Castrén, vom sprachlichen Material ausgehend, den Ausgangspunkt der tungusischen Ethnogenese im Westen Sibiriens, im Sajan-Altai, sah, so war er für Schrenck, auf Grund ethnographischer Unterlagen, in Zentralasien zu suchen.

Ein anderes Bild von der ursprünglichen Ansiedlung der tungusischen Stämme zeichneten die Forscher, die sich mit dem Studium der mandschurischen Geschichte beschäftigten. Sie gingen von dem Umstand aus, daß laut chinesischen Schriftquellen die Mandschuren seit eh und je in der Mandschurei wohnten, im Land, das ihren Namen trägt. I. Sachárow stellte folgendes fest: „Die Heimat der mandschurischen Sprache ist das Land, das den östlichen Ausläufer Zentralasiens bildet und uns als Mandschurei bekannt ist. Seit Urzeiten lebte ein Volk an den Hängen der historischen Gebirge Guomin Shanyan Alin (chinesisch: Changboshan), vorwiegend an den südlichen Zuflüssen des Amurbeckens, an den Oberläufen der Flüsse Sungari ula, Churcha bira[47], Yalu und vielen anderen Zuflüssen, die an den Abhängen des Changboshan-Gebirgsrücken entspringen. Dieses Volk nahm verschiedene Bezeichnungen an, je nachdem, welches Geschlecht oder welcher Herrscher eines politischen Stammesverbandes sich durchsetzte, und es trat mehrmals auf der historischen Bühne auf."

Noch früher leitete J. Bitschurin völlig logisch auch die übrigen tungusosprachigen Stämme aus der Mandschurei her: „Die Tungusen haben seit alters das östliche Küstengebiet (Pomorje), vom Koreanischen Golf bis zum Großen Chingan-Gebirgszug[48], in Besitz; vom Jablonnyj-Gebirge drangen sie weiter nordwärts entlang den Flüssen Vitim, Olekma (sprich: Aljókma), Lena, Ilim

[47] In der Ewenken-Sprache: Fluß.

[48] Mongolisch: Ich Chingan, chinesisch: Daxing'anling Shanmo.

und den zwei Tunguskaflüssen; im Westen wurde ihr Gebiet von weiten Steppen und den Flüssen Girin-Ule, Non-Mureni und Argun begrenzt; von der Lena erstreckte es sich nicht weiter als bis zum Jenissej."

Die Ansicht, daß die Heimat aller tungusosprachigen Stämme, der Mandschuren selbst wie auch der nördlichen Tungusen sowie der mittelalterlichen Nüdschen (Dschurdschen) ein und dieselbe ist, machte sich Carl Hieckisch in seiner 1879 in St. Petersburg publizierten Dissertation, der ersten speziellen Monographie über die Tungusen überhaupt, vorbehaltslos zu eigen. So betitelt er auch ein Kapitel seines Buches über Siedlung und Herkunft der Tungusen: „. . . sie sind keine Aborigenier Sibieriens." C. Hiekkisch verteidigt diesen Standpunkt energisch und beruft sich auf seine Vorläufer Fischer, Parschin, Bitschurin und Castrén und polemisiert mit G. Müller, der noch in seiner „Sammlung russischer Geschichte" die Tungusen für die ursprünglichen Bewohner der Orte hält, die sie heute innehaben. Er ist auch mit Mordwinow nicht einer Meinung, der annimmt, daß die Tungusen die Jäger der Taiga sind, Nomaden, die sich völlig von den seßhaften Dauren-Stämmen unterscheiden, und daß diese nomadisierenden Jäger die Urbewohner Sibiriens sind, während die Daurer erst unter Peter I. nach Daurien kamen.

S. M. Schirokogorow, einer der bedeutendsten Erforscher der Vergangenheit und Kultur der Tungusenstämme, war bestrebt, in seinen Hypothesen die vermutete Urheimat der Tungusen noch weiter nach Süden und Osten zu verlegen. Seiner Ansicht nach befand sie sich im Becken des Gelben Flusses, von wo aus sich die Stämme in einem Migrationsprozeß in mehreren Wellen nach Norden und Westen ausbreiteten.

Die ersten Versuche, archäologisches Material zur Klärung der ethnischen Geschichte Sibiriens und des Fernen Ostens heranzuziehen, unternahmen I. S. Poljakow, L. J. Sternberg und einige japanische Forscher, Koganei, Tsuboi und insbesondere R. Torii. Die umfangreichsten Studien, wobei er nicht nur ethnographisches und archäologisches, sondern auch anthropologisches und linguistisches Material heranzog, führte L. Sternberg über die Bewohner der Japanischen Inseln und Sachalins durch, nämlich die Ainu. Das

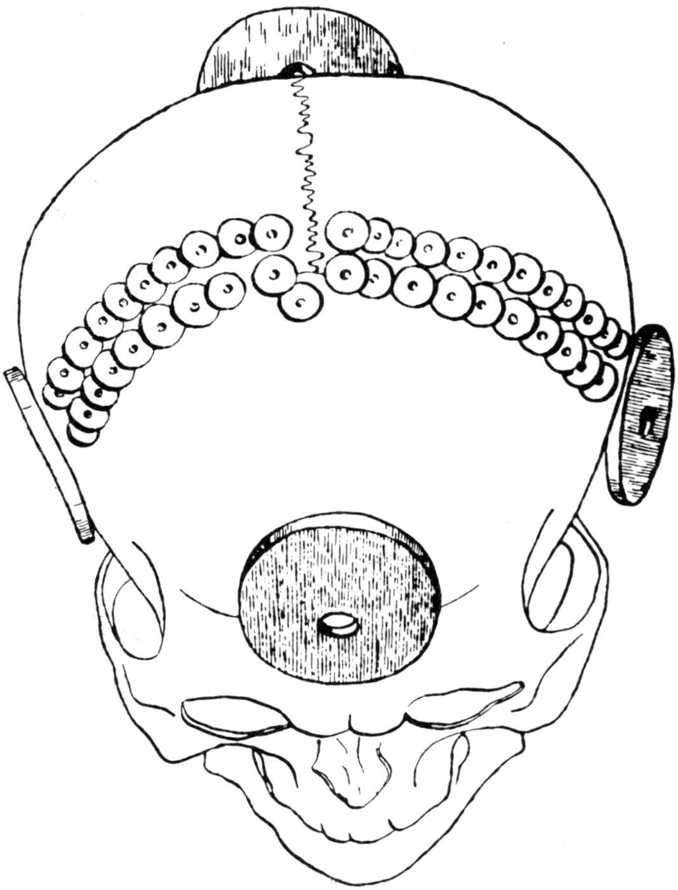

Abb. 43: Reste eines Kopfschmucks aus Angara, Glaskow-Zeit.

tunguso-mandschurische Problem aber blieb außerhalb von Sternbergs Betrachtung.

Eine wichtige Etappe in der Bearbeitung dieses ganzen Problemkomplexes bildete die Tagung über die Ethnogenese der Nordvölker, die auf Anregung des Instituts für die Geschichte der materiellen Kultur und Ethnographie 1941 in Moskau einberufen wurde. Hier wurden besonders zwei Meinungen vertreten. Die eine äußerte der Ethnograph A. M. Solotarjów. Er stützte sich auf die allgemeinen Sätze der stufenweisen Konzeption der „Glottogenese" und Ethnogenese N. J. Marrs. Die Bildung ethnischer Gemeinschaften war nach dieser Konzeption direkte Folge und

Ausdruck stufenweisen Fortschrittes in Wirtschaft und Gesellschaft. Solche ethnischen Bildungen wie die der Tschuktschen, Korjaken und Eskimos waren nach diesen Ansichten Produkt „einer Stufe des mittleren Neolithikums". Der zweite Standpunkt stand mit den Resultaten der neuen archäologischen Forschungen an Angara und Lena in Zusammenhang, die zu unerwarteten Ergebnissen führten.

Es zeigte sich, daß in der Jungsteinzeit und zu Beginn der Bronzezeit – in der Glaskowperiode vor etwa 3500 bis 4000 Jahren – an den Ufern des Baikalsees Stämme von Jägern und Fischern lebten, deren Kultur nach einer Reihe von Merkmalen mit jener verwandt oder gar analog war, welche die ersten gelehrten Reisenden an der Wende vom 17. zum 18. Jahrhundert bei den dortigen Urbewohnern, den Tungusen, beschrieben. Diese Kultur hielt sich auch während der folgenden zwei Jahrhunderte überraschend zäh und lebte bis zum Beginn des 20. Jahrhunderts im Baikalgebiet weiter. Zu ihren charakteristischen Elementen zählt die Kleidung, geprägt von solchen Details wie einem mit metallenen ursprünglich steinernen „Bracelettes" geschmückten Brustschurz, Scheiben und Ringen aus weißem Nephrit sowie einem Kopfschmuck in der Art eines Diadems. Aus dem Bereich der materiellen Kultur und des wirtschaftlichen Lebenskreises stammen Boote aus Birkenrinde (Berestjanka), Behausungen des Tschum-Zelt-Typs, mit Fellen und Birkenrinde bedeckt, tönerne Räuchergefäße, deren älteste, in die Serow-Zeit an der Angara datierte Muster aus Grabstätten an der Lena und Angara bekannt sind; schon vor zweihundert Jahren haben Ostsibirienreisende solche tönernen Räuchergefäße beschrieben. Eine Reihe ebenso bedeutungsvoller Übereinstimmungen der alten Kulturen der Jungsteinzeit und Glaskowzeit in der Baikal-Taiga mit der heutigen tungusischen Volkskunst lassen sich z. B. bei der geometrischen Ornamentik (Streifen aus geraden Linien, Verbindungen von langen vertikalen Linien und kurzen horizontalen Zickzacklinien) und bei mythologischen Sujets feststellen, die eine Analogie mit bestimmten Zügen des steinzeitlichen Bestattungsrituals aufweisen.

Die archäologischen Beobachtungen wurden durch ethnographische und linguistische Forschungen bestätigt und weiterentwickelt, insbesondere in den Arbeiten der Wissenschaftlerin G. M. Wassiljewitsch, die die Herkunft der Tungusen und ihrer Kultur in das Taigagebiet des Baikalraumes verlegt. Ihr verdanken wir die Periodisierung der kulturellen Evolution, deren erste Etappe die Wanderjagd in der Taiga darstellte. Dann folgte die Rentierzucht, und auf dieser Basis entstanden neue Kulturelemente der Prätungusen, die Veränderungen des Alltagslebens, der Wirtschaft, der geistigen und materiellen Kultur und in einem bestimmten Ausmaß auch der sozialen Beziehungen zur Folge hatten.

Die Hypothese von der Herkunft der Tungusen und ihrer Kultur aus dem Baikalraum wurde auch durch anthropologische Untersuchungen gestützt. J. J. Roginskij und G. F. Debec kamen unabhängig von den Ethnographen und Archäologen zu der Auffassung, daß die Tungusen in diesem Raum seit dem Beginn der Jungsteinzeit als physischer Typus autochthon sind. Die einmalige Kollektion neolithischer Schädel im Irkutsker Museum scheint diese Ansicht zu bestätigen.

Der Archäologe M. G. Lewin bekämpfte allerdings die erwähnte Hypothese; schon in den dreißiger Jahren hatte er im Schamanentum der Tungusen-Ewenken nördlich des Baikal den Schlangenkult beobachtet, der seiner Meinung nach aus südlichen Gegenden stammte. Er wies dann darauf hin, daß es eine solche Übereinstimmung des anthropologischen Typus der Tungusen unserer Zeit und der im Baikalgebiet bestatteten Bewohner einer Steinzeitsiedlung, von der seine Vorgänger in der Archäologie schrieben, gar nicht gibt. Außerdem zeigte Lewin auf, daß der Kleidertyp, den man bei den Funden aus der Glaskowzeit im Baikalraum feststellte, nicht nur für die Tungusen charakteristisch ist, sondern auch für andere ethnische Gruppen. Davon ausgehend meinte er weiter, daß die neolithische Baikalkultur nicht den Tungusen, sondern den Paläoasiaten zuzuschreiben sei. Lewin entzog sich allerdings einer genaueren Ortsbestimmung, mit der die ihrer Herkunft nach „südlichen Elemente“ in der Kultur der Tungusen in Verbindung gebracht werden können. Was den anthropologischen Typus der Tungusen betrifft, so wurde – nach seinen eigenen Schlußfolgerungen – ein Schädel, der alle wesentlichen Merkmale des tungusischen aufweist, in einer Höhle am Schilkafluß gefunden. Er lag neben knöchernen und steinernen Geräten und Schmuckgegenständen, die für die Jungsteinzeit und die Glaskowkultur des Baikal charakteristisch sind. Daraus folgt, daß die neolithische und frühe Bronzekultur Ostsibiriens den Ahnen der Tungusen keineswegs fremd war. Die zweite Schlußfolgerung, die sich aus den Funden jener Höhle ziehen ließ, war, daß das Entstehungsgebiet eines anthropologischen Typus und die Verbreitung einer für Neolithikum und Glaskowperiode an Angara und Lena charakteristischen Kultur auch den Oberlauf des Amur, das Becken der Schilka, umfaßt. Darin konnte man den Beweis sehen, daß die Vorfahren der Tungusen-Ewenken aus der Taiga kamen, und es erweiterte das Areal, in dem sich die Bildung des tungusischen Volkskomplexes vollzog.

Ebenso stellt sich die Frage nach der Herkunft der aufwendigen tungusischen Kleidung mit dem Längsschlitz vorne und dem Lenden- oder Brustschurz. Entgegen der Meinung M. G. Lewins ist diese insgesamt nur für die Tungusen und ihre nördlichen Nachbarn, die Jukagiren, kennzeichnend. Andere Beispiele, wie die in den Kurganen von Pasyryk gefundenen rituellen Kleidungsstücken, zeigen nur allgemeine Übereinstimmung. Außerdem sind die Pasyryker Funde viel jünger als die im Baikalgebiet. Es ist daher nicht ausgeschlossen, daß die Pasyryk-Stämme diese Ritualkleidung von ihren Nachbarn in der Taiga entlehnt haben, wie auch das Auftreten von Tungusen und Schamanen in ihrer Mitte möglich ist.

Wesentlich interessanter ist der Umstand, daß durch die Ausgrabungen an der Mittleren Lena, in jenem Gebiet, das in der fernen Stein- und Bronzezeit die Vorfahren der Paläoasiaten (Jukagiren) am ehesten besiedeln konnten, unerwartet Kleidungsreste mit Lendenschurz und Schlitz an der Vorderseite festgestellt wurden. Diese Kleidung unterscheidet sich grundlegend von jener der seßhaften Paläoasiaten Nordostasiens, der Tschuktschen und Korjaken, ist aus festem Material und bedeckt den Körper von allen Seiten mittels zweier Felle. Reste eines perlmutterbesetzten Schurzes, ein Gegenstück zu denen, die in den Glaskowgräbern an Lena und Angara gefunden wurden, fanden sich nahe der Mündung des Taigaflüßchens Itschtschiljach im Bezirk Schigansk (Žigansk).

Reste von Verzierungen des typischen Schurzes, dem Charakter nach rein tungusisch, entdeckte man auch am Unterlauf der Angara unterhalb von Bratsk. Diese beiden Beispiele beziehen sich aber auf Bezirke, wo sich seit jeher starke wechselseitige Beziehungen der örtlichen Bevölkerung und ihrer Kultur sowie der Taigabevölkerung des Baikal zeigte. Das Vorhandensein von Schurz und „Frack" mit dem Schlitz an der Vorderseite kann unter diesen Bedingungen die natürlichste und wahrscheinlichste Erklärung in diesen gemeinsamen Kontakten finden, um so mehr als beide Stämme ähnliche Wirtschaftsformen und gleiche Lebensweise hatten. Sie brauchten beide diese Kleidung, die dem unsteten Leben der Wanderjäger in Taiga und Waldtundra und der Fischer am besten angepaßt ist. Es ist auch möglich, daß diese geschlitzte Kleidung, die in der ostsibirischen Taiga schon vor dem Neolithikum, im oberen Paläolithikum, entstand, auf frühestem paläolithischen Urgrund beruht.

Zu Ende des oberen Paläolithikums vermerkt man im ganzen Raum Sibiriens die Ausbreitung einer völlig anderen Kultur als jene frühere in Mal'ta und Buret. Namentlich damals, am Ende der Altsteinzeit, bildet sich die ganze Lebensweise der Wanderjäger in ihrer Urform heraus. Ihr einziges Haustier war der Hund. Sie lebten in leichten, tragbaren Wohnzelten („Tschum"), von denen nur die Feuerstellen aus Platten und Steinen erhalten blieben.

Es ist nicht ausgeschlossen, daß gerade am Wendepunkt von der älteren Kultur der (im Winter) seßhaften Mammut-, Nashorn-, Wildpferd- und Rentierjäger zur neuen Kultur der Wanderjäger, die wilde Stiere und Pferde jagen, die Ansätze zur späteren offenen Kleidung mit Schurz entstanden. Gleichzeitig gab es andere Veränderungen auf dem Sektor der materiellen Kultur. Im Laufe der Zeit dringt diese Kultur offensichtlich über die Beringsee – und zwar im Gefolge einer der Besiedlungswellen aus Asien – nach Amerika. Als Ergebnis verbreitet sich in der Neuen Welt die von Goodmund Hatt durchforschte Kultur der „Schneeschuhjagd" mit allen für sie charakteristischen Grundelementen: Ski, Mokassins, leichte Kleidung aus Fellen, Wigwam. In der Eroberungsgeschichte der Arktis war dies eine neue Etappe, ein neues progressives Besiedlungsstadium im Leben der arktischen Länder und der Subarktis. Mit der Evolution dieser Kultur entstand die ganze ethnisch-kulturelle Welt, welche die Indianer des nordamerikanischen Kontinentes, bis zum Aufkommen des Ackerbaus, bilden; die Karibu-Eskimo repräsentieren sie am besten. Hier läßt sich eine Analogie zu den Jukagiren und Tungusen im Norden Asiens feststellen.

Der ethnographische Komplex, der einerseits für die Tungusenstämme des 18. und 19. Jahrhunderts, anderseits für die Baikalstämme der Jungsteinzeit und Bronzezeit charakteristisch ist, bleibt also für die Taiga auf alle Fälle von Anfang an erwiesen. Sie waren keineswegs „Südländer", wie M. G. Lewin meinte, sondern Nordvölker, urtümliche und ursprüngliche Bewohner der Sibirischen Taiga. Die Entstehung dieses Komplexes in den Tiefen des asiatischen Kontinents erwies sich im weltgeschichtlichen Ablauf der Steinzeit als eines ihrer wichtigsten Ereignisse. Von höchstem Interesse sind angesichts all dieser Feststellungen die archäologischen Denkmäler und die alten Kulturen dieses Territoriums, das traditionsgemäß nicht nur als Heimat der Mandschuren, sondern auch der nördlichen tungusischen, den Mandschuren der Sprache nach verwandten Stämmen galt: die Mandschurei.

Archäologische und ethnologische Untersuchungen zeigen mit aller Deutlichkeit, daß in der östlichen Mongolei sowie auf dem Territorium des sowjetischen Küsten- und Amurgebietes, in den weiten Räumen Ostasiens, nebeneinander seit alters selbständige lokale und voneinander unabhängige Kulturzentren bestanden.

Einer dieser Bereiche und Kulturherde war jener sogenannte „Nuklear-Rayon", wo sich die ältesten Chinesen und ihre nächsten Verwandten, die „Siniden", herausbildeten. Dieser „Rayon" selbst war zunächst relativ klein, und seine Bevölkerung erreichte ursprünglich keine solchen Ausmaße wie später zur Entstehungszeit der ersten Reiche Yin, Zhou und Han. Er war, wie chinesische ethnographische und archäologische Quellen beweisen, von anderen kulturell-ethnischen Gruppen umgeben; dies mochten tungusische und paläoasiatische Stämme wie auch „Prätürken" und „Prämongolen" gewesen sein.

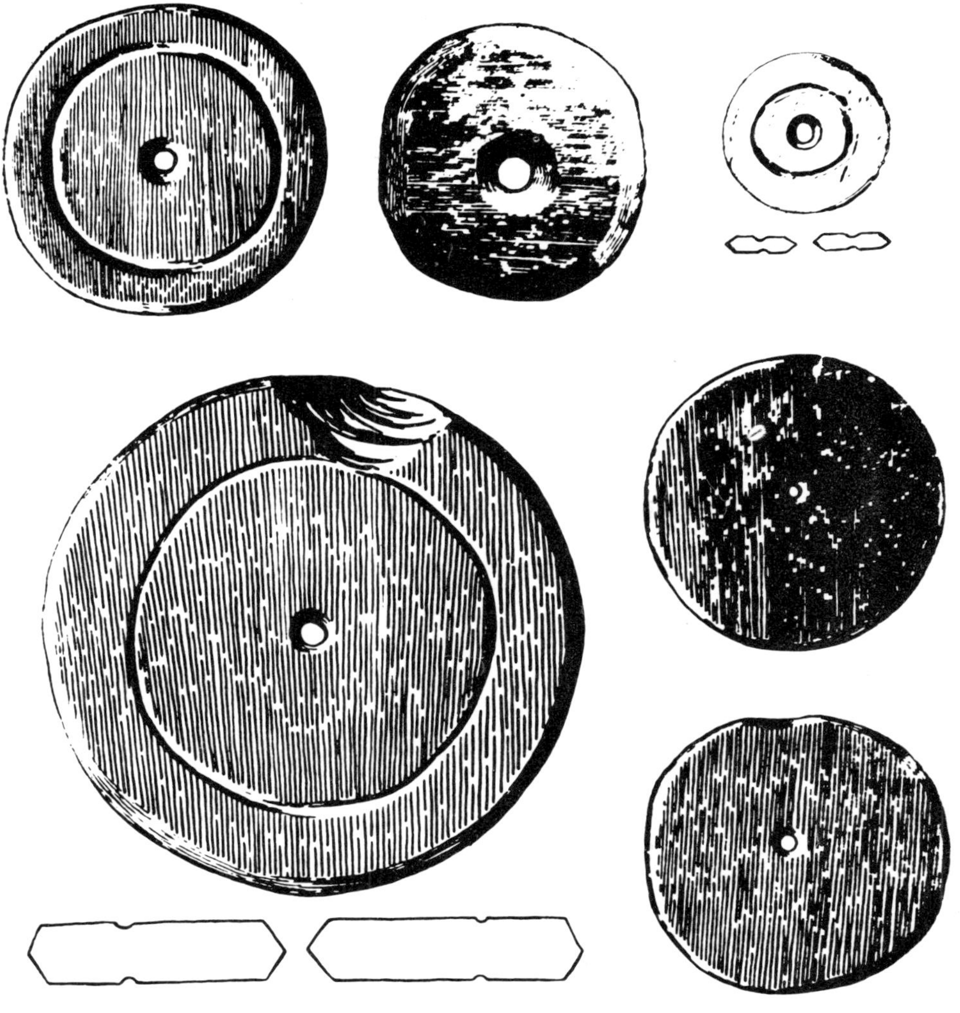

Abb. 44: „Halbfabrikate" aus Nephritwerkstätten im Baikalgebiet, Glaskow-Zeit.

Die Entstehung und weitere Entwicklung einer Ackerbaukultur im Becken des Gelben Flusses mit der für sie charakteristischen bemalten Keramik war das Ergebnis der Entwicklung von Produktionskräften nicht nur einer einzigen ethnischen Gruppe, sondern einer ganzen Anzahl von Stämmen verschiedener Herkunft. Zweifellos verlief dieser Prozeß unter dem progressiven

Einfluß anderer Länder, darunter des Vorderen Orients und Mittelasiens, wo schon 5000 v. Chr. lokale Ackerbaukulturen und die Kunst der Keramikmalerei entstanden.

Einer der wichtigsten Kulturherde, die weit nördlich und westlich des „Nuklear-Rayons", der ältesten chinesischen Zivilisation, existierten, wurde jetzt in der Mandschurei bekannt, in jenem Gebiet Ostasiens, das schon immer Stätte der Begegnung kultureller Einflüsse und lebhafter gegenseitiger ethnisch-kultureller Einwirkung von Völkern und Stämmen unterschiedlicher Herkunft war.

Von der Eigenart des kulturhistorischen Prozesses in der Mandschurei seit den ältesten Zeiten zeugen beredt solche Stätten wie die Höhle Shaguodong, die I. G. Anderson erforschte, aber auch die Siedlungen „der ersten vorgeschichtlichen Kultur" in Chifeng, die von japanischen Archäologen entdeckt und erforscht wurden, deren Arbeit chinesische Archäologen fortsetzten. Hierher gehören auch die Grabstätten, die aus „Plattengräbern", aus steinernen Kammern bestehen. Wie die Materialien der „Denkmäler der ersten vorgeschichtlichen Kultur" in Chifeng zeigen, wurde sie von Stämmen geschaffen, die sich schon auf hoher Entwicklungsstufe befanden und deren wirtschaftlicher Standard und materielle Kultur keinesfalls der benachbarten Yangshao-Kultur nachstanden. Diese Kultur war auch höchst originell, völlig eigenständig und stellt die Leistung von Menschen dar, deren wirtschaftliche Basis Ackerbau in Verbindung mit den Anfängen der Viehzucht war. Die Träger der ersten Chifeng-Kultur kannten die Keramikmalerei. Sie verbanden die Technik des Südens mit der des Nordens. Weite Anwendung fand bei ihnen die Technik des Abspaltens von Platten von einem prismatischen Nukleus, sie verstanden es, Steine mit allen für diese Zeiten vollkommenen Verfahren zu bearbeiten, was die Meister des Nordens, die Bewohner der Mongolei, des Baikalgebietes und Transbaikaliens sowie des übrigen Sibiriens zu virtuosem Können führte.

Die Menschen der Chifeng-Kultur gehörten einem tüchtigen und talentierten Volk an, das schon unter den Bedingungen der Steinzeit seine schöpferischen Kräfte, seine Fähigkeit zu selbständigem Schöpfertum in allen Bereichen des Lebens zu zeigen verstand. Im weiteren Verlauf, auf der zweiten Stufe der „vorgeschichtlichen Chifeng-Kultur", gingen ihre Träger vom Stein zum Metall über. Dabei ist wesentlich, daß zuerst die Bronzegeräte des Kelt-Typus aus den Gebieten der östlichen Mongolei und der Mandschurei die Formen der bronzenen Kelte wiederholen, die nicht nur für die Mongolei und Sibirien charakteristisch sind, sondern auch für das westsibirische, an Ural und Wolga liegende Gebiet. So sehen die in Lin-Xi (Linhsi) gefundenen Kelte aus, die genau die Formen der Sejmen- und Karasuk-Kelte wiederholen. Sie haben ein ovales Schaftloch, vorstehende rollenförmige Wülste, die den Kelt entlang dem Rand umfassen, sowie auch die charakteristischen Vorsprünge, die „Pseudo-Ohren". Die Bronzekultur entstand und entwickelte sich hier also unter dem direkten Einfluß der ersten Bronzezeitstämme Sibiriens, der Mongolei und Osteuropas.

Genauso interessant sind die eigenartigen Züge der ursprünglichen Ackerbaukultur in der Mandschurei und Ostmongolei. Noch auf dem Niveau der neolithischen Kultur, waren für sie zwei spezifische Geräte charakteristisch: steinerne Pflugscharen wie in Korea sowie segmentförmige und kahnförmige Getreidemühlen mit Mahlsteinen. Die einen wie die anderen sind für den „nuklearen Herd" der alten chinesischen Ackerbauzivilisation so untypisch, wie sie es für die ostmongolischen und mandschurischen Gebiete der Jungsteinzeit sind.

Der Beginn der Bodenbearbeitung mittels Pflug hängt mit Rinder- und Pferdezucht zusammen. Der frühgeschichtliche Ackerbauer ließ die schwere Zugarbeit von Ochsen und Pferden verrichten, und der Übergang von der Anwendung der eigenen Muskelkraft zur Anwendung der Zugkraft des Haustieres mußte sich zuerst dort vollzogen haben, wo sich Viehzucht und Ackerbau ausgebreitet hatten. Diesen Erfordernissen entspricht in vollem Maße die Ostmongolei, die an Zentralasien angrenzt und ein uraltes Viehzuchtgebiet ist. Zu der Zeit, als in Ostasien und den weiter südlich gelegenen Ländern im Altertum Fleischtiere (Hunde und Schweine) gezüchtet wurden, verbreitete sich hier in den fruchtbaren Niederungen ebenso früh die Pferde- und Rinderzucht. Gleichzeitig, sicher also schon in der Jungsteinzeit und frühen Bronzezeit, wird hier der Grundstein zu den komplexen Kulturen der ersten Ackerbauern gelegt, welche die Traditionen der jungsteinzeitlichen Landwirtschaft der Schweinezüchter Ostasiens mit den Traditionen der ersten Viehzüchter Zentralasiens verbanden.

Im Lichte dieser Fakten ist ein zweiter Aspekt des tungusischen Problems von besonderem Interesse, das mit den Mandschuren und ihrer Kultur im Zusammenhang steht.

Die Mandschuren sind seit frühester Zeit als Ackerbauern und Viehzüchter bekannt. Ihr beliebtestes Haustier war das Schwein, der Hirseanbau die Basis ihrer Landwirtschaft. Die Wurzeln von Ackerbau und Viehwirtschaft reichen zweifellos bis in die Chifeng- und Linxi-Steinzeit zurück, und die späteren mandschurischen Stämme setzten seit jenen Zeiten, da sie erstmalig in den Schriftquellen auftauchen, diese alten Produktions- und Wirtschaftstraditionen fort. Wenn also zur Formierung der ganzen Masse der tunguso-mandschurischen Völkergruppen, die weit über Sibirien verstreut sind, die Mandschuren die Grundlage bildeten und wenn ihre Heimat die Mandschurei war, so mußten ihrer kulturellen Gemeinschaft erste Elemente einer Ackerbauzivilisation und natürlich der frühen Schweinezucht zugrunde liegen.

Die südlichen Elemente, die auf die seßhafte Lebensweise des Ackerbauern hinweisen, mußten auch in der Kleidung der Tungusen zu finden sein, wo immer sie auftraten und in welch ethnischer Umgebung sie sich auch befanden.

In Wirklichkeit aber halten alle diese „südlichen" Elemente in der Kultur der Tungusen, die Schirokogorow und nach ihm die Anhänger der „Wiener kulturhistorischen Schule", namentlich W. Kopper, entdeckten, keiner Kritik stand. Wir können auch M. G. Lewin nicht zustimmen, wenn er einen solchen „südlichen Zug" im Schlangenkult der tungusischen Schamanen sieht, ist doch dieser Kult seit je in Sibirien weit verbreitet, beginnend vom Neolithikum Mal'tas bis zu den Tschuktschen des 19. Jahrhunderts, bei denen ihn W. G. Bogoras beschrieben hat.

Das gleiche ist von dem einzigen Argument zu sagen, das für die Annahme einer südlichen Heimat der Tungusen spricht, einem Argument aus dem religiösen Bereich, das Carl Hiekisch vor hundert Jahren anführen konnte. Er schrieb, daß der Himmelskult, insbesondere die Vorstellung einer „obersten Gottheit" Boa, von den Tungusen aus der chinesischen Staatsreligion entlehnt wurde, da er außerhalb der Welt des Ackerbaues nicht entstehen konnte. Tatsächlich ist jedoch der Himmels- und Sonnenkult eine allgemeine und charakteristische Erscheinung bei reinen Jägerstämmen wie zum Beispiel den Nganassanen. Der tungusische Sonnenkult hat jedenfalls nichts mit der „Staatsreligion" des alten China gemein.

Sollten deshalb nicht Forschungen mit anderer, entgegengesetzter Blickrichtung fruchtbarer sein? War nicht etwa die Taiga als Lebensraum das bestimmende, ursprüngliche Element der tungusischen Kultur? Bestimmend auch für jene Gruppe der Tungusen, die sich ja immer schon im Süden aufhielt, für die Mandschuren?

Hervorragende Bedeutung gewinnen in diesem Kontext die wesentlichen archäologischen Denkmäler der Nachbarterritorien der Mandschurei, das heißt Transbaikaliens, des Amurgebietes, insbesondere des Mittleren Amur, und zwar das Gebiet des jetzigen Blagoweschtschensk, sowie des Küstenlandes. Gerade hier, an der Grenze zwischen Taiga und Steppe, in der Zone der Amur-Prärien und der reichen Ussuri-Taiga – hier mußte sich der Prozeß der gegenseitigen Einwirkung der Süd- und Nordländer besonders stark ausgewirkt haben, und gerade hier mußten die nachhaltigen Spuren kulturell-ethnischer Kontakte, die im Zuge der Bildung jener ethnischen Gemeinschaft entstanden, nachweisbar sein. Die tunguso-mandschurischen Sprachen stellen dabei ein Hauptmerkmal dar. Die Suche nach stichhaltigen archäologischen Beweisen solcher Kontakte führt uns zu den Denkmälern der Polzower Kultur.

Unter den Gegenständen, die wir in einer Ansiedlung in Chabarowsk beim Amur-Sanatorium fanden, fielen drei ungewöhnliche Erzeugnisse aus Ton auf, die für die Geschichte der frühen völkischen und kulturellen Beziehungen am Amur eine besondere Bedeutung haben.

Der erste dieser Gegenstände ist das Modell eines kleinen knöchernen oder auch metallenen Schutzplättchens für den Daumen, wie es beim Bogenschießen von fast allen Waldstämmen Sibiriens verwendet wurde.

Als zweites fanden wir das Modell eines Bootes, das im wesentlichen ein Birkenrindenboot wiedergibt. Es hat symmetrisch sich verjüngende und leicht nach oben gebogene schmale Enden, eines davon abgebrochen. Der Boden ist leicht gewölbt. Solche Boote sind für die Taiga-Kultur der tunguso-mandschurischen Völker, der Ewenken, Nanai, Ultschen, Negidalen charakteristisch (und waren es offenbar in der Vergangenheit bei den Orotschen und Udägei). Auch die Jakuten verwenden das Birkenrindenboot, halten es aber für ewenkisch und nennen es „tongus tyyta" (tungusischer Kahn) oder „omuk ongotschato" (fremdes Boot). Die Ewenken ziehen es dem Hohlbaum vor. Für das Boot aus Birkenrinde haben alle tunguso-mandschurischen Völker einen gemeinsamen Terminus (die Ewenken nennen es „djaw", die Nanai „daschi", die Ultschen „sai", die Manegren „dsjan", die Mandschuren „dschaja"), was man von Bezeichnungen anderer Boote dieser Völkergruppe nicht sagen kann. Diese Boote entstanden unter den Lebensbedingungen der Taiga, ohne sie wäre die Bezwingung der kleinen, schnellen Flüsse sowie der Taiga-Seen unmöglich. Indem er das Birkenrindenboot auf die Schulter nahm, konnte der Jäger und Fischer der Taiga von See zu See, von Tal zu Tal wechseln.

Der dritte Gegenstand ist das Modell einer Kinderwiege. Auch sie gibt genau die Form der Wiegen wieder, die die Waldstämme der sibirischen Taiga verwenden, die nördlichen Tungusen, die jetzigen Rentierzüchter und früheren Wanderjäger. Sie hat gerade, hohe Wände und einen ovalen, flachen Boden; das hohe Rückenbrett ist separat angeklebt.

Über die Bedeutung der ersten zwei Gegenstände für die Kulturgeschichte der Amurstämme in der frühen Eisenzeit gibt es nur eine Meinung: sie sind für die Waldjäger, für die in Jahrtausenden entstandene Kultur der sibirischen Taiga charakteristisch. Dabei hat der zweite der aufgezählten Gegenstände, das Boot aus Birkenrinde, wie wir sahen, seine spezifische tungusische Ausprägung.

Im ethnogenetischen Sinn ist der dritte Gegenstand unserer

Kollektion noch wichtiger: das Wiegenmodell aus Ton. Wie völkerkundliche Untersuchungen zeigen, stellen die Wiegenformen einen der interessantesten Indikatoren für die ethnische Zugehörigkeit dar. Sie widerspiegeln die historischen Bedingungen, unter denen ihre Besitzer lebten, ihre Lebensweise, nationale Traditionen, künstlerisch-ästhetischen Geschmack und Gewohnheiten.

G. M. Wassiljewitsch widmete der Geschichte der tungusischen Wiege besondere Aufmerksamkeit und verfolgte ihren Entwicklungsgang in einer speziellen Untersuchung, wobei sie die Gesetzmäßigkeiten ihrer ständigen Veränderungen aufhellte. Die tungusische Wiege ist, wie Wassiljewitsch zeigte, dem unsteten Nomadenleben der Wanderjäger des Mesolithikums angepaßt. Sie wurde mit dem Übergang der Waldstämme von der Wanderjagd zur Rentierzucht vervollkommnet. Doch hielten sich zäh die ursprünglichen Konstruktionsumrisse und die Form, wodurch sich die tungusische Wiege von jener der türkisch-mongolischen Völker und der seßhaften Ackerbauvölker unterschied. Und gerade diese spezifischen Taiga-Züge weist die schematische, aber ganz bestimmte Form des tönernen Wiegenmodells aus Chabarowsk auf.

So zeigen sich – ungeachtet der landwirtschaftlichen Basis der Bevölkerung des Mittleren und Oberen Amur und des nördlichen Küstenlandes in der frühen Eisenzeit – in der eigentümlichen und für diese Zeit hohen Kultur in ihrem ethnischen Bild nicht nur „südliche", sondern auch nördliche Elemente aus der Taiga: Es wird die Verschmelzung der Ackerbau- und Jägerkultur und vielleicht auch schon der Kultur der Rentierzüchter sichtbar. Dabei dringen die nördlichen Elemente, wie wir am Beispiel des Wiegenmodells sahen, nicht nur in den Bereich der Wirtschaft, der Jagd und der Fortbewegungsmittel, sondern auch in einen so intimen Lebensbereich wie Kindererziehung und Säuglingspflege.

Daraus ergeben sich wichtige, rein historische Schlüsse: Schon Middendorf und vor ihm Schrenck, später Schirokogorow, stellten auf der Grundlage ethnographischen Materials fest, daß sich an den Ufern des Amur die Waldkultur der Tungusen mit jener der lokalen Urbevölkerung kreuzte; das Resultat dieser Begegnung bildeten die Amurstämme Nanai und Ultschen.

Heute können wir sagen, daß dieser Prozeß schon in der frühen Eisenzeit begann, als die Uril- und Polzow-Kulturen bestanden, wenn nicht noch früher. Sonst hätten wir hier in dieser für das Amurgebiet so charakteristischen Assemblage[49] von Gegenständen aus Chabarowsk nicht das Modell einer tungusischen Wiege und eines Bootes aus Birkenrinde zusammen mit einem Daumenschutz gefunden, wie ihn die Waldjäger beim Bogenschießen verwenden.

Der Prozeß der ethnischen und kulturellen Assimilation, der Verbreitung einer neuen Kultur in den weiten Räumen des Amur- und Küstengebietes, wurde durch Ereignisse vorbereitet, die schon in der vorangegangenen Uril-Etappe vor sich gingen, in der wir auch eine bestimmte Nivellierung der Kultur beobachten, wenn auch nicht in einer so umfassenden Weise. Vom Beginn der Nivellierung und in deren Folge von der Verbreitung gleicher ästhetischer Geschmacksrichtungen und schöpferischer Gewohnheiten, von der Annäherung früher einander fremder, isolierter Stämme in der „urilischen“ Zeit zeugen die oben angeführten Übereinstimmungen der Tongefäßformen sowie des Charakters und der Technik ihrer Verzierungen: Gefäße mit „sphärischem Bauch“, engem Hals und breitem, tellerförmigem Rand, rotem Schliff und in Rillen eingelegten Rollen. Dies alles war also das Charakteristikum der ersten Etappe der Eisenzeit am Mittleren und Unteren Amur.

Es folgt eine zweite Etappe, die mit der Epoche der ausschließlichen Verwendung des Eisens am Amur und im Küstenland zusammenfällt. Im Küstenland vermerken wir zu dieser Zeit die Ablösung der Sidemin-Kultur durch die Chapigou-Kultur, an deren Ende völlig chronologisch die Kultur des Polzower Typs anschließt. Ihre Entwicklungsrichtung geht von Nord nach Süd, aus dem Amurbecken ins Küstenland.

Was das Amurgebiet betrifft, so wurden die verschiedenartigen und verschiedenstämmigen Kulturen der vorausgehenden Epoche endgültig von einer neuen ethnisch-kulturellen Gemeinschaft

[49] Damit bezeichnet der Archäologe Gegenstände an einem Fundort in einem gewissen Zusammenhang nach Zweck oder Stil.

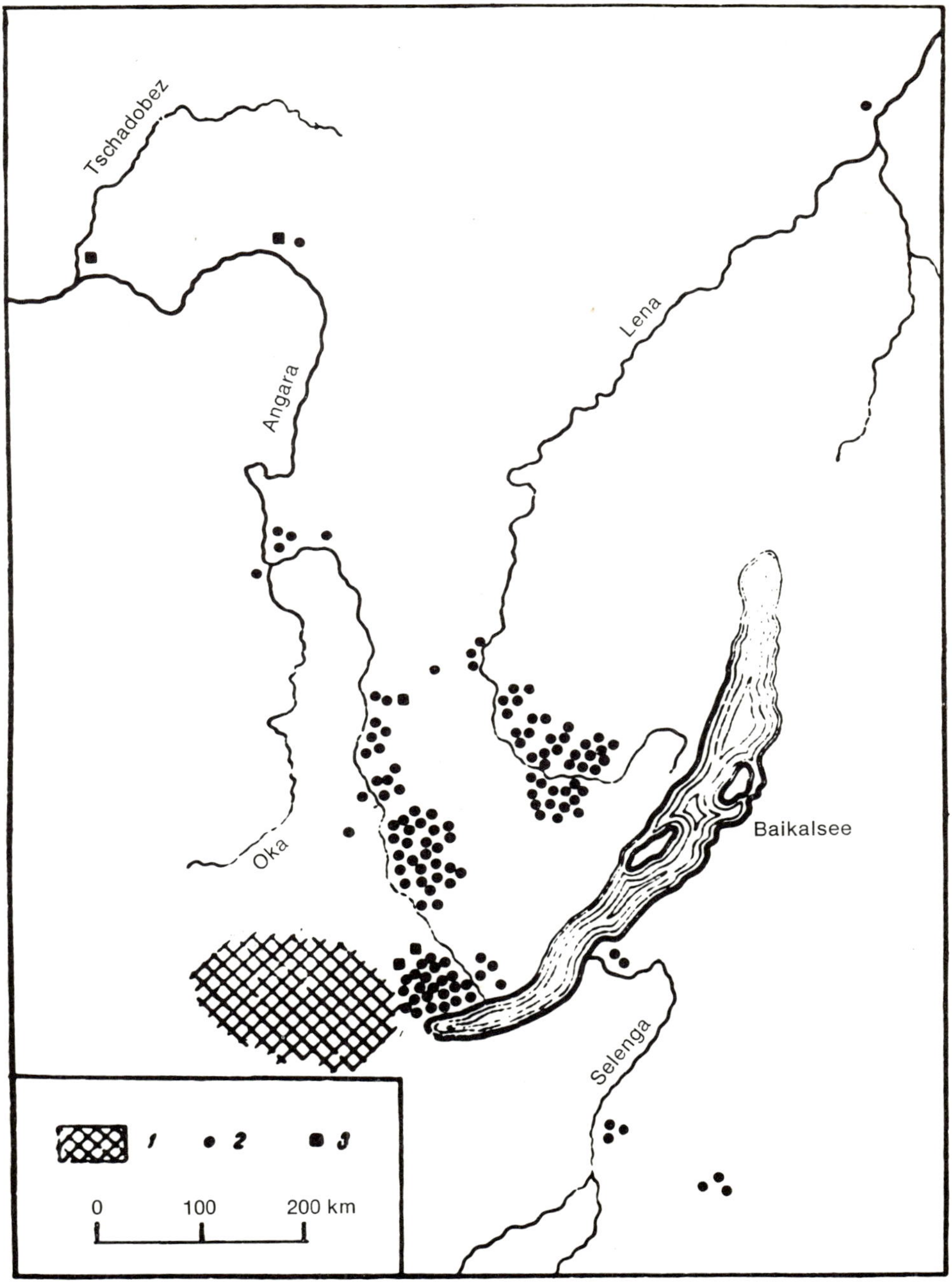

Abb. 45: Karte der Fundorte von weißem Nephrit bzw. Nephritgegenständen im Gebiet des Baikalsees und an den Flüssen Lena und Angara.

überdeckt und geeint. Dies geschah, als die Siedlungen, für die solche Denkmäler wie Polzo-Kukelewo oder Chabarowsk hervorstechend sind, ihre Blüte erlebten. Die plötzliche und überraschend weite Verbreitung der im Grunde einförmigen Kultur des Polzo-Chabarowsk-Typus von Blagoweschtschensk bis Ussurijsk, die alle früheren lokalen Varianten überdeckte, zeugt nicht nur von einer kulturellen Expansion: Es verbreiteten sich die Tongefäße oder Ornamente offenbar nicht allein, sondern auch die Menschen, die ihre Gefäße nach überlieferten Mustern und bestimmtem Standard erzeugten und schmückten. Das war offensichtlich die Expansion, die eine „neue ethnische Formation, eine neue Völkerschaft und neue Kultur“ am Amur bildete, um uns mit den Worten L. J. Schrencks auszudrücken. Von prinzipieller Bedeutung ist dabei, daß Durchdringung und Nivellierung der Kulturen in bestimmten Grenzen verlief, im Amurtal und südlich davon, jedoch das nördliche Taigagebiet nicht erfaßte, wohin keine südlichen Elemente drangen. Zumindest bis zur Mohe-Zeit sehen wir am Oberen Amur und noch weiter nach Norden am archäologischen Material keinerlei Anzeichen südlichen Einflusses. Im Gegenteil, im Süden, im Amurtal und bei Chabarowsk zeigt das Inventar der Polzow-Kultur solche typischen Merkmale nördlicher Kultur wie die tungusische Holzwiege, den Daumenschutz für den Bogenschützen und das Boot aus Birkenrinde.

Diese Schlußfolgerung wird durch völkerkundliches Material belegt: durch jene Wiegen, die als zuverlässiger und spezifischer Indikator der ethnischen und kulturellen Verbindungen dienen. Wie ethnologische Untersuchungen zeigen, hielt sich in Nordostchina, im alten Land der Mandschuren, bis heute als Relikt der Frühkultur der Urbewohner hartnäckig jene hölzerne Wiege, die dem Typ nach tungusisch ist. Sogar spätere chinesische Einwanderer übernahmen sie von der einheimischen Bevölkerung.

Als wertvoller Hinweis uralter völkischer Beziehungen können auch die Resultate der anthropologischen Untersuchung der Amurstämme dienen. Bei ihnen findet sich, wie M. G. Lewin feststellte, ein Einschlag des anthropologischen Baikaltyps. Zur gleichen Zeit aber gibt es bei den tungusischen Stämmen Ostsibiriens keinerlei Anzeichen jenes fernöstlichen Typs, der für das

Amur- und Küstenland charakteristisch ist. Das heißt, entgegen den Ansichten M. G. Lewins drangen die Nordländer nach Süden vor und nicht umgekehrt.

Es gab also keinen Einbruch von Südländern in den Norden. Dort, in der nördlichen Taiga, fanden sie – mit ihrer Ackerbaukultur, mit ihrer seßhaften Lebensweise – keine Entfaltungsmöglichkeiten vor. Deshalb gibt es in der Kultur der tungusischen Stämme in der Taigaregion nichts, was einigermaßen verläßlich als Relikt südlicher Herkunft angesehen werden könnte. Sie war und blieb eine Kultur der Waldjäger und dann der Rentierzüchter. In diesen ethnographischen Gesamtkomplex gehört natürlich auch die Sprache, in der sich heute die tungusischen Stämme verständigen. Sie aus dem Süden herzuleiten, besteht schon deshalb kein Anlaß, da es im ganzen übrigen ethnographischen Komplex keine Anzeichen einer südlichen Herkunft gibt. Warum sollte die Sprache allein eine Ausnahme bilden? Im Gegenteil, der Drang der nördlichen Stämme ins Tal des Amur und weiter nach Süden war völlig natürlich: dort gab es mehr Raum zur wirtschaftlichen Entwicklung, dort lebte es sich leichter als in der Taiga. Auch die historischen Denkmäler und die neueste Geschichtsforschung bestätigen diesen „Drang nach dem Süden", und auch ethnographische Unterlagen sprechen dafür.

Schon in der Jungsteinzeit läßt sich eine Expansion der Nordstämme in Richtung Gobi und weiter in jenen Raum nachweisen, wo später zur Verteidigung der ersten chinesischen Reiche die Große Mauer errichtet wurde. In den neolithischen Siedlungen in Baindsak (Schabarak-Usu) stieß man auf typisches Feuersteininventar des Baikalraumes und Transbaikaliens und, was noch wichtiger ist, auf Siebkeramik des Isakowo-Serow-Typs.

Am Unteren Amur, in Kondon und Gromatucha im Tal des Sejaflusses wurde Keramik des nördlichen, jakutischen Typs gefunden. In der Schilkahöhle fand sich neben dem Schädel eines „Tungusen" fast das ganze Inventar, das für das Neolithikum von Serow und für die Glaskow-Kultur der steinernen und knöchernen Gegenstände charakteristisch ist, aber auch Schmuck, darunter Perlmutterkugeln und Ringe aus weißem Nephrit.

Wie wir sahen, bezeugen auch die Denkmäler der frühen

Eisenzeit, die Funde in Chabarowsk das Vordringen der Nordländer nach Süden, zum Amur. Was die Ethnographie betrifft, so haben Schirokogorow und andere die Wanderung der nördlichen Tungusenstämme ins Tal des Amur ausführlich durchforscht. Sie fällt in jene Zeit, die insgesamt wieder im Rahmen des historischen Prozesses zu sehen ist, der einerseits durch Schriftquellen, anderseits durch Legenden und toponymische Unterlagen erhellt wird. Auf jeden Fall ist dieser Teil der Hypothese über die tungusischen Migrationen durch Schirokogorow völlig überzeugend begründet, zum Unterschied von seinen konstruierten „vorgeschichtlichen Bewegungen" der tungusischen Vorfahren von Süd nach Nord. Der „Nordteil" seiner Argumentation ist einwandfrei. Die Wanderung der Tungusen nach dem Süden ist, kurz gesagt, ein gesetzmäßiger, logischer, unvermeidlicher und durch den Ablauf der ganzen folgenden Entwicklung dokumentierter historischer Prozeß. Er lief indes keineswegs in gradliniger, sondern sehr komplizierter Weise ab und hing sowohl von den naturgegebenen Bedingungen des Landes, in dem er sich abspielte, ab, wie auch von jenen Kulturen und ihren Trägern, die aufeinander einwirkten. Über seinen konkreten Verlauf kann man retrospektiv nach den Resultaten urteilen, nach jener ethnographischen Karte des Amurgebietes und der benachbarten Mandschurei, die zu Schrencks Zeiten und später noch Gültigkeit hatte.

Es kam offenbar zu drei lokalen Grundvarianten dieses Prozesses. Die erste ist für den Unteren Amur kennzeichnend und findet ihren Ausdruck bei den Giljaken (Niwchen), die ihre paläoasiatische Sprache und ihre Kultur bewahrten, unter anderem das reiche krummlinige Ornament. Sie konnten der Assimilation durch die Tungusen entgehen. Hartnäckig hielt sich bei ihnen auch die alte Wirtschaft seßhafter Fischer, und lange Zeit überdauerten auch die frühen sozialen Beziehungen der Sippschaft, die auf Blutsbanden beruhten, auf den Gesetzen der Exogamie.

Die zweite Variante ist durch die Nanai und Ultschen vertreten. Sie haben eine im Grunde tungusische Sprache, doch erhielt sich bei ihnen die von den paläoasiatischen Vorfahren übernommene alte Kultur, wovon die der Herkunft nach neolithische Krummlinienornamentik mit ihren Spiralen und dem Mäander sowie dem

„Amurgeflecht“ Zeugnis ablegt. Diese Stämme wurden – ähnlich den ihnen benachbarten Giljaken – nicht vom klassenbildenden Prozeß erfaßt. Sie waren an den stürmischen politischen Ereignissen nicht direkt beteiligt, an die das Schicksal der tunguso-mandschurischen Reiche des Mittelalters geknüpft war, angefangen von den Bohai und Dschurdschen bis zum Reich Mandschu, das drei Jahrhunderte nach dem Untergang des Dschurdschenreiches auf dessen Trümmern entstand.

Eine dritte Variante der Entwicklung zeigte sich am Mittleren Amur und in der angrenzenden Mandschurei. Hier, in den fruchtbaren Niederungen an der Seja, am Amur, in den Tälern der Flüsse Sungari (Songhuajian) und Nonni, wurden die Zuwanderer unausweichlich zu Ackerbauern, begannen anstelle von Rentieren Schweine zu züchten, Pferde und Kühe. Mit der Landwirtschaft und Viehzucht übernahmen sie von der eingesessenen Bevölkerung neue Wohnbauformen: statt leichter Tschum-Zelte bauten sie feste, halbunterirdische Wohnstätten. Neben den alten Gefäßen aus Birkenrinde stellten sie solche aus Ton her, deren verschiedenartige und komplizierte Formen den wesentlich größeren Anforderungen seßhaften Ackerbauernlebens entsprachen. Wenn man nach den Funden von Webstuhlgewichten in Polzow urteilt, hatte sich mit der seßhaften Lebensweise des Ackerbauern auch die Kleidung verändert. Zu Pelzwerk und Schaffell traten Pflanzenfasern, zum Beispiel von Brennesseln. Während sie sich aber die neue Kultur und Lebensweise aneigneten, hielten die Zuwanderer aus dem Norden hartnäckig an ihre Sprache fest, an ihren Wiegen, am Schamanentum und vielem anderen, und gaben alles sogar den eingesessenen Ureinwohnern, den „Südländern“, weiter.

Wir müssen dabei im Auge behalten, daß die Merkmale des lokalen historischen Prozesses am Mittleren Amur auch vom ethnisch-kulturellen Substrat bestimmt waren, das ihm zugrunde lag. Das heißt konkret, daß sich die Kulturen des Unteren und Mittleren Amur schon in der Jungsteinzeit auf verschiedenen Wegen entwickelten. Wie wir heute sagen würden, bestand ihr prinzipieller ethnographischer Unterschied vor allem in der Ornamentik. Am Unteren Amur blühte die krummlinige Ornamentik, deren Hauptformen die Spirale, das „Amurgeflecht“ und der

Mäander waren. Mit der Zeit taucht hier die Gefäßbemalung auf: schwarze Farbe auf himbeerrotem, geschliffenem Grund.

Am Mittleren Amur gibt es diese Ornamentik in den heimischen bodenständigen Kulturen der Jungsteinzeit nicht. Das Ornament ist hier sparsam angebracht. Die Verzierung der Gefäße beschränkt sich in der Regel auf parallele Rollen, die unterhalb des Gefäßrandes angeklebt sind. Wohl ist die Keramik von Gromatucha im Sejatal ziemlich üppig, aber dort weist die Ornamentik Verbindungen zum Norden auf, zu den neolithischen Kulturen des Baikalgebietes, Transbaikaliens und Jakutiens.

Der grundlegende Unterschied zwischen dem ethnisch-kulturellen „Substrat" der neolithischen Kulturen und den Trägern dieser Kulturen mußte sich im weiteren Schicksal der Bevölkerung des Fernen Ostens widerspiegeln.

In der Tat hält sich die reiche Spiralbandornamentik am Unteren Amur bis ins 17., ja sogar 20. Jahrhundert. Am Mittleren Amur jedoch und im Küstenland gibt es sie in dieser Form nicht, soweit man nach den spärlichen Unterlagen urteilen kann, welche die spätere Bevölkerung der Mandschurei betreffen. Mit anderen Worten, anders als am Unteren Amur bildet sich hier auch eine soziale Ordnung, ging die Evolution der gesellschaftlichen Beziehungen in unterschiedlichem Tempo vor sich. Auf Grund einer progressiven Entwicklung der Produktionskräfte und der Wirtschaft bilden sich hier frühzeitig die sozio-ökonomischen Voraussetzungen für die Entstehung einer Klassengesellschaft und eines Staates heran, zunächst die Staatenbildungen der Bohai und der Dschurdschen. Die tungusosprachigen Stämme, die diese Staaten errichteten, entwickelten ihre eigene, hohe Kultur und traten in verschiedenartige Kontakte mit den Nachbarstaaten und Völkern Ost- und Zentralasiens, mit Korea, China, Japan, den Völkern der Mongolei und über türkische Vermittlung sogar mit dem weit entfernten Mittelasien. Ihre letzten Nachkommen, die die schweren Zeiten des Mongolensturmes und die Zerschlagung des Dschurdschenreiches überlebten, waren die Ackerbau-Stämme der Djutscheren und vielleicht ein Teil jener, die die Russen im 18. Jahrhundert Dauren nannten.

Wer die Ureinwohner des Unteren Amur ihrer ethnischen

Abb. 46: „Mudur“ (Drache). Felszeichnung aus Sakatschi-Aljan.

Zugehörigkeit nach waren, läßt sich nicht mit Bestimmtheit sagen, da direkte Hinweise auf ihre Beziehungen zu irgendeiner der zeitgenössischen ethnischen Gruppen fehlen. Das anthropologische Material ist bislang unbedeutend. Wir haben auch keine Sprachunterlagen, ausgenommen einige Wörter, die man jedenfalls in vortungusische Zeit zurückführen kann. Deshalb läßt sich auf die Ureinwohner des Unteren Amur der von Schrenck eingeführte Terminus „Paläoasiaten“ uneingeschränkt anwenden. Das aber ist keineswegs eine Antwort auf die direkt gestellte Frage.

Da die Relikte der alten neolithischen Kultur am Unteren Amur am vollständigsten bei jenem Stamm des Fernen Ostens vorhanden sind, der als einziger seine prätungusische Sprache bewahrte, bei den Niwchen (Giljaken), ist es völlig logisch, als deren Ahnen eben die Paläoasiaten anzusehen. Sie, die Giljaken, die wahren Paläoasiaten, dürfen wir nach Kultur und Blutsverwandtschaft als die direkten Nachkommen und Erben jener Jungsteinzeitstämme ansehen, welche die reiche neolithische Kultur des Unteren Amur mit ihrer krummlinigen Ornamentik schufen. Sie waren auch Zeitgenossen der neolithischen Einwohner der Mandschurei, der Suschenen, ihrer nördlichen Nachbarn. Es ist sehr wahrscheinlich, daß die Nachbarn der Giljaken, die Ultschen, Nachkommen derselben ursprünglichen „paläoasiatischen“ oder prägiljakischen Bevölkerung des Unteren Amur sind, die jedoch ihre alte Sprache völlig verloren haben.

Der große Unterschied zwischen der alten neolithischen Kultur (oder den Kulturen) der Stämme am Mittleren und Unteren Amur läßt auch über die ethnische Verschiedenheit keinen Zweifel. Diese Stämme waren Vertreter verschiedener kulturell-ethnischer und folglich auch verschiedener sprachlicher Gemeinschaften, vielleicht nicht einmal paläoasiatischer. In diesem Zusammenhang ist der Umstand von besonderem Interesse, daß die ältesten Nachrichten über die Mongolen diese mit dem Becken des Onon, der Schilka, des Amur und mit der Ostmongolei in Verbindung bringen. Nach Osten weisen auch die Denkmäler der frühen Eisenzeit jenes Territoriums, wo die Geschichte der Mongolen bis zur Staatsbildung unter der Führung Temutschins ablief.

Ebenso bedeutungsvoll ist, daß sich im Süden des Küstenlandes eine Reihe von Kulturen verfolgen läßt, angefangen von jener, die durch die Denkmäler des Jungsteinzeittypus Majche (Mai-he) und Gladkaja (aber auch der Unterschicht Chapigou) vertreten ist, die in auffallender Weise die Jungsteinzeit Koreas in Erinnerung ruft (insbesondere den senkrechten Zickzackschnitt und den Mäander im Ornament auf geschliffenem Grund, die Fülle eigenartiger kleiner Geräte aus Obsidian, ovale und quergeschliffene Äxte). Später stehen die Sidemin-Kultur und die Denkmäler der Eisenzeit des Chapigou-Typus mit dem südlichen Küstenland und mit Korea in Verbindung (Gefäße mit Henkeln aus Hanf). In diesem Zusammenhang denkt man an die Worte I. Bitschurins, der davon überzeugt war, daß die „südlichen“ und „nördlichen“ Tungusen ursprünglich eine Einheit bildeten. Örtlichkeit, Zeit und Umstände führten allmählich zur Teilung des Stammes in eine südliche und eine nördliche Gruppe; die Natur trennte beide durch den mächtigen Gebirgskamm Chang-boshan. Die Herrschaftsgebiete der südlichen Tungusen tragen nun die Bezeichnung Königreich Chaoxian[50], die der anderen Mandschugurun (Manz-

[50] Ch'ao-hsian oder Tsch'ao-hsiän.

hou guo), was Imperium der Mandschurei heißt. So nennt Bitschurin die Mandschuren Nordtungusen, die Koreaner Südtungusen. Dieser Gedanke Bitschurins ist vielleicht als Anerkennung der Schrenckschen Idee zu verstehen, daß Mandschuren und Urkoreaner der fernöstlichen Nachbargebiete dieselbe „paläoasiatische" Basis haben. Gleiche Gedanken vertrat N. Kühner, der meinte, die Ahnen der Koreaner seien Paläoasiaten gewesen, die später der Assimilation von seiten der Uralo-Altai, genauer der Tungusen, unterlagen. Das widerspricht den archäologischen Materialien nicht. Auf jeden Fall existierte im südlichen Küstengebiet in der Jungsteinzeit und im „früheren Metall" noch ein dritter kulturell-ethnographischer Bezirk, der irgendwann in die Einflußsphäre nördlicher Elemente geriet, welche die Urbevölkerung einerseits in die Vorfahren der späteren Mandschuren, anderseits in die der Koreaner umwandelten.

So können im Lichte der Archäologie, der Ethnographie und teilweise auch der Anthropologie die Konturen einer komplizierten und langwierigen historischen Entwicklung im Fernen Osten in groben Zügen, in Form einer Arbeitshypothese, rekonstruiert werden. Dieser Prozeß, der auch das rechte Ufer des Amur und die frühere Mandschurei mit einbezieht, führte abschließend zur Entstehung jener ethnographischen Karte des Fernen Ostens, des Küsten- und Amurgebietes, die L. v. Schrenck vor hundert Jahren vor sich sah und deren Entstehung er zu klären versuchte.

Die uns zur Verfügung stehenden Materialien über die frühe Kulturgeschichte und die ethnischen Beziehungen auf dem Territorium Sibiriens und der angrenzenden Gebiete Zentral- und Ostasiens gestatten uns also die Schlußfolgerung, daß sich dort seit frühester Zeit eine eigenartige historische Entwicklung vollzog und Zentren einer eigenständigen und auf ihre Art faszinierenden Kultur entstanden.

Die Jägerstämme schufen, wie alle Völker, kulturelle Werte, ohne deren Berücksichtigung die Weltgeschichte der Kultur nicht vollständig und in ihren Schlüssen nicht objektiv sein könnte. Zweitens ersehen wir aus den oben angeführten Unterlagen, daß die Vergangenheit der fernöstlichen und sibirischen Stämme, die oft als geschichtslos angesehen wurden, reich an Ereignissen ist.

Der Einfluß all dieser Ereignisse aber zeigte sich oft nicht nur in ihrem eigenen Schicksal, sondern auch in dem anderer Völker, die wirtschaftlich und sozial auf einer höheren Stufe standen. In diesem Zusammenhang verdient ein spezielles Faktum Beachtung, das für die Archäologie Sibiriens und der angrenzenden Gebiete jedoch von Wichtigkeit ist. Es gehört in den Bereich der kulturellen Kontakte der fernen Vergangenheit. Aus diesem Blickwinkel sind für die Archäologie Sibiriens und des Fernen Ostens die Nephritscheiben und Ringe von großem Interesse. Bekanntlich wurden den sibirischen ähnliche Scheiben und Ringe seit langem in China gefunden, die ältesten in der Yangshao-Kultur. In China selbst ist jedoch aus so früher Zeit nichts Derartiges bekannt, wie es dort für diese Zeiten auch keine Beweise lokaler Nephritgewinnung gibt. Als der China am nächsten liegende Ort mit Nephritvorkommen galt immer Sinkiang[51] oder „Chinesisch-Turkestan". Gelten diese Erzeugnisse in China als Rätsel, so haben wir in Sibirien eine klare Vorstellung sowohl von der Herkunft wie auch von der Anfertigung von Nephritgegenständen, also unter anderem von Scheiben und Ringen. Schon seit langem sind hier die uralten alluvialen Nephritlager im Sajan-Gebirge bekannt. Sie sind in ihren Ausmaßen die größten der Welt und enthalten sowohl grünen Nephrit verschiedenen Farbtons wie auch weißen in allen Schattierungen.

Es ist nicht allzu lange her, daß Nephritlager, in denen sich auch weißer vorfindet, im Gebiet jenseits des Baikal, im Tal des Flusses Vitim, bekannt wurden. Von Nephritvorkommen im Ural wurde außerdem schon in geologischen Werken des 19. Jahrhunderts berichtet. Es ist daher nicht verwunderlich, daß Nephrit als Material für diversen Schmuck, wie zum Beispiel Plättchen, von den Ureinwohnern Sibiriens und des Fernen Ostens seit alters verwendet wurde.

Die älteste Scheibe aus Nephrit oder Edelserpentin wurde in der paläolithischen Siedlung Buret an der Angara entdeckt. Dort blieben sogar Reste einer Art Werkstatt erhalten, wo der Mensch der Altsteinzeit, der paläolithische Meister, diesen wertvollen und

[51] Xinjiang nach neuer Transkription.

schönen Stein bearbeitete. Dazu gehörten auch die charakteristischen „Busy“, glasartige Perlen oder „Knöpfe“ in Stäbchenform mit einer Nut in der Mitte, womit man sie an die Kleidung heften konnte. In Buret stieß man sogar auf eine Miniaturstatuette aus Edelserpentin, der dem Nephrit ähnlich ist. Schmuck aus Serpentin und Nephrit wurde auch in der paläolithischen Siedlung Mal'ta gefunden (Ausgrabungen von M. M. Gerassimow).

Eine wahre Blüte der Bearbeitungstechnik und reiche Verwendung des Nephrits in der Werkzeugherstellung gibt es bei den Baikalstämmen der Jungsteinzeit. Die alten Isakowzen oder Serowzen, die an den Ufern der Angara, der Lena und um den Baikalsee wohnten, hinterließen in ihren Gräbern und Siedlungen eine Menge hervorragender Erzeugnisse aus grünem Nephrit, darunter bestens ausgeführte Messer, Handbeile und Äxte aus dunkelgrünem Nephrit erster Qualität. Eine reichere Kollektion solcher Erzeugnisse als jene im Heimatmuseum von Irkutsk gibt es in keinem zweiten Museum der Welt.

In der folgenden kulturhistorischen Etappe, der Glaskow-Kultur, wird der weiße Nephrit das beliebteste Schmuckmaterial. Es handelt sich dabei um Scheiben und Ringe verschiedener Größe, bis zu den größten, die als Brustschmuck dienten. Sie sind in den Gräbern der Glaskow-Zeit das charakteristischste Element ihres Inventars und kommen dutzendweise vor. Die „Glaskowzen“ trugen sie auf ihren Schürzen und Kopfbedeckungen in Verbindung mit glänzendem Schmuck aus Kupfer und Bronze.

Es steht außer Zweifel, daß diese Ringe und Scheiben hier an Angara und Lena, auch an der Selenga, aus heimischem Mineral hergestellt wurden. In einer Reihe von Begräbnisstätten der Glaskow-Zeit gibt es zum Beispiel Scheiben, auf denen tiefe konzentrische Rillen an beiden Seiten zu sehen sind: Der alte Meister hatte begonnen, mit seinem Werkzeug aus der Scheibe noch einen Ring herauszuschneiden, seine Arbeit aber nicht mehr beendet. Wahrscheinlich hat der dort Bestattete selbst mit dieser Arbeit angefangen, sie aber nicht mehr vollenden können. Das unvollendete Werk folgte ihm, den Vorstellungen der Zeit gemäß, ins Jenseits, damit er es in der jenseitigen Welt der Schatten vollende.

Es gibt auch solche Beispiele, wo in ein und demselben Grabkomplex zwei ineinandergelegte Ringe neben dem Toten liegen. Diese wurden aus derselben Nephritmasse geschnitten, von der Hand ein und desselben Steinschneiders, und er nahm sie mit ins Grab.

So wird klar, daß namentlich im Baikalgebiet eine für diese Zeiten intensive Bearbeitung des weißen Nephrits üblich war, daß gerade hier die für damalige Zeiten wertvollen Erzeugnisse hergestellt wurden.

Von nicht geringem Interesse ist, daß wir gleichartige Ringe bei archäologischen Ausgrabungen im Ural und an der Wolga treffen, in Gräbern der sogenannten Sejminsk-Turbinsker Kultur, zusammen mit bronzenen, keltähnlichen Äxten mit röhrenartiger Halterung. Daß solche Erzeugnisse aus weißem Nephrit in Bronzezeitgräbern des Ural und an der Wolga vorkommen, beweist nach Ansicht aller Archäologen, die sich mit diesem Problem beschäftigen, daß die dortigen Stämme mit dem Baikalraum in kultureller Verbindung standen. Daß namentlich dieser Raum zu Beginn der Bronzezeit das Zentrum der Verbreitung von Schmuck aus weißem Nephrit war, insbesondere von Ringen, belegt eine Karte[52]: sie zeigt eine deutliche Konzentration in einem bestimmten Bezirk des Gebietes, in nächster Nachbarschaft der Sajan-Fundstellen, im oberen Abschnitt des Angara-Tales, zwischen Irkutsk und Balagansk.

Wie ethnographische Analogien beweisen, hatte dieser Schmuck in der Religion der Glaskow-Stämme große Bedeutung. Er diente als Sonnensymbol, als Muttergottheit der alten Jäger Sibiriens. Wie schon erwähnt und wie die Funde in Buret zeigen, tritt dieses Symbol zuerst in paläolithischer Zeit auf und erreicht seine weiteste Verbreitung bei den Glaskower Stämmen. Also hatten die Scheiben und Ringe gerade im Baikalraum ihre Heimat, ihre autochthone Quelle. Von hier stammt das Rohmaterial, hier wohnte die Idee, die in der Weltanschauung der ältesten sibirischen Bevölkerung wurzelte.

Was die Scheiben „Bi“ und die Nephritringe „Huang“ im alten

[52] Siehe Bild 45, Seite 205.

China betrifft, so ist es möglich, daß sie dort „konvergent“ auftauchten, unabhängig von Erzeugnissen dieser Art im Baikalraum. Der Wissenschaft sind ähnliche Konvergenzfälle, hervorgerufen durch verwandte Lebensbedingungen uralter Weltanschauung, wohlbekannt. Als Beispiel dient die bemalte Keramik Westeuropas und der präkolumbianischen Indianerkulturen Nordamerikas.

Es ist auch die Möglichkeit nicht auszuschließen, daß das Auftreten dieser Gegenstände in Ostasien durch Migration kultureller Elemente und möglicherweise auch ihrer Träger aus Sibirien und der Mongolei hervorgerufen wurde. Diese Elemente lassen sich bei ihnen in den frühen Etappen der neolithischen Kultur feststellen. Die Migration von Nord nach Süd zum Gelben Fluß wird auf alle Fälle durch die Ausbreitung des sogenannten „mikrolithischen“ Steininventars bestätigt, das dem neolithischen Sibiriens gleicht, aber auch durch die charakteristische Netzkeramik, die Gefäße mit spitzem Boden aus der Südlichen Gobi. Davon überzeugten wir uns neuerlich im Jahre 1972, während unserer Feldarbeiten im Süden der Mongolei, im berühmten Baindsak, sowie beim Gurban-Täs-See und an anderen Stellen.

So sehen also die komplizierten Probleme der ältesten kulturellen Verbindungen in der Steinzeit aus, wie sie im Lichte neuer archäologischer Entdeckungen vor uns stehen. Trotz vieler unbeantworteter Fragen führt eine ungebrochene Entwicklungslinie in jene Zeiten, als die alten Tungusen des Fernen Ostens, zuerst die Mohestämme, nach ihnen die Bohai und Dschurdschen, in die historische Arena traten, die nun schon vom Lichte der Schriftquellen beleuchtet ist.

Die Verehrer des Drachen, Beherrschers der Wasser

Die Felszeichnungen von Sakatschi-Aljan sind wie ein wahrlich unerschöpflicher Quell von Tatsachen über die vergessene, aber reale Vergangenheit der Amurvölker, sie eröffnen uns indes noch ein Kapitel ihrer Geschichte, diesmal eines, das schon durch Angaben der Schriftquellen, durch Chroniken ergänzt werden kann.

Erste Bekanntschaft mit diesem Kapitel der Vergangenheit des Amur machten wir schon 1935, als unsere kleine Expedition, vier Personen in einem kleinen Fischerboot, am Ufer bei Sakatschi-Aljan anlegte, bei einer abschüssigen, hohen Felswand, die von dichtem, stark duftendem Gras und fast undurchdringlichem Gestrüpp bewachsen war.

Einer unserer neuen Freunde, ein Kenner der Legenden von Sakatschi-Aljan und Bewahrer der lokalen epischen Traditionen, erzählte uns damals, daß sich flußaufwärts an einem steilen Felsen eine Zeichnung befinde, die eine Riesenschlange oder einen Drachen – „Mudur" – darstelle. Mudur ist nach Nanai-Überlieferung ein mächtiges Wesen, einmal wohltätig, einmal schrecklich, die Personifizierung der Schamanen-Mysterien. Es ist daher nicht erstaunlich, daß dieser göttliche Drache neben den Larven der furchterregenden Schamanengeister seinen Ehrenplatz auf den geheiligten Felsen von Sakatschi-Aljan fand. Der mythische Drache wurde jedoch an einer Stelle in den Felsen geritzt, die nur vom Wasser her mit einem leichten, kleinen Nanai-Boot zu erreichen war, aus so dünnen Brettern zusammengefügt, daß es an eine kostbare kleine Porzellanschale und nicht an ein Boot erinnerte. Ein wenig nur schaukeln, und schon stürzte man ins kalte dunkle Wasser! Aber unser Nanaiführer saß im Boot wie ein Reiter im Sattel, als wäre er mit ihm verwachsen. Im Boot lag ein ungewöhnlich aussehender Harpunenschaft, nicht weniger als drei Meter lang. Einen Augenblick später erzitterte das Boot kaum fühlbar, und an der Harpune glänzte ein Fisch. Der Stoß war so schnell erfolgt, daß wir ihn einfach nicht bemerkten. Erst Sekunden später begriffen wir, daß der Fischer mit der Harpune nach jener Stelle gezielt hatte, wo eben im Wasser ein schwacher Schatten vorbeigehuscht war. Am Ufer, zu Füßen des Felsens, briet er den Fang ebenso gewandt auf einem Stab über dem Lagerfeuer und bewirtete uns mit dem frischgebratenen Fisch; dabei erzählte er so nebenbei, woher die merkwürdigen Zeichnungen von Sakatschi-Aljan kämen – die Legende von den drei Sonnen. Und da entsann ich mich, daß vor vielen Jahren unser Vorgänger Lew Jakowlewitsch Sternberg ebensolches Glück mit seinem Begleiter hatte.

Von seiner Reise im Jahre 1910 schrieb Sternberg: „Die Felsen und Blöcke mit Petroglyphen liegen direkt am Ufer, wo der Orda in den Amur mündet. Inzwischen hat eine außerordentlich starke Überschwemmung (das Wasser stieg um einige Saschen) den Zugang zu den Felsen völlig unmöglich gemacht, und die Felsblöcke, auf denen sich die meisten Darstellungen befinden, waren alle tief unter Wasser."

Trotzdem fuhr er auf seinem kleinen Boot mit einem Nanai und seinen Reisebegleitern hin, um alles zu fotografieren, was nur möglich war: „Leider gelang es uns nicht, auch nur eine einzige Zeichnung auf den Steilfelsen zu sehen, und das, was unser Reiseleiter als solche ausgab, erschien mir eine zufällige Konfiguration zu sein, die sich auf dem Schiefer durch Verwitterung und Temperaturveränderungen gebildet hatte. Die echten Felszeichnungen, von denen Laufer die Aufnahmen vorlegte, befanden sich allem Anschein nach auf den Blöcken, die jetzt überflutet waren. Nichtsdestoweniger las unser Begleiter die Felsen wie Geschriebenes, wies ständig auf Abbildungen hin, eine Trommel, Burchane, ein Grab, neun Schamanen, ein Opferschwein und spann vor uns die populäre Golden-Legende vom ersten Menschen aus, von den drei Sonnen, vom ersten Auftreten des Todes und der Herkunft des Schamanentums. Die Abbildungen gehen entsprechend dieser Legende in jene mythische Zeit zurück, als infolge der Existenz dreier Sonnen die Felsen des Amurufers wie die ganze Erde in weichem, geschmolzenen Zustand waren. Infolgedessen hinterließen die erwähnten Gegenstände und Wesen Spuren auf den Felsen. Als dann nach Vernichtung zweier Sonnen die Erde erhärtete, erstarrten auch diese Spuren und blieben bis in unsere Zeit erhalten."

Und so wie damals vor Sternberg, so glitten diesmal die mythische „Ahnfrau" Mamilschi, eine Trommel, neun Schamanen und ein Opferschwein an uns vorüber. Das Bemerkenswerteste entdeckten wir indes, als wir ganz an den Felsen herantraten: Auf ihm war tatsächlich in dünnen Linien der geheimnisvolle Drache der Nanai-Folklore, „Mudur", eingeritzt[53].

Diese Zeichnung besteht aus parallelen, sehr dünnen, kaum wahrnehmbaren, aber mit sicherer Hand auf der rauhen Oberfläche gezogenen, vertikal angeordneten Zickzacklinien. Die Linien, mit denen der Körper des „Mudur" ausgeführt ist, bilden in der Mitte rhombenartige Figuren, die lebhaft an den für das Ungeheuer charakteristischen rhombischen Längsstreifen auf dem Rükken erinnern. Kopf und Schwanz fehlen dem „Mudur". Unweit der Drachendarstellung wurden auch andere Abbildungen entdeckt, die eindeutig zur gleichen Zeit und in gleichartiger Technik ausgeführt sind. Sie wurden nicht herausgemeißelt, sondern mit Hilfe eines Messers oder irgendeines anderen Metallinstrumentes mit feiner, scharfer Schneide in die mittlerweile aufgeweichte, schon verhältnismäßig poröse, verwitterte Felsoberfläche eingraviert. Da war ein Raubtier, ähnlich einem Panther oder Leopard, sprungbereit, ganz gespannt, voll ungebändigter Energie, ein springender Hund mit nach oben gebogenem Schwanz, Hirsche oder Wildziegen, eigenartig stilisierte Pferde, Reiter auf Pferden, Boote, ja ganze Flottillen von Booten.

Und oberhalb des steilen Felsens erblickten wir dreifache Wälle

[53] Siehe Abb. 46, Seite 211.

und Gräben, Befestigungen eines antiken Volkes, überwachsen von Eichen und Linden, vom Dornengestrüpp der *Eleuterokokko Gisandra*, einem Zitronengewächs. Von dieser Befestigung auf dem Felsen haben schon vor hundert Jahren Angehörige der örtlichen Nanaistämme Omu und Echtambu dem Wissenschaftler Peter Vetlizin erzählt, daß hier ihre Ahnen mit den „Einäugigen" kämpften. Um die prähistorische Stadt-Zitadelle herum gruppierten sich Höhlen, Reste von Erdwohnungen des versunkenen Volkes. Vielleicht waren sie tatsächlich letzte Zufluchtsstätten der halbmythischen „Einäugigen".

Waren es nicht die Bewohner dieser in den Zeitläuften vergessenen Siedlung, die auf den ewigen Felsen von Sakatschi-Aljan die Abbilder ihrer Kunst hinterließen, diese Zeugnisse ihres Glaubens und ihrer Weltsicht, ihrer Lebensweise und Bräuche? Wie die Ausgrabungen zeigten, lebten in der prähistorischen Siedlung und den benachbarten Wohnstätten nicht mehr Menschen der Stein-, sondern der Eisenzeit. Sie müssen es gewesen sein, die mit ihren Messern die von uns entdeckten Zeichnungen einritzten. Das beweisen auch die Bruchstücke der Tongefäße von bestimmter charakteristischer Form, die eine „Karniese" unterhalb des Rands haben und über und über mit einem quadratischen, netzartigen Reliefmuster bedeckt sind; man nennt es auch „Pseudotextilmuster" oder „Schachbrettmuster". Wir kennen jetzt diese Kultur aus vielen Siedlungen und Gräbern gut, wir treffen in ihnen ständig auf solche hohe und enghalsige Gefäße mit „Schachbrett"-Abdrücken an der Oberfläche. Diese Kultur erhielt in unserer Literatur ihre Bezeichnung nach dem Namen des alten tungusosprachigen Stammes Mohe, der zu Beginn unserer Zeitrechnung in der politischen, wirtschaftlichen und Kulturgeschichte des Fernen Ostens und des angrenzenden Territoriums der Mandschurei und Koreas eine beachtliche Rolle spielte.

Auf jeden Fall zeigen die Zeichnungen nahe der prähistorischen Siedlung am Amurufer bei Sakatschi-Aljan die gleichen Züge des Mohe-Alltags wie auch die Chroniken: Jagd, Vieh- und Pferdezucht, Kleidung und Glaubensvorstellungen: Fruchtbarkeitskult, symbolisiert durch das Zeichen des weiblichen Uranfangs, der Kult des Bändigers der Elemente – vor allem des Amur –,

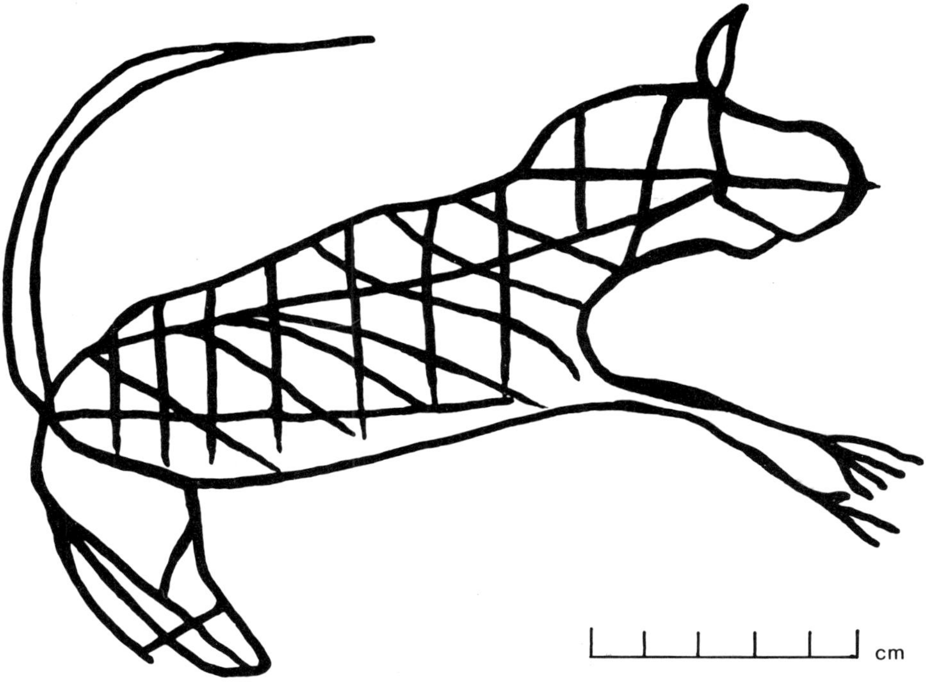

Abb. 47: Schneeleopard. Sakatschi-Aljan.

dargestellt durch das Bild des mythischen Beherrschers der Wasser, des Drachen Mudur.

Nicht minder wichtig ist, daß sich in einer Gruppe der Felszeichnungen von Sakatschi-Aljan Züge des politischen Lebens der Mohe-Stämme widerspiegeln, ihre zwischenvölkischen Beziehungen, und daß ihr kriegerischer Geist sichtbar wird. Von dieser Streitbarkeit und der unbezähmbaren Freiheitsliebe erzählen die Annalen. „Immer werden sie ihrer Kühnheit wegen gerühmt", „ihr Charakter ist hart und böse", „sie haben kräftige und gesunde Menschen, sie sind erfahrene Fußkämpfer, und alle leiden überall durch sie" – so werden die Mohe in den Jiu-tang-shu-Chroniken charakterisiert. Es gibt aber auch Ruhmesblätter in der Historie, die von der stürmischen Geschichte der Mohe und ihrer Tapferkeit erzählen.

Ganz zu Anfang, als der Name der Mohe erstmals in den

chinesischen dynastischen Chroniken auftauchte, verblüffte die Tapferkeit der Mohe-Krieger den chinesischen Kaiser. Den stolzen „Sohn des Himmels“ erfaßte Entsetzen, als die Mohe-Boten, die an seinen Hof als Gleiche zu einem Gleichen gekommen waren, nach dem Brauch ihres Volkes einen kriegerischen Tanz begannen. Dieser „erinnerte an eine Schlacht“, berichten die Geschichtsbücher. Genau heißt es von diesem Ereignis in den Quellen: „Zu Beginn der Kai-Huang-Periode (589), zur Zeit der Sui-Dynastie, kamen Mohe-Gesandte nach China. Der Kaiser Gao-ze (Kao tse) wandte sich an die Abgesandten mit den Worten: ‚Wir hörten von euren Stammesgenossen, daß ihr in Kriegshandwerk und Siegen sehr erfahren seid. Nun seid ihr gekommen, und wir sehen einander. Die Wirklichkeit entspricht unseren Vorstellungen.‘ “

An anderer Stelle wird erzählt, daß während eines Gastmahls, das der Kaiser zu Ehren der Abgesandten veranstaltete, „ein Gesandter und alle Begleiter zu tanzen begannen. Ihre Bewegungen erinnerten an einen Kampf. Der Kaiser wendete sich zu den Würdenträgern und sagte: ‚Zwischen Himmel und Erde gibt es solche, die ständig an Krieg denken. Weshalb wohl? Im übrigen ist ihr Land genügend weit vom Sui-Reich entfernt. Nur die Stämme Limo und Baishan[54] sind nahe.‘ “ I. Bitschurin datiert diesen Bericht ins Jahr 581, die Rede ist von Kaiser Wen-di der Sui-Dynastie[55] (589–618): „Der Gesandte und seine Gefährten standen auf und begannen einen Tanz. Er stellte eine Art Schlacht dar. Da sagte der Kaiser zu seinen Würdenträgern gewendet: ‚Zwischen Himmel und Erde gibt es solche Wesen, die immer nur an Krieg denken. Übrigens sind ihre Herrschaftsbereiche sehr weit vom Reich der Mitte entfernt; nur Limo und die Weißen Berge sind nahe.‘ “

Später, zu der Zeit, als die Macht der Tang-Dynastie in China den Höhepunkt erreichte, begann der kriegerische Kaiser Taizong (Taitsung) einen Vernichtungskrieg gegen den altkoreanischen Staat Koguryo. Die Unabhängigkeit, ja selbst die Existenz der Nationalstaatlichkeit der alten Koguryo standen vor einer Todes-

[54] Bai-shan bedeutet „weißer Berg“.
[55] Die Sui-Dynastie folgte nach der Reichsteilung durch die drei Han-Kaiser.

drohung. Im Bemühen, die Koguryo zu unterjochen, befahl Taizong seinen Kriegern, die strategisch wichtige Stadt An-shi zu besetzen. Da kamen den Koguryo in dieser schweren Zeit ihre nördlichen Nachbarn, nämlich die Mohe-Stämme, zu Hilfe. Die Mohe-Krieger schlugen sich gegen die Heere Taizongs am tapfersten. „In jeder Schlacht" – berichtet eine Tang-Chronik – „befanden sich die Mohe gewohnterweise in vorderster Linie." Nach der Niederlage der Verteidiger Anshis behandelte Taizong die in Gefangenschaft geratenen Mohe-Krieger, seine hartnäckigsten Feinde, besonders grausam, mehr als dreitausend wurden lebendigen Leibes begraben. Zugleich entließ er dreißigtausend Mann des koreanischen Heeres nach Hause. Die Mohe kamen nicht nur den Koguryo zu Hilfe: Sie unterstützten im Unabhängigkeitskampf mit dem starken und hinterlistigen Feind auch ihre nächsten Verwandten im Fernen Osten, die Bohai. Eine Chronik aus dem Jahr 737 berichtet: „In letzter Zeit, als die Bohai und Mohe Deng zhe-wu zerstörten, schlug sie Xing-guang[56] (Herrscher Xin-lo). Xing-guang präsentierte dem (chinesischen) Kaiser ausgezeichnete Hunde und Pferde, Gold und schöne Erzeugnisse aus Haargewebe. Der Kaiser verlieh ihm einen hohen militärischen Rang und befahl, den Mohe den Krieg zu erklären."

Die Einwohner der Nordmandschurei, des Küstenlandes und des Amurgebietes, die Mohe-Stämme, standen nicht zufällig in vorderster Front in ihrem Abwehrkampf gegen die Feudalherren der Tang-Dynastie. Schon in der Geschichte der Wei-Dynastie[57] heißt es von ihnen: „Die Herrschaft Wuji liegt im Norden von Gaogüli. Sie wird auch Mohe genannt. Jede Stadt und jede Siedlung hat ihren ‚Ältesten', der von den anderen unabhängig ist. Dort sind die Menschen von hartem Schlag, mutig, und es heißt, sie seien unter den Einheimischen die stärksten. Ihre Sprache unterscheidet sich völlig von anderen. Sie verachten immer die De-wu Mo-lou und andere Herrschaften. Auch die angrenzenden Gebiete leiden unter ihnen." Von einem Mohe-Stamm namens

[56] Hsing-guang.

[57] Dynastie im Norden des Reiches, ebenfalls nach der Reichsteilung der Han-Kaiser entstanden.

Limo, wird gesagt: „Das Geschlecht der Limo grenzt an Gaoli[58], es hat ein geordnetes Heer von siebentausend größtenteils tapferen Arbeitern und führt oft Überfälle auf Gaoli durch.“ Die Wildheit und Kraft der Mohe-Reiterei erfuhren im Lauf mehrerer Jahrhunderte auch solche Nachbarn wie die Xinlo[59] und sogar die Kidanen. Die Chronik berichtet darüber: „Im sechsten Sommer, 665, führten die Xinlo Klage darüber, daß die Gaoli und Mohe ihnen sechsundzwanzig Städte entrissen hätten und daß sie nur mehr vom Sohn des Himmels Hilfe erwarten.“ Was die Kidanen betrifft, so heißt es über das Jahr 581: „Die Mohe grenzen im Nordwesten an die Kidanen; deshalb überfielen sie einander oft.“ Von 564 heißt es: „Der koreanische Herrscher Tsang überfiel mit einem Mohe-Heer die Kidanen, entriß ihnen Xin-cheng, aber wegen eines Sturmes und in Ermangelung von Pfeilen kehrte er um.“

Die Zeichnungen der Mohe-Zeit auf den Felsen von Sakatschi-Aljan können als hervorragende Illustration der Worte der Chronik dienen, so zum Beispiel die Figur eines wilden Tieres, eines Tigers oder Leoparden. Sie ist mit der schmalen Schneide eines Messers oder Dolches, vielleicht von der Hand eines alten Jägers oder Kriegers, ausgeführt – wieviel unmittelbares Gefühl, wieviel Lebenskraft und Ausdruck liegen in ihrer Einfachheit! Diese Zeichnung erinnert lebhaft an zahllose andere, die wohl die gleichen Krieger und Jäger auf den vom Steppenwind glattgeschliffenen Felsen Zentralasiens und Südsibiriens anbrachten.

Bis zur äußersten Grenze gespannte Bogen, zu Tode erschrokkene Ziegen und Hirsche, und schließlich die zähnefletschenden Rachen von Leoparden: derselbe kriegerische Geist, die wilde Kraft, dieselbe Expression, geboren aus dem gefahrvollen Leben des Nomaden, sind in den Zeichnungen dieser Steppenvölker zu sehen. Und nicht nur der Steppenvölker in der eigentlichen Wortbedeutung – denn das im geographischen Sinn nächste Zentrum dieser Kunst war für Sakatschi-Aljan das Taigagebiet am Oberlauf der Lena, wo auf den Felsen von Schischkino und an den

[58] Gao-li, Kaoli: Korea.
[59] Hsin-lo.

nahe gelegenen Erosionsstellen im roten Sandstein Dutzende und hunderte „Pissanizy"[60] vorkommen, zum Ruhme der Krieger und Pferde, der schnellfüßigen Renner. Auf den Felsen von Schischkino oder Manhai im Tal des Flusses Kuda, im Zwischenstromland von Angara und Lena, kann man ebensolche Herden von Tieren sehen, deren Körper in der gleichen eigenartigen, primitiven graphischen Manier dargestellt sind, die jedoch gleichzeitig die spezifischen Merkmale des Tierkörpers, seiner Bewegungen und sogar seines Charakters deutlich wiedergibt.

Die gravierten Zeichnungen von Sakatschi-Aljan stehen nach Stilisierungsmanier und dem charakteristischen Merkmal, den Innenraum der Tierfiguren mit Querstreifen oder einem Netz sich kreuzender Linien zu füllen, auf gleichem Niveau wie einige der späten Zeichnungen auf den Felsen von Schischkino, aber auch auf anderen Felsen an der Oberen Lena, zum Beispiel beim Dorf Petrowskoje. Eine Analogie zu den Felszeichnungen von Sakatschi-Aljan bilden ähnlich feine Strichzeichnungen auf den roten Sandsteinplatten, die man an einem Wall der prähistorischen Kurykan-Fundstätte Manhai am Kudafluß gefunden hat. Das verbreitetste Sujet sind dort wie am Amur Pferde, deren Körper in ein Schrägnetz eingezeichnet sind, die Reiter mit gefälltem Speer oder einem Bogen in der Hand. Manchmal sind die berittenen Krieger mit einer Fahne abgebildet, dem Buntschuk, dem Banner des Steppentypus, ein im Wind flatternder Pferdeschweif, das Symbol für Krieg und Kriegsruhm bei den Steppennomaden Zentralasiens.

Die Stämme Zentralasiens, Osteuropas, des Jenissej-, Lena- und Angararaumes, deren Künstler ähnliche Darstellungen auf Felsen zeichneten, sie gehörten alle oder fast alle zu den Turkvölkern Eurasiens. Sie sprachen Türkisch, noch genauer Turksprachen, was die Inschriften in alttürkischer Sprache klar beweisen, die in Runenschrift neben den Reitern und Pferden stehen. Es ist dieselbe Schrift, in der die grandiosen Grabinschriften der türkischen und uigurischen Herrscher Zentralasiens eingemeißelt sind. Solche

[60] Pissaniza (Pisanica) ist das in Sibirien gebräuchliche russische Wort für Felsbild, es leitet sich vom Wort „pisat'" (schreiben, zeichnen) her.

Runenschriften in alttürkischer Sprache gibt es im Jenissejtal auf dem Sulekfelsen, einem der monumentalsten Kunst- und Kulturdenkmäler der alten Türken, sowie auch im Altai, auf den Felsen am linken Ufer des Karakolflusses. Ähnliche Inschriften sehen wir auch fern vom Jenissej, an den Ufern des Don, in der prähistorischen Siedlung Majazk und schließlich in Bulgarien in den Ruinen der frühen Hauptstadt Pliska. Auch die nördlichsten Runeninschriften der Welt, die den Sinn der Bildtafeln beim Dorf Dawydowo erklären und begleiten, gehören hierher. Sie erzählen von magischen Zeremonien der Waldjäger und vom Kult des Jagdglücks, von weiblichen Geistern, den Vorgängern des jakutischen Gottes der Jäger, Baai-Baianai.

Um die kulturhistorische Bedeutung dieser Denkmäler der vorzeitlichen Kunst Sibiriens und des Fernen Ostens zu verstehen, muß man sich die konkrete historische Situation jener Zeit vorstellen, als den Turkstämmen, die sie schufen, die führende Rolle in der Geschichte der Steppenwelt Asiens und teilweise Europas zufiel. In der Tat waren gerade sie, die Türken, die tragende Kraft dieser Geschichtsperiode.

Vom Xingang bis zur Donau breiteten sich im 1. Jahrtausend n. Chr. die nomadisierenden Turkstämme aus, mit denen auch die Vorfahren des russischen Volkes dauernd konfrontiert waren, wie die Petschenegen, gegen die Swjatoslaw Krieg führte, und die Polowzer Kumanen, von denen im „Igorlied" die Rede ist. Die unruhigen Horden der türkischen Stämme spielen jeweils in den wichtigen politischen Ereignissen jener Zeit mit. Die Namen ihrer Führer waren in Byzanz und im Iran bekannt, in den Hauptquartieren der türkischen Fürsten erscheinen byzantinische Gesandte. Im Fernen Osten hatten die Kaiser der Sung und der Tang-Dynastie ständig mit den türkischen Nomaden zu tun, Intrigen spannen sich zwischen ihnen aus, sie trieben Handel und führten Kriege mit ihnen.

Die Sung-[61] und Tang-Zeit der internationalen und politischen Geschichte Chinas ist im selben Ausmaß von den Turkvölkern geprägt. Die erstarkte Tang-Dynastie führte ihre Kriege weit über

[61] 宋 : Sung, 960 bis 1279 n. Chr.

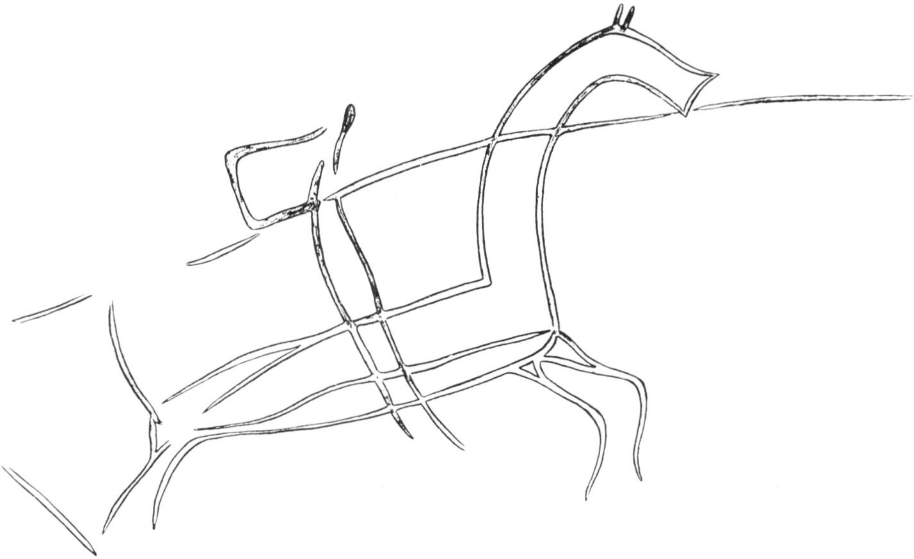

Abb. 48: Reiter. Sakatschi-Aljan.

die Große Chinesische Mauer hinaus und bemühte sich, ihren alten Gegner, das türkische Kaganat, nicht nur zu unterwerfen, sondern zu vernichten, da es die führende politische Kraft Asiens war. Das erste türkische Kaganat, das in der Mongolei und im Altai entstanden war, brach im Verlauf dieses Kampfes zusammen.

Der Verfasser der Inschrift auf dem Denkmal zu Ehren des tapferen Kriegers Kültegin schrieb 731 davon, wie das erste türkische Reich auf Grund der Arglist der Herrscher des Tabgatsch-Volkes (der Chinesen) unterging: „Durch Aufwiegelung und gegenseitigen Betrug von seiten der Tabgatsch, durch Verlokkungen und Bruderzwist, durch Hader zwischen Volk und Herrscher, zerrüttete das türkische Volk seinen bisherigen Stammesverband ... Seine starke männliche Nachkommenschaft wurde zu Sklaven, die weibliche Nachkommenschaft zu Sklavinnen für das Volk der Tabgatsch. Die türkischen Herrscher legten ihre türkischen Namen ab, indem sie Titel der Herrscher des Tabgatsch-Volkes annahmen, unterwarfen sie sich dem Kagan des Tabgatsch-Volkes. Fünfzig Jahre gaben sie ihm Kraft und Arbeit. Vorwärts, ins Land der aufgehenden Sonne, gingen sie im Krieg bis zum Bökli-Kagan, zurück ganz bis Temir-Kapyga ... und gaben dem Kagan des Volkes Tabgatsch ihren Stammesverband und die Herrschaft über sich. Unter diesen Umständen wollte das türkische Volk dem Tabgatsch-Reich nicht länger Kraft und Arbeit leihen und sprach: ‚Besser wir gehen zugrunde, rotten uns selber aus.' Und ihr Untergang nahm seinen Anfang."

Bis zum heutigen Tag können wir auf einem Stein im weiten Tal der Tola die warnenden Worte des weisen Beraters der Führer des türkischen Volkes lesen: „Die Worte des Volkes Tabgatsch (Chinesen), das uns jetzt Gold, Silber und Seide in Menge gibt, waren immer süß, und ihre Kostbarkeiten weich (das heißt, sie verweichlichten). Mit süßer Rede und luxuriösen Kleinoden verführten sie und zogen weit entfernt lebende Völker kräftig an sich. (Dieselben) siedelten dicht in der Nähe, dann eigneten sie sich dort eine schlechte Lebensphilosophie an ... Von süßer Rede und reichen Köstlichkeiten verführt, bist du, o türkisches Volk, in deiner ganzen Zahl untergegangen ... und, o türkisches Volk, wenn du abseits gehst, wirst du am Rande des Untergangs sein ..."

In die engen wechselseitigen Beziehungen mit den Türken wurden auch die Tungusen, die Mohe-Stämme, die am Amur und in der Mandschurei wohnten, einbezogen. Hier traten sie in enge Berührung mit türkischen Stämmen, den Vorfahren der turksprachigen Völker Sibiriens und Zentralasiens. Sie hatten nicht nur Kontakt, sondern nahmen mit ihnen auch Anteil am politischen Leben der Zeit, das sich zwischen Gelbem Meer und Amudarja, Dnjepr und Donau entfaltete.

Für die historischen und kulturellen Verbindungen zwischen den Mohe-Stämmen und dem Westen ist das von E. W. Schawkunow in seinem altchinesischen Lautklang wiederhergestellte Wort „Da Bakuf Mandur" interessant. So wurden laut Schawkunow die Heerführer des Stammesverbandes Heishui Mohe genannt. Damals bezeichneten die Sassaniden im Iran (nach Unterlagen von K. A. Inostranzew) die chinesischen Kaiser mit dem Wort „fagur". Es ist sehr wahrscheinlich, daß dieses Wort (bagatur) über die Mohe und ihre Steppennachbarn, zuerst die Xianbi, dann über die Türken in den Iran der Sassaniden eindrang.

In diesem Beispiel aus dem Wortschatz des mittelalterlichen Fernen Ostens und des Iran sehen wir also einen weiteren Beweis

Abb. 49: Springendes Pferd. Sakatschi-Aljan.

dafür, daß sich die Mohe in lebhaftem Kontakt mit ihren westlichen Nachbarn befanden. Dieser war einmal friedlich, einmal kriegerisch. Im Bewußtsein der sassanidischen Aristokratie ging die Bezeichnung der Mohe-Führer, wie wir sahen, auf den chinesischen Kaiser über.

Es ist nicht verwunderlich, daß der Widerhall der direkten Kontakte mit den türkischen Steppenstämmen Zentralasiens bei den Mohe-Stämmen des Amurgebietes auch in ihrer Kunst zu finden ist, in den Felsbildern von Sakatschi-Aljan. Es sind dies nicht nur Jagdszenen und nicht nur die Darstellung des Leoparden, die aufs Haar jener in Sulek am Jenissej gleicht, sondern auch vieles andere, vor allem die Reiter, das Leitsujet von Sakatschi-Aljan wie auch von Sulek oder Schischkino. Die Reiter von Sakatschi-Aljan tragen jene Steppenkleidung, die dem Leben auf dem Pferd angepaßt ist, dem schnellen Ritt und Kampf. In der

Tang-Zeit und sogar noch früher, zur Zeit der ersten Geplänkel mit den berittenen Nomaden, mußten die Chinesen diese Kleidung wie auch die Waffen für den berittenen Kampf übernommen haben. Da ist ein kurzer, den Körper in der Taille eng umfassender Kaftan und weite, unten straffe Hosen. Diese Kleidung des berittenen Kriegers sehen wir auf den großartigen Silberschalen und verzierten Sätteln aus den Gräbern kyrgysischer[62] Aristokraten am Jenissej, aber auch auf Prunkgeräten iranischer und choresmischer Herrscher, vergoldeten Silbertellern, auf denen die sassanidischen Kaiser abgebildet sind. Von dieser Kleidung kann man sich nicht nur nach den Felsbildern, sondern auch nach erhaltenen Stoffresten eine Vorstellung machen. Grabstätten von Mohe-Kriegern enthielten neben einschneidigen Pallaschschwertern, wie sie die alten Türken hatten, figurale Riemenendstücke und plättchenbesetzte Gürtel, die in raffinierten Mustern mit stilisierten Zweigen und Pflanzen verziert waren. Solche mit glänzenden Plättchen aus Bronze, Gold und Silber besetzte Gürtel waren bei den alten Türken Zeichen von Heldenmut und hoher gesellschaftlicher Stellung.

Es ist bedeutungsvoll, daß es auch andere Zeugnisse früher Verbindungen zwischen der Bevölkerung des Amurtales und ihrer Steppennachbarn gibt. Diese Zeugnisse sind ethnographischer Natur, aus dem Bereich der zeitgenössischen materiellen Kultur der Amurstämme.

S. W. Iwanow erwähnt als derartiges Steppenelement der Völker am Unteren Amur den Chalat mit verdoppeltem linkem Rockschoß und Schlitzen an beiden Seiten, auch die weibliche Winter-Kopfbedeckung aus Watte, mit einem Vorsprung im Nacken, und mit einem gesteppten Ornament verziert. Ihre Geschichte läßt sich, wie Iwanow richtig vermerkt, von der Hunnenzeit an verfolgen, dann entdecken wir sie auf den Steinskulpturen der Mongolei aus dem 7. bis 11. Jahrhundert. Man kann hinzufügen, daß eine solche Mütze bisher nur einmal, im Knabengrab eines „wiedergeborenen Lamas“ Chubilgan auf dem Berg Okoschko nahe Kondui, gefunden wurde, das in die mongolische Zeit datiert

[62] Alte Schreibweise „Kyrgys“ für Kirgis.

wird. Noch wichtiger für die Bestimmung der Verbindungen zwischen zeitgenössischer materieller Kultur der Völker des Unteren Amur und der Steppenstämme ist ein drittes Element der „turko-mongolischen Kultur“, das vom selben Forscher geklärt wurde: die Figurenanhänger für den Männergürtel, Siltyk, wie sie die Manegren nannten. Diese Anhänger wurden aus Stoff genäht, zweifellos aber ahmen sie ähnliche metallene Anhängsel mit Lederschleife nach, die bei Dauren, Burjäten und Mongolen offenbar weite Verbreitung hatten. S. W. Iwanow führt als älteste aus der Archäologie bekannte Analogie für solche Anhänger metallene Gürtelanhänger aus Zentralasien und Transbaikalien an, die nach seinen Worten schon im 9. Jahrhundert vorkamen: „Einige Anhängsel sind auf den Steinskulpturen der Mongolei, Transbaikaliens und Tuwas abgebildet und stehen ihrer Form nach den heutigen nahe.“

Dementsprechend nimmt Iwanow an, daß „aus dem Raum des Oberen Amur, wo die alten Tungusen auf die Türken und später auf die Mongolen stießen, die gezeigten Anhänger zugleich mit dem Gürtel schrittweise zu den Völkern des Unteren Amur, zu den Vorfahren der Nanai, Ultschen und Niwchen, vordrangen.“ Und weiter schreibt er: „Das beobachtete Material führt zu dem Schluß, daß der turkmongolischen Komponente in der Kultur der Amurvölker eine größere Rolle zufiel, als man früher annahm, und daß der Einfluß der Kultur der nomadisierenden, viehzüchtenden Stämme auf jene einige Jahrhunderte vor der Bildung des Mongolenreiches begann, offenbar schon in der Periode des Kidan-Imperiums Liao, vielleicht auch früher.“

So wurde auf Grund archäologischer und ethnographischer Materialien und Berichte aus Schriftquellen des frühen Mittelalters die sehr wichtige Tatsache erhärtet, daß zu dieser Zeit die kulturellen, politischen und ökonomischen Kontakte und Entwicklungsrichtungen der alten Stämme des Fernen Ostens und der angrenzenden Territorien nicht nur nach Osten wiesen, sondern auch nach dem Westen, nach dem Steppenland der türkischen Stämme Kasachstans, Mittelasiens und des europäischen Rußland. Damit erscheint die Hegemonie Chinas in Zentralasien und dem Fernen Osten in einem anderen Licht.

Der erste Staat – Bohai

Auf der breiten, von den Mohe-Stämmen gelegten Basis entsteht mit der Zeit zwischen der Mandschurei und dem Unterlauf des Amur und Blagowetschtschensk[63] der Bohai-Staat, das erste eigentliche Staatsgebilde in der Geschichte der Fernoststämme. Die Geschichte der Bohai[64] ist ein glänzendes und strahlendes Kapitel in der ganzen Geschichte Nord- und Ostasiens. Dieser Staat entstand unter dramatischen Ereignissen, die sich in Korea zutrugen, im Lande Koguryo, um die Mitte des 7. Jahrhunderts. Koguryo erlebte damals einen Überfall der chinesischen Armeen. Schon 645 brachten die chinesischen Heere mit Hilfe der türkischen Reiterei bei der von ihnen belagerten Stadt Anshi der vereinigten Armee der Mohe und Koguryo eine schwere Niederlage bei. Damals wurden also, wie schon erwähnt, 3000 Mohe-Krieger, diese hartnäckigsten und gefährlichsten Feinde der Chinesen, barbarisch bestraft, das heißt, sie wurden lebendig begraben. Von dem erbitterten weiteren Kampf um die Unabhängigkeit Koguryos und der Mohe-Stämme zeugt zumindest auch jene Tatsache, daß nach einer blutigen Schlacht beim Falu-Fluß der chinesische Heerführer Li Gin Xin an die zehntausend Ohren abschneiden ließ.

Nach hartem und blutigem Kampf wurde Koguryo vernichtet. Wer sich dem Eroberer nicht unterwerfen wollte, floh nach

[63] Chinesisch: Hailanbao.

[64] Auch „Pohai“, „Bo-hai“, „Bochai“.

Norden, ins Land der mit den Koguryo verbündeten Mohe-Stämme, wo er auch Zuflucht fand.

Hier, bei den Mohe-Stämmen Su-mo wurde der Grundstein für das künftige Bohai-Reich gelegt. Davon berichtet eine chinesische Chronik: „Ursprünglich wurde Bo-hai vom Su-mo-Stamm gegründet, der die Stammesbezeichnung ‚Da' trug. Sein Territorium grenzte an Gao-li. Als der Staat Gao-li von chinesischen Heeren erobert wurde, verschanzten sich jene im Bergland von Dong-mo-shan im Yi-lou-Land. Sie bauten hier von Mauern umgebene Städte, vereinigten die nicht unterworfenen Gao-li-Stämme und erreichten im Süden den Fluß Ni-he, der sie von Xin-lo trennte (Silla – die Bezeichnung eines der ältesten koreanischen Staaten), während sie im Westen von Qi-dan (das heißt Land der Kidanen, auch Ch'itan), im Osten vom Meer begrenzt wurden."

Der Freiheitskampf der Mohe gegen die Eindringlinge ging weiter, schließlich fiel auf dem Schlachtfeld der tapfere Anführer der Mohe, Qi-se-bi-yu. Aber der Sohn eines anderen Mohe-Führers, des Qi-Qi-zhong-xiang, Zuo-yong, hielt dem Druck der Strafarmeen, die China aussandte, erfolgreich stand. Er vereinigte die Kräfte der nach Norden geflüchteten Koreaner und Mohe sowie auch anderer Stämme und schuf einen großen Staat, der seine Herrschaft laut Chronik auf fünftausend Li erstreckte. Zuo-yong wurde dann gekrönt und nahm den Titel eines Königs des Zhen-Reiches an.

Die chinesischen Kaiser mußten die Tatsache der Existenz eines souveränen, im Kampf mit dem Eroberer geborenen Staates Zhen zur Kenntnis nehmen, wenngleich sie traditionsgemäß versuchten, die Beziehungen zu ihm so auszulegen, als hätte dieser neue Staat die Unabhängigkeit von China geschenkt bekommen.

Was tatsächlich passierte, ersehen wir aus dem Lauf der weiteren Ereignisse.

719 starb Zuo-yong und erhielt posthum den Titel Chao-wang. Zuo-yong hatte bei Ninguta am Fluß Mudanjiang seine Hauptstadt errichtet, die Stadt Shangjing. Ihm folgte sein Sohn Wu-yi, der früher Lehensfürst der Gülou war. Wu-yi vergrößerte das Bohai-Territorium durch die Angliederung nordöstlicher Stämme,

die vorher unabhängig waren. Der chinesische Kaiser anerkannte die vollendete Tatsache, da er keine Möglichkeit hatte, die Ausdehnung des Herrschaftsbereiches der Bohai im Norden zu verhindern.

Danach verfügte Wu-yi als erster Bohai-Fürst die Abfassung eines „Nianhao", die Benennung seiner Regierungsjahre: „Ren-an". Das war eine direkte Herausforderung an China. Ein Nianhao konnte nach chinesischer Auffassung nur der Sohn des Himmels, der chinesische Kaiser, haben. Vom chinesischen Standpunkt betrachtet, usurpierte der Bohai-Herrscher die Rechte des chinesischen Kaisers. Der Schritt Wu-yis rief den Zorn des chinesischen Hofes hervor, was indessen keinerlei reale Folgen hatte. Das einzige, was die Chinesen tun konnten, war, die Bohai aus den Chroniken zu streichen, und zwar von dem Augenblick an, als Wu-yi sein Nianhao annahm.

Von der Zeit an, „als Da-tuyü (Wu-yi) sich zum unabhängigen Fürsten ernannte, hat die chinesische Geschichte aufgehört, vom Bohai-Reich zu schreiben".

Wu-yi hatte damit gezeigt, daß er kein Vasall des chinesischen Hofes war. Dieser begnügte sich übrigens nicht mit dem formalen Akt, sondern war bemüht, einen Kampf zwischen den ussurischen und küstenländischen Mohe-Stämmen zu provozieren. Wie E. W. Schawkunow schreibt, „verfolgten die chinesischen Kaiser immer sehr aufmerksam den Stand der Dinge in den China benachbarten Staats- und Stammesvereinigungen und verhinderten auf jede Weise deren Erstarkung. Als der kaiserliche Hof die wachsenden Kräfte des jungen Königreiches der Bohai zu spüren bekam, ergriff er sofort Maßnahmen, um es zu schwächen."

Entsprechend der traditionellen Politik: „Unterwirf die Barbaren mit Hilfe der Barbaren", wandte der Hof der Tang viel Mühe auf, um die Bohai-Könige mit den Vertretern der Oberschicht der ussurischen (Hei-shui) Mohe zu entzweien.

Es gelang indes dem chinesischen Hof nicht, seine Pläne zu verwirklichen: Meng-yi, der Bruder Wu-yis, der sein Vaterland verraten hatte, war gezwungen, nach China zu fliehen und sich dort vor der Rache für seinen Verrat zu verbergen. Ausdruck der politischen Unabhängigkeit Bohais waren auch die diplomatischen

Beziehungen seiner Regierung mit Japan, wohin schon unter Wu-yi Gesandtschaften geschickt wurden. Unter dem Druck der Umstände mußte sich schließlich auch die chinesische Regierung mit der Existenz eines unabhängigen Königreiches Bohai abfinden, das ständig erstarkte.

Im achten bis neunten Jahrhundert weitete sich das Königreich Bohai bedeutend aus, wuchs in kultureller und politischer Hinsicht und wandelte sich zu einem mächtigen Staat. Im Süden, in Korea, erreichte es den Herrschaftsbereich Silla, im Osten das Japanische Meer, im Westen die Lande der Kidanen, im Norden grenzte es an den Amur. Zum Bohai-Staat gehörte auch der jetzige Gebietsstreifen am Ozean, auf jeden Fall sein südlicher Teil und der Sutschan-Bezirk.

In Bohai gab es fünf Hauptstädte, fünfzehn Bezirksstädte, und zweiundsechzig „Zhou", Städte zweiten Ranges. Das politische und administrative Zentrum Bohais, seine Hauptstadt Shangjing (Schangking) oder Nördliche Hauptstadt, befand sich im alten Land der Suschenen nahe dem heutigen Ninguta. In der Folge wurde das Zentrum des Staates in die Östliche Hauptstadt verlegt, nach Dongjing (Tongking) am Fluß Mudanjiang, zwischen Ninguta und dem See Xingkao-hu, also wieder im ursprünglichen Siedlungsraum der Mohe-Stämme.

Im Küstenland lag an der Stelle des heutigen Ussurijsk im 8. bis 9. Jahrhundert das Gebietszentrum, die Hauptstadt des Fürstentums oder der Provinz Bohai, Shuaibin, das ist das Land, durch das der Suifun (suibing) fließt, der diese alte Bezeichnung bis heute beibehalten hat.

Das mächtige administrative und wirtschaftliche Zentrum der Bohai-Zeit befand sich im Küstenland, beim jetzigen Dorf Kraskino nahe der Mündung des Yangchihe des Chasaner Bezirks. Dort befand sich die Hauptstadt der Bohai-Präfektur Yan und ein Hafen, von dem Bohai-Schiffe in See gingen, die nach Korea und Japan fuhren.

Eine mächtige Bohai-Stadt, von riesigen Mauern und Wällen umgeben, erstreckte sich auf dem Nordhang der „Runden Koppe", die sich über dem rechten Ufer des Daobihe (Daubichä) im Anutschinsker Bezirk erhob. Die Stadt auf der „Runden

Abb. 50: Mohe-„Pisanica“ (Felszeichnung). Sakatschi-Aljan.

Koppe“ war, wie wissenschaftliche Grabungen zeigten, nicht nur ein militärisch-administratives, sondern auch ein wichtiges Handels- und Gewerbezentrum, eine Stadtsiedlung im eigentlichen Sinn des Wortes.

Die Ruinen zweier buddhistischer Tempel, die man im Tal des Chapigou auf zwei benachbarten Kuppen erforschte, sind dadurch bemerkenswert, daß sich nicht nur Teile der Wände und Dächer erhielten, sondern auch Beispiele kultischer Skulptur: Scherben von Buddhafiguren aus Terrakotta, Bodhisattvas und Schutzgeister. Die elfenbeinerne Verzierung der Tempel-Außenwände war mit einer ornamentalen Malerei geschmückt, Tonskulpturen mythischer Fabelwesen und Drachen krönten das Ziegeldach. Die Schlußziegel des Daches endeten in den charakteristischen Rosetten.

Im gleichen Gebiet, direkt am Suifun-Fluß, unweit der Chapigou-Mündung beim Dorf Borissowko, wurden Reste eines weiteren Dorftempels der Bohai-Zeit gefunden, und rundum Reste von Wohngebäuden. Das Tempeldach war mit Ziegeln gedeckt, die wiederum in Rosettenenden übergehen. Innerhalb der Tempelruinen blieben zwei gegossene Bronzestatuetten eines Mönchs in Toga oder Mantel und offenbar eines Beamten erhalten. Es wurden auch Fragmente von Götterdarstellungen aus Ton gefunden.

Hauptbeschäftigung der Einwohner Bohais war die Landwirtschaft. Die Landbevölkerung pflanzte Gaoliang, Bohnen, Getreidearten, züchtete Haustiere, betätigte sich in verschiedenem Handwerk, auch der Jagd, im Fischfang und der Gewinnung von „Meereskraut". Laut „Tang-shu" fingen die Bohai in den Changboshan-Bergen Tiger.

Den Meerestang fanden sie am südlichen Meeresufer, Soja in Zha-chen, Fu-yu-Hirsche und Schweine kamen aus dem Gebiet Zhen jia-fu, Pferde aus Shuaibinfu, Leinen aus dem Yian-zhou-Bezirk des Xian-de-fu-Gebietes, Baumwolle aus dem Wo-zhou-Bezirk, Seide aus Long-zhou, Eisen aus der Stadt Wai-cheng, Reis aus der Stadt Lu-cheng, Karauschen aus dem Meito-See. Von den Früchten waren Pflaumen und Birnen am meisten verbreitet. Die Bohai beschäftigten sich auch ziemlich stark mit Handel. In China und den Nachbarländern war Pelzwerk aus dem Bohai-Land hochgeschätzt: Pelze von Zobel, Hermelin, Hirsch, Tiger und Bär.

Interessant ist ein Detail, das die familiären Beziehungen der Bohai betrifft und die Selbständigkeit und angesehene gesellschaftliche Stellung der Frauen beweist. Sie waren, sagen die Chroniken, tapfer und eifrig. Es wird erzählt, daß sie „Bündnisse von zehn und mehr schlossen, um die Männer zu bespitzeln, denen sie keine Konkubinen erlaubten. Eine Frau, die auf ihren Mann nicht eifersüchtig war, wurde allgemein verachtet."

Die Klassenstruktur des Bohai-Reiches und seine sozialen Beziehungen sind nicht genügend geklärt. Es ist jedoch bekannt, daß es in Bohai Sklaven gab. Das beweisen Berichte chinesischer Chroniken, die davon erzählen, daß die Botschafter der Bohai Sklaven und Sklavinnen mit sich führten, sie stellten einst in den La-li-Jahren (776–779) dem chinesischen Hof elf japanische Tänzerinnen zur Verfügung. Im Jahre 925 schenkten die Bohai dem Kaiser junge Sklaven beiderlei Geschlechts. Ihre Sklaven gewannen die Bohai auf Raubzügen gegen die nördlichen Stämme, zu den Japanischen Inseln, nach Korea und Liaodong. Das Bemühen, zu Sklaven zu kommen, erklärt wahrscheinlich die Überfälle der Bohai auf die Nachbarländer. Als Sklaven konnten wie in China auch Verbrecher herangezogen werden, die für verschiedene öffentliche Arbeiten eingesetzt wurden, die große und ausdauernde Anstrengung erforderten, wie Wegebau und Befestigungen, Arbeit in Gruben und Steinbrüchen. Zugleich ist anzunehmen, daß in Bohai feudale Ausbeutungsformen der mittellosen Bauernmassen bestanden.

An der Spitze des Bohai-Staates stand ein Herrscher mit dem Titel „Fürst“ oder „König“ (Bohai jiuanwang). Die Macht des Königs war unbegrenzt, seine Befehle hatten Gesetzeskraft, und ohne seine Zustimmung kam nichts zur Ausführung. Die Zivilverwaltung besorgten Beamte, an deren Spitze zwei Minister standen, ein „rechter und ein linker“. Den Ministern unterstanden sechs Departments. Die Departments des linken Ministers hießen: Gerechtigkeit, Menschenliebe, Rechtspflege, die des rechten: Vernunft, Sitten, Treue. Nach chinesischer höfischer Sitte erschienen die Beamten mit Insignien der Ehre und Macht und in Kleidern, die ein Kodex offizieller Zeremonien vorschrieb. Die Beamten des ersten, zweiten und dritten Ranges waren verpflichtet, bei Hof in violetten Kleidern zu erscheinen, mit einem elfenbeinernen Notiztäfelchen für die Anordnungen, und einem goldenen Fischlein, das an die Jaspisgürtel gehängt wurde. Die Beamten des vierten und fünften Ranges trugen himbeerrote Kleider, ein Notiztäfelchen und ein silbernes Fischlein. Die Beamten des sechsten und siebenten Ranges hatten hellrote, die des achten Ranges grüne Kleidung und ebenfalls größere Notiztafeln.

Für die militärische Verwaltung gab es den Rat der Heerführer. Diese teilten sich nach ihrem Stand wie die Beamten in zwei Gruppen, in die Abteilungen der linken und rechten Armee.

Bohai unterhielt reguläre diplomatische Beziehungen mit den Nachbarländern. Nicht nur nach China, sondern, wie wir sahen, auch zum japanischen Hof kamen ihre Gesandtschaften, obwohl der Seeweg nach Japan beschwerlich und gefährlich war. Im Lauf der Zeit schuf Bohai eine feste Basis für seine außenpolitische Macht, eine starke Armee und Flotte. Die Bohai-Krieger führten häufig kühne Seefahrten gegen die südlichen Nachbarn in Korea und den Japanischen Inseln durch und verbreiteten Schrecken unter den Bewohnern. Im Hinblick auf diese Überfälle ist ein Sprichwort bekannt: „Drei Bohai entsprechen einem Tiger."

Es ist in diesem Zusammenhang auch charakteristisch, daß das Lieblingsspiel der Bohai das Ballspiel zu Pferde war. Die Pferdekämpfe, die an das „Ziegenrangeln" der Kirgisen und anderer Steppenvölker erinnern, gehörten offenbar zum Bestand kriegerisch-sportlicher Maßnahmen, deren Ziel die militärische Vorbereitung der männlichen Bohai-Bevölkerung war.

In Bohai entwickelte sich eine für die damalige Zeit hohe Kultur. Die Ausgrabungen in Dongjingcheng und die Funde im Bezirk von Ussurijsk geben eine Vorstellung von der ziemlich entwickelten Baukunst und Architektur, von den künstlerisch-technischen Errungenschaften der Bohai-Handwerker. Am häufigsten treffen wir unter ihren Erzeugnissen solche, die zur Verzierung von Bauwerken dienten, vor allem Dachziegel. Die gepreßten Verzierungen an den runden Ziegelenden der Gebäudesimse waren stilisierte Lotosblüten mit sieben, sechs, fünf und vier Blütenblüttern. Bei der Keramik in Dongjingcheng und im Primorje unterscheidet man glasierte und nichtglasierte. Die Glasur ist dreifarbig: grün, braun, gelb. Die Bohai-Keramik war weit über die Grenzen berühmt. So wurden 691, zur Zeit der Herrschaft des Kaisers Wu-Zu, diesem hervorragende keramische Erzeugnisse aus Bohai geliefert.

Gegenstände der religiösen Kunst sind durch buddhistische Statuetten vertreten, hauptsächlich durch Darstellungen Buddhas. Die meisten sind im gewohnten Verfahren ausgeführt. Sie wurden in speziellen Formen geprägt. Es gibt auch buddhistische Darstellungen aus Bronze und Eisen, darunter solche, die den Boddhisattva Avalokitasvara darstellen. In chinesischen Quellen wird vermerkt, daß unter den „Tributen" (das heißt Geschenken), die man 814 am Kaiserhof darbot, sich goldene und silberne buddhistische Darstellungen befanden.

Abb. 51: Dschurdschen-Schildkröte aus Ussurijsk.

In verschiedenen Tempeln kamen Fragmente zerbrochener Statuen, Haarlocken, die charakteristischen Haarknoten, heilige Gewänder und Verzierungen darstellend, zum Vorschein, weiters Reste von Wandmalereien. Diese Fresken waren auf Ton, dem Gras beigemengt war, ausgeführt. Nach den Fragmenten zu urteilen, waren es Figuren buddhistischer Gottheiten und Blumen, im Prinzip solche wie die Malereien in der „Höhle der tausend Buddhas" in Donghuang.

Es läßt sich nach alldem also behaupten, daß der Buddhismus zweifellos von der herrschenden Klasse der Bohai aufgenommen wurde. Die Dorftempel im Chapigou-Tal zeigen, daß er aber auch im Volk verbreitet war: seine Macht, die Massen zu gewinnen, zeigte der Buddhismus in Japan, Korea und China. Der buddhistische Mönch ging zum einfachen Volk und predigte die Rettung von allem Bösen und Unheil dieser Welt, seine Religion war frei von der Beschränkung durch Kasten. Man muß jedoch bedenken, daß in der Masse der Bohai die alten Glaubensvorstellungen der Mohe-Stämme zäh weiterlebten, die im Grunde schamanistisch waren – der Ahnenkult, Zeremonien, die auf das wirtschaftliche Leben des Ackerbauern zurückgehen. In diesem Zusammenhang sind zwei metallene Reiterfigürchen aus Dongjingcheng besonders interessant. Eine Statuette zeichnet sich durch schematische Behandlung aus. Der Reiter ist in sehr einfachem Stil auf dem Pferderücken geformt. Solche Darstellungen sind von Ausgrabungen im Küstenland bekannt („Blaue Felsen").

Es ist nicht ausgeschlossen, daß sich in der Oberschicht der Bohai-Gesellschaft auch ein Einfluß der in Mittelasien stark verbreiteten nestorianischen Religion zeigte. Am Chapigou-Fluß hat Schawkunow ein Amulett mit der Abbildung des typischen nestorianischen Kreuzes gefunden.

Die Bohai waren nicht nur als künstlerisch begabte Handwerker gerühmt, sondern galten durch ihre Schriftsteller, Künstler, Dichter und Gelehrten auch als gebildete Menschen. Schon der Sohn des Wu-yi, Da qin-mao, bat den Kaiser Xuanzong, er möge Bücher nach Bohai senden, darunter das Tang-li (Tang-Zeremonien) und das Sanguozhi (Geschichte des Dreikaisertums). Ursprünglich sandten die Bohai-Fürsten junge Adelige in die Hauptstadt Chinas, Chan-an, um die Sprache, Literatur und die alten sowie die neuen Gesetze zu studieren. Nach den Worten I. Sacharows kehrten im Jahre 831 einhundertfünfzig junge Leute nach Bohai zurück, die ihre Studien in China beendet hatten. Viele von ihnen erhielten nach den entsprechenden Prüfungen den Rang von Gelehrten. Dann entstanden in den Dorftempeln des Bohai-Reiches selbst Schulen. Es wird sogar überliefert, daß Analphabeten und Menschen, die des Bogenschießens unkundig waren, nicht heiraten durften.

Wie wir sehen, kannten die Bohai das chinesische Schrifttum. E. W. Schawkunow, der sich speziell dieser Frage widmete, ist der Meinung, daß sie zugleich ihre eigene Schrift entwickelten, die ihren Erfordernissen entsprach und die den phonetischen Besonderheiten der Bohai-Sprache angepaßt war. Sie geht laut Schawkunow in ihren Urformen wahrscheinlich auf die sogenannte „Idu"-

Schrift zurück, die seit dem Ende des 6. Jahrhunderts im koreanischen Staat Silla verwendet wurde. Sie fand seiner Meinung nach vor allem bei der Abfassung verschiedener juridischer Verträge der städtischen Bohai-Bevölkerung Anwendung, beim Abschluß von Handelsverträgen und bei der Festlegung verschiedener Abmachungen im Geschäftsverkehr. Die chinesische Schrift diente nur dem engen Kreis der höfischen Aristokratie und Beamtenschaft. Ihre Sprache war die der offiziellen Staatsdokumente, Gesetze und Verordnungen und der chinesischen klassischen Literatur.

Die engen kulturellen, politischen und ökonomischen Verbindungen der Bohai mit den türkischen Steppenstämmen machten sie noch mit einer dritten Schrift bekannt, der türkischen Runenschrift. Auf einem Bild chinesischer Volkskunst des 10. bis 12. Jahrhunderts, „Li Bo, der Himmelsbewohner, schreibt betrunken einen Brief, der den Bohai-Staat erschreckte", wird vom Brief eines Bohai-Königs erzählt, der in Zeichen abgefaßt ist, die den Chinesen unbekannt waren und sie an die Abdrücke von Tiertatzen oder Vogelkrallen erinnerten.

R. Torii veröffentlichte als erster das Foto eines Steines aus der Sammlung des Wladiwostoker Museums mit rätselhaften Zeichen, ähnlich den türkischen Runen. E. W. Schawkunow unternahm den Versuch, diese Zeichen zu entziffern und fand in ihnen das Wort „Suiwubing-Shaoyibing" (Suifun), in den Zeichen des alttürkischen Runenalphabets geschrieben. Dieser Stein, ein einst vom Wasser umspülter Geröllstein, trug Zeichen wie auf den weithin bekannten Grabdenkmälern Mittelasiens, den „Kairaki" mit Epitaphzeichen des Runentypus.

In Bohai gab es Gelehrte, die weit über die Grenzen hinaus bekannt waren. Einer namens Haitei machte in Japan als berühmter Wissenschaftler und Dichter großen Eindruck. Haitei war zweimal als Bohai-Gesandter in Japan. Das erste Mal weilte er 882 dort. Die japanische Chronik erzählt vom Empfang Haiteis in Japan: „Da der Gesandte Haitei ein berühmter Gelehrter war, befahl der Mikado dem Gelehrten Sugawara Mitsidane, ihn zu besuchen. Beide waren miteinander sehr zufrieden. Der Mikado schickte dem Gesandten auch eines seiner Kleider. Bei der Verabschiedung der Gesandtschaft wurden ihm Geschenke und ein Brief an den Fürsten ausgehändigt." Das zweite Mal kam Haitei 895 nach Japan. Neuerlich traf er mit Sugawara Mitsidane zusammen: „Beide freuten sich über das Wiedersehen, veranstalteten ein Festmahl, bei dem sie poetische Werke verfaßten." Die Erinnerung an den Gelehrten und Poeten Haitei hat ihn in Japan überlebt.

908 kam der Sohn des inzwischen verstorbenen Haitei, Haiking, als Gesandter nach Japan. Haiking wurde mit derselben Achtung wie sein Vater empfangen. Um ihn in die Hauptstadt zu bringen, hatte man rechtzeitig Pferde und Sättel vorbereitet, und in der Residenzstadt wurde ein Gastmahl veranstaltet. Auch ihm schenkte der Mikado eines seiner Kleider. Im sechsten Monat kam auf Befehl des Kaisers der Würdenträger Fujiwara Sugane nach Horokan und übergab den Gesandten eine Urkunde, Depeschen und Geschenke, rief alle Schriftsteller nach Horokan und bewirtete die Gesandten anläßlich ihrer Abreise.

Haiking war der Sohn des Haitei, Yosisiga der Sohn Mitsidanes. Sie sprachen von den seinerzeitigen poetischen Arbeiten ihrer Väter, und als sie von ihnen sprachen, weinten sie und sagten: „Das war ein erstaunliches Zusammentreffen."

Auch früher hatten Bohai-Botschafter Bildung bewiesen. So hatte während des Empfangs einer Bohai-Gesandtschaft im Jahre 739 der Mikado befohlen, ein Gastmahl im Palast zu geben. Zusammen mit dem Bohai-Botschafter sah er beim Bogenschießen des Hofadels zu. Der Bohai zeigte seinerseits den Japanern seine Kunst auf musikalischem Gebiet.

759 kam eine Bohai-Abordnung, bestehend aus 24 Personen, nach Tsikudsen und anschließend in die Hauptstadt Japans. „Der Würdenträger Oyasu Fusiwara rief berühmte Schriftsteller zu sich und schlug ihnen vor, zusammen mit den ebenfalls eingeladenen Bohai Verse zu schreiben. Zum Fest sandte der Herrscher einen Chor Musikanten. Die Versammelten verfaßten Verse, deklamierten und sangen im Chor."

Während des Aufenthalts einer Gesandtschaft im Jahre 872 lud einer der Bohai-Botschafter häufig Schriftsteller und Gelehrte zu sich, damit sie deklamierten, er aber unterhielt sie mit Musik.

Das japanische Theater erlebte um die Mitte des achten Jahrhun-

Abb. 52: Dschurdschen-Krieger. Kopie einer chinesischen Zeichnung. Ende 18. Jahrhundert.

derts den Einfluß der Theaterkultur der Bohai. Als der kaiserliche Hof 749 das berühmte Kloster Todaidsi in Nara während der Festlichkeiten besuchte, wurde ein „Bokkaigaku" aufgeführt, das heißt „Bohai-Musik". Das Wort bedeutet, laut N. I. Konrad, „Theaterkunst, nach Japan aus diesem Lande gebracht".

Groß ist die Bedeutung des Bohai-Staates in der Geschichte des Fernen Ostens. Auf ihn geht nicht nur die erste Form einer Klassengesellschaft zurück, die sich bei den Stämmen der Mandschurei und des Küstenlandes entwickelte, sondern gleichzeitig auch die Blüte der Zivilisation in diesen Landstrichen. Die Errungenschaften der Bohai-Kultur treten besonders angesichts des primitiven Alltags der Nachbarstämme stark hervor. Nach Ansicht des Orientalisten W. Gorskij war Bohai tatsächlich „einer der blühenden Staaten am Ufer des Ostmeeres, ein Land der Bildung und der Gelehrten".

Die Bohai-Kultur gehörte somit zu den Trägern der Hochkulturen in Ost- und Südostasien während des ersten Jahrtausends nach Christus. Wie die Kultur des damaligen Japan, die Blütezeit der Nara-Epoche, die Tang-Zeit Chinas, Koreas und der Uiguren Zentralasiens, hatte sie viel Gemeinsames mit allen diesen Kulturen und schuf auf diesem Hintergrund eine geglückte Synthese.

Nach Schawkunows Feststellungen hatte die Bohai-Kultur am meisten mit der Kultur der benachbarten Koguryo und Silla in Korea gemeinsam, zwischen denen seit langem nicht nur kulturelle, sondern auch verschiedene wirtschaftliche und politische Kontakte bestanden. Die besonders engen Bindungen der Bohai-Kultur mit der von Koguryo hatten laut Schawkunow ihre Ursache darin, daß nach der Zerschlagung Koguryos durch die Heere des Tang-Imperiums „ein beträchtlicher Teil der Koguryo, unter ihnen Handwerker, sich unter den Schutz der Mohe-Stämme stellte. Dort wurden sie nach der Bildung einer eigenen Staatlichkeit durch die Mohe zu einem wesentlichen Bestand des städtischen Gewerbes in den südlichen Bezirken des Bohai-Staates."

Aber wie alle oben aufgezählten Kulturen frühmittelalterlicher Staatengründungen der Uiguren, Japaner, Chinesen und Koreaner sowie deren weiter entfernten südlichen Nachbarn in Vietnam, hatte auch die Bohai-Kultur im weiten Sinne des Wortes, also unter Einschluß der Kulturen der nördlichen Stämme, die politisch nicht zu Bohai gehörten, in allem doch auch einen eigenständigen Charakter. Diese Züge lassen sich nur teilweise und nicht auf einmal erfassen, da weder die Bohai-Literatur selbst noch die Bohai-Malerei und vieles andere, was dieses spezifische Kolorit klar beweisen könnte, sich erhalten hat. Aber auch schon in den Scherben und Fragmenten, die archäologische Ausgrabungen oft erbringen, lassen sich die eigenständigen Züge aufspüren, jene substanzielle Bearbeitung des für alle Kulturen des Ostens Gemeinsamen in konkret-nationaler Gestalt, die ihr die lokale Prägung verlieh.

Als Beispiel kann der Bohai-Ziegel gelten, jenes „Konsumprodukt", das auf den ersten Blick Massencharakter haben mußte und am meisten vom Nützlichkeitsstandpunkt, vom Alltagsbedürfnis und von der Bauweise vorgezeichnet war. Die Bohai verzierten die Endreihen der oberen Ziegel mit Rosetten, die im Grunde die gleichen waren, wie sie an den Ziegeln uigurischer Tempel und Paläste vorkamen, an Prunkgebäuden der Tang-Dynastie Chinas, im Japan der Nara-Periode, in Korea bei den Koguryo und Silla. Die Gestaltung der Rosetten ist aber in Bohai anders als in allen aufgezählten Beispielen.

Zweifellos wurzelt die Bohai-Kultur tief in „heimischer Erde", geprägt von der schöpferischen Erfahrung vieler Generationen, getragen von Künstlern des Ornaments und der Skulptur. In diesem Zusammenhang ist eine neue interessante Entdeckung alter Kunstdenkmäler in den Höhlen des Küstenlandes zu erwähnen. In einer der Höhlen im malerischen Tal des Flüßchens Peischula, einem Zufluß des Maihe, wurden überraschenderweise nach Stil und Material ganz ungewöhnliche Skulpturen gefunden. Sie waren aus sonderbaren Stalagmiten, die von den Höhlenwölbungen herabhängen, gefertigt. Die natürlichen Formen der Tropfsteine ähneln oft einer Schildkröte, andere erinnern an Elefanten, hier erinnerten sie den alten Bildhauer an menschliche Gesichter. Indem er die Naturformen geschickt benützte, gestaltete er aus einem Stalagmiten Kopf und Hals eines Menschen. Von der Grottenwand blickt ein stolzes, feingezeichnetes Gesicht mit schmalen, weit auseinanderliegenden Augen und ausgeprägt modellierter Nase und Mund auf uns. Dieses Gesicht hielten die Heimatforscher und Speläologen, die erstmals die Skulpturen der Peischula-Höhle erblickten, für ein weibliches, und die Figur erhielt den Namen „Schlafende Schönheit". Sie ist überaus fein gearbeitet. Trotzdem ist sie wohl eher eine männliche Figur, vielleicht die einer Kriegsgottheit.

Die Höhlenfiguren von Peischula rufen Berichte ins Gedächtnis, die in koreanischen Chroniken über eine geheimnisvolle Höhle der Vorfahren der herrschenden Koguryo-Dynastie enthalten sind. Diese befand sich irgendwo im Osten. In der Erzählung San-guo-zhi heißt es im Kapitel über Koguryo: „Im Osten des Landes gibt es eine große Höhle, die Suchöl (die Höhle des Geistes Su) genannt wird. Im zehnten Monat, wenn sich das Volk des ganzen

Landes versammelt, spiegelt sich das Bild des Geistes Su im Fluß, der sich im Ostteil des Landes befindet, und dort werden für Su Opfer dargebracht."

Die Entstehung einer so hochentwickelten Kultur ist das Resultat der gesamten vorangegangenen Entwicklung der Produktionskräfte, der Wirtschaft und der sozialen Beziehungen im Fernen Osten und den umliegenden Gebieten des asiatischen Kontinents. Die Blüte Bohais war durch die tausendjährige Arbeit ungezählter Generationen vorbereitet, unter anderem jener aus dem Amur- und Küstengebiet. Das waren nach ihrer Herkunft und ihrer sprachlichen Zugehörigkeit wahrscheinlich verschiedene Stämme. Die führende Rolle bei der Schaffung der Bohai-Kultur und der Zusammenschluß des Bohai-Volkes zu einem ethnischen Ganzen ist, wie wir oben ausführten, sicher den tungusischen Stämmen zuzuschreiben, die sich im Amurbecken und der Mandschurei im ersten Jahrtausend vor unserer Zeitrechnung ausgebreitet hatten.

Das „goldene Imperium“

Wesentliche Reste mittelalterlicher Denkmäler haben sich im Küstenland und teils am Amur am zahlreichsten und vielfältigsten von einem anderen Staat erhalten, den Tungusenstämme im Fernen Osten errichteten, dem „goldenen Imperium“, dem Staat der Dschurdschen (Nüzhi) oder dem Reich Jin. Ihm fiel das Los zu, alles, was nach der Zerschlagung des Bohai-Staates durch die Kidanen im Fernen Osten verlorengegangen war, wieder zu errichten und zu vermehren. Mit eigener Kraft gründeten die Dschurdschen einen zivilisierten und mächtigen Staat. Zur Zeit seiner Blüte dehnte er sich vom Amur bis zum Gelben Fluß und sogar noch weiter nach Süden und umfaßte auch einen Teil der Mongolei. Diese Zeit leitete eine Periode des größten wirtschaftlichen Aufstieges und kultureller Blüte ein. Überall breiteten sich Äcker, Gärten und Wiesen aus, auf denen Rinder und Pferde weideten, der Stolz der Dschurdschen.

In den ungeheuren Räumen, die zum Reich Jin gehörten, wich die primitive Naturalwirtschaft der fortschrittlicheren, die Geld in großem Umfang verwendete. Es wurden eigene Münzen geprägt. Geldstücke mit Leitsprüchen der Dschurdschenkaiser wurden in Sakatschi-Aljan und an anderen Orten des Amur- und Küstenlandes gefunden.

Im Lande wurde ein verzweigtes Netz von Fahrwegen angelegt. Ihre Spuren konnte man noch vor kurzem im Bezirk Ussurijsk sehen, aber auch an anderen Orten des Küstenlandes. Der stammesverwandte Aufbau, das primitive Verwaltungssystem, das früher für die Dschurdschenstämme charakteristisch war, wurde mit der Zeit von einem gut ausgearbeiteten und starken administrativen System abgelöst, das nicht mehr nur auf mündlich überliefertem Recht beruhte, sondern auf den geschriebenen Gesetzen einer zivilisierten Gesellschaft.

Die Dschurdschen kannten und schätzten die Kultur des benachbarten China. Kaiser Wu-lu achtete die historischen Werke des Sema Cang hoch und verehrte die Weisheit des Konfuzius (Gong-fu). Im Studium der Ereignisse der Vergangenheit in den Werken der Historiker suchte er Antwort auf Probleme der Gegenwart. Während seiner Regierung wurden Klassiker und historische Werke Chinas in das Dschurdschenische übersetzt. Die geschichtliche Erfahrung der chinesischen Feudalbürokratie war für die dschurdschenischen Feudalherren bei der Organisation der Verwaltung ihres eigenen Volkes nützlich.

Zugleich schufen die Dschurdschen ihre eigene Literatur, auch eine historische, der Geschichte ihrer Vorfahren, den Ruhmestaten alter Helden gewidmet, beginnend bei den Gründern des Herrscherhauses Wanyan. Die Historiker führten am Kaiserhof die nationalen Chroniken, in denen sie Tag für Tag und Jahr für Jahr Ereignisse der lokalen Geschichte und internationale Begebenheiten eintrugen. Auch die Poesie nahm breiten Raum ein: Beispiele des literarischen Schaffens der Zeit wurden als Grabinschriften auf Gräbern berühmter Dschurdschen noch im 19. Jahrhundert im Bezirk Ussurijsk gefunden.

Hervorragende Führer der Dschurdschen sorgten schon in der Epoche der höchsten Blüte ihrer Gesellschaft für die Bewahrung der nationalen Einheit und des patriotischen Geistes. Der schon erwähnte Wu-lu, einer der mächtigsten Dschurdschenkaiser, rief seine Stammesbrüder auf, die alten Bräuche der Ahnen zu hüten und blinde Nachahmung chinesischer Bräuche zu vermeiden. „Seit der Kindheit an chinesische Bräuche gewohnt, kennt ihr die einfachen und vollkommenen Sitten der Nüzhi nicht mehr. Seine Mundart, seine Schriften nicht kennen, heißt seine Heimat vergessen“, sagte Wu-lu zu seinen Vertrauten. Entschieden trat er gegen die Begeisterung für die fremde Religion des Buddhismus auf und nannte dessen Prediger Betrüger.

Abb. 53: Spiralornamente auf Metallgeräten der Polzower Kultur: (a, b, c) Fragmente einer Verzierung, (d) Silberner Ohrring in Form einer Schlangenspirale. Gefunden bei Ausgrabungen in Schujgin am Sutschanfluß (Primorje).

Von der Macht des Dschurdschenstaates und seiner hohen Kultur zeugen anschaulich die auf uns gekommenen monumentalen Denkmäler: die grandiosen Wehrmauern auf der Kuppe von Krasnojarowo. Die Gräben und Wälle von einer Höhe bis zu fünf Metern ziehen sich in über acht Kilometer Länge auf dem Bergkamm hin. Innerhalb der Festungsstadt war an der höchsten Stelle – von der Natur durch steile Abhänge noch verstärkt – eine durch Innenwälle abgetrennte „Verbotene Stadt“, innerhalb deren die Ausgrabungen der Fernöstlichen Archäologischen Expedition Reste mehrerer Prachtbauten des Palasttypus zum Vorschein brachten. Vor ihren Eingängen standen verzierte Stelen, drinnen lagen in geordneter Reihe die Säulensockel. In einem der Paläste blieben ungefähr hundert derartiger Sockel erhalten, auf denen sich ein ganzer Wald von Säulen erhoben hatte. Über den Gebäuden ragten Ziegeldächer empor, geziert von Drachenköpfen mit herausgereckten Zungen, hervortretenden Augen und gefletschten Zähnen. Diese mythologischen Ungeheuer mußten nach Vorstellung der asiatischen Völker die Paläste und Tempel der Dschurdschen vor bösen Geistern und jeglichem Übel bewahren.

Umfangreiches und glanzvolles Material zur Charakteristik des Alltags und der Kultur der Dschurdschen lieferten die langjährigen Ausgrabungen der befestigten Siedlung Schaigin am Sutschan-Fluß. Hier erforschte E. W. Schawkunow Überreste zahlreicher Wohnungen, die auf eingeebneten Terrassenvorsprüngen erbaut waren. Innerhalb der Wohnstätten blieben Fragmente von Gefäßen erhalten, die offensichtlich auf der Scheibe angefertigt wurden, Werkzeuge, Geräte und verschiedener Schmuck, zum Teil aus weißem Nephrit und Silber. Es fand sich auch ein Aufsatz für eine Schamanenmütze in Form eines stilisierten Baumes, von Hirsch- und Vogelfiguren gebildet. Besonderer Wert kommt den Relikten einer entwickelten metallurgischen Produktion zu – eine ganze Reihe von Eisenschmelzöfen konnte gefunden werden. Im Übergangsstadium von den alten Lebensformen, von der vorzeitlichen Gesellschaftsformation zu neuen Klassenbeziehungen, zur Zivilisation, nützten die Dschurdschen in hohem Maß die Erfahrungen ihrer Vorgänger und Nachbarn, die ihrerseits sich die tausendjährige Erfahrung ihrer früheren Unterdrücker aneigneten: der Kidanen, und die ihrer Nachbarn, der Chinesen und Koreaner. Und zweifellos blieb ihnen viel von der Bohai-Zivilisation erhalten.

Aber auch allen Details des Alltags und der Kultur konnten sie ihre eigene Ausdruckskraft verleihen, ihre schöpferische Idee, die alten Traditionen. Das fand auch in Bauweise und Architektur seinen Niederschlag.

Die befestigten Siedlungen der Dschurdschen, die infolge unruhiger politischer Umstände entstanden waren – zuerst durch Stammesfehden, dann durch Kriege mit Korea und China in der Periode der Sung-Dynastie –, stellen wahre Bergnester dar, von Natur aus unzugängliche Festungen. Ein Beispiel dafür bietet die Siedlung auf der Golubinaja Sopka am Maihe-Fluß, die auf einer Seite von der senkrechten Kalkschlucht eines tiefeingeschnittenen Gebirgsflusses begrenzt ist, auf der anderen Seite durch steile Hänge, durch einen mächtigen Wall aus rohem Stein und Erde verstärkt. Die Architekten der Dschurdschen nutzten diese natürlichen Möglichkeiten meisterhaft und paßten ihnen ihre Festungspläne flexibel an. Das kann man nicht nur in verhältnismäßig kleinen Festungen sehen, sondern auch in so großen Bauwerken wie der riesigen Festungssiedlung Krasnojarowo. Ihre monumentalen Wälle und Gräben liegen an den Anhöhen und Senken der Kuppe und wiederholen die Umrisse ihres Reliefs.

Das zweite Merkmal der Dschurdschenarchitektur ist das Bestreben, die Häuser auf planierten Plattformen, die sich in Stufen und Terrassen aneinanderreihen, zu bauen. Schon aus der Ferne, aus der Talniederung, die sich zu Füßen jener Golubinaja Sopka hinzieht, sieht man die Kämme dieser Terrassen, auf denen die Häuser der Dschurdschen angelegt waren, von denen mit Stein ausgelegte „Kans“ (Röhren) erhalten blieben, Rauchabzüge, die unter dem Fußboden dieser Wohnungen durchliefen.

Der „Kan“, der in der Folge von den Bewohnern Nordchinas und der südlichen Mandschurei von den nördlichen Nachbarn übernommen wurde, existierte schon bei den Hunnen Transbaikaliens und bei den Stämmen der Chapigou-Kultur im Küstenland. Es war eine alte und kluge, vom rauhen Klima bedingte Erfindung der Urbewohner dieser Orte. Bei den Dschurdschen erlangt der „Kan“ seine Blütezeit, und von ihnen mußte er auf ihre fernen Nachkommen und Verwandten, die gegenwärtigen Amurstämme Nanai und Ultschen, übergegangen sein, zugleich mit dem ganzen Komplex von Bauprinzipien, denen schon die alten Dschurdschen huldigten. In weiterer Folge kam er in die Mandschurei und zu den Nordchinesen.

Die Dschurdschen führten eine aktive und selbständige Außenpolitik. Ihr Hauptgegner war die Sung-Dynastie, die China regierte. Die Chroniken erzählen von einem Krieg der Dschurdschenkaiser mit China, der tiefe Spuren hinterließ. Dieser Krieg verlief nicht zum Vorteil des stolzen Sung-Hofes und seiner Herrscher. Selbst die chinesischen Chronisten berichten, daß die siegreichen Heere der Dschurdschen den Widerstand der chinesischen Armeen wie Riedgras brachen und tief ins Sung-Imperium vordrangen.

Schon nach den ersten Zusammenstößen mußte der Sung-Hof den Dschurdschen einen gewaltigen Tribut zahlen und der Auslieferung eines Prinzen kaiserlichen Geblütes und des ersten Ministers zustimmen, anschließend wurde die Souveränität der dschurdschenischen Jin-Dynastie über China offiziell anerkannt. Das Sung-Imperium bekannte sich als Besiegter, und sein Kaiser wurde ein Vasall des Dschurdschenherrschers. Der kaiserliche Hof der nördlichen Sung-Dynastie dachte, nach den Worten der Autoren des „Abrisses der Geschichte Chinas", nur daran, „bei den Jin den Frieden zu erbetteln".

Unter dem Kaiser Ukimai beherrschten die Dschurdschen Peking, machten es zu ihrer Hauptstadt und gliederten auch den nordchinesischen Raum zwischen Peking und dem Gelben Fluß ihrem Reich an. Da sie sich mit der Kontribution nicht zufrieden gaben – fünf Millionen „lang" in Geld, fünfzig Millionen „lang" in Silber und zehntausend Stück Vieh, eine Million Seidenballen – nahmen die Heerführer der Dschurdschen 1127 zwei Kaiser in Gefangenschaft: zuerst den Kaiservater, der auf den Thron verzichtet hatte, dann den Kaisersohn. Um die stolze Sung-Dynastie zu erniedrigen, erklärten sie beide Kaiser für Gemeine und führten sie auf einem von Ochsen gezogenen Wagen ins Dschurdschenland. Mit ihnen trieben sie dreihundert Mitglieder des kaiserlichen Hofes fort, die sie mit den Gewandärmeln aneinandergebunden hatten. Aber nicht nur die Kaiser und ihren ganzen Hof nahmen die Dschurdschen mit sich, sondern auch Bücher und Hofarchive. Diese „wilden" Krieger hatten Sinn für Geschichte, Literatur, Astronomie und Poesie.

Natürlich ging auch die kaiserliche Staatskasse mit, ganze Ketten von gelochten Kupfermünzen, die mit Schnüren zusammengebunden waren. Das erklärt die große Zahl chinesischer Münzen der

Abb. 54: Larve auf einem neolithischen Gefäß aus Wosnessenowka.

Sung-Dynastie, die später an den Ufern des Amur gefunden wurden.

Im „Abriß der Geschichte Chinas“ heißt es nach der Einnahme von Kaifeng im Jahre 1127: „Nachdem sie das Zepter des Kaisers, Schätze, Bücher, astronomische Instrumente, geographische Karten, aber auch erfahrene Handwerker und Meister, Sänger und Schauspieler, konfuzianische und buddhistische Mönche geraubt und alle Mitglieder des Kaiserhauses Zhao in Gefangenschaft gesetzt hatten, die Kaiserin, Prinzessin und sogar Hoi Zong und Chin Zong (Kaiser), gingen die Jin nach Norden.“

Vierundzwanzig Jahre später setzten die Heere der Dschurdschen im Februar 1129 über den Gelben Fluß, drangen wieder weit nach Süden vor und eroberten das riesige Territorium am Mittel- und Unterlauf des Yangtsekiang (Changjiang). 1161 drangen die Dschurdschen unter Führung des Kaisers Di Gunai oder Wanyan-Liang abermals in diese Gebiete vor, mit der Absicht, die Sung-Dynastie zu stürzen und Südchina zu erobern. Nur eine Palastrevolution und der Tod Di Gunais hielten diesen Kriegszug auf, der die Existenz der Sung-Dynastie bedroht hatte.

Am Rande sei vermerkt, daß die Autoren des „Abrisses der Geschichte Chinas“ die Tätigkeit der korrumpierten Hofclique der Sung-Dynastie richtig einschätzten. Sie geben indes eine tendenziöse Charakteristik der Dschurdschen, die sie vom Standpunkt der Chronisten des feudalen China beurteilen. Nach ihren Worten „zeichneten sich die Dschurdschen in dieser Zeit (10. bis 11. Jahrhundert) allgemein durch Kriegslust, Beutegier und Rachgier“ aus.

Bei der Beschreibung des weiteren Verlaufes der Ereignisse, in deren Folge die Heere der Dschurdschen die nördliche Hälfte Chinas bis zum Yangtsekiang (Changjiang) eroberten, unterstreichen die Autoren die „Habgier der Jin“, ihre „Rückständigkeit in wirtschaftlicher und kultureller Hinsicht“, schreiben, daß die Dschurdschen „ihrem Haß durch Massenausrottung der friedlichen Bevölkerung Luft machten“. Die Entstehung des Dschurdschenreiches wird nicht als ein innerer Entwicklungsprozeß der Produktionskräfte und gesellschaftlichen Beziehungen erklärt, sondern durch den Einfluß des feudalen China. „Nachdem sie

Nordchina erobert hatten, schufen die Jin unter Nutzung der Errungenschaften der chinesischen Wirtschaft und Kultur hier ihren Feudalstaat." Diese Darstellung ist nicht nur einseitig, sondern entstellt geradezu die vielschichtige Wirklichkeit jener Zeit.

In der Tat ist hier alles auf den Kopf gestellt: Die Dschurdschen haben ja Nordchina deshalb erobert und so verblüffende Erfolge im Kampf mit der Sung-Dynastie erzielt, weil sie lange vor diesem Zusammenstoß mit China einen ausgezeichnet organisierten und mächtigen Staat gegründet hatten. Und natürlich unterschieden sich die chinesischen Feudalherren der Zeit in ihrer Habgier, Blutdurst und Rachsucht nicht von den Dschurdschen. Was die „Rückständigkeit" der Dschurdschen betrifft, so beschreiben selbst chinesische Annalenschreiber die hohe Kultur der Dschurdschengesellschaft.

Zum Schluß müssen wir noch bei einem Punkt verweilen: Nachdem die Dschurdschen die Höhen der damaligen Kultur Ostasiens erreicht hatten, ließen sie natürlich vieles vom früheren Leben ihrer Vorfahren hinter sich. Trotzdem sehen wir sogar in den Resten ihrer Zivilisation, die auf uns kamen, das alte Erbe ihrer überlieferten Kultur, die in die Tiefe der Zeiten zurückreicht, in die ferne Vergangenheit der Amurstämme. Sie hielten zäh am alten Schamanismus fest, der im Prinzip der gleiche ist wie jener der Mandschuren und Nanai des 19. und 20. Jahrhunderts. Das beweisen Funde wie der Aufsatz der Schamanenmütze in Schaiga. Auf ihr sehen wir auch einen Schamanenbaum, wie ihn die Nanai in der kultischen Kunst verwenden und zugleich reine Nanai-Formen: Hirsch- und Vogelfiguren, Darstellungen von noch nicht in Kinder verwandelten Geistern.

So führen auf der einen Seite die ethnisch-kulturellen Verbindungen zu den heutigen Völkern des Fernen Ostens, anderseits weisen sie in die Steinzeit. Hierher gehören etwa die bei Ausgrabungen in Schaiga gefundenen, bei den Bewohnern dieser Siedlung beliebten silbernen Ohrgehänge in Spiralenform, die wohl stilisiert, aber doch erkennbar Schlangen darstellen. Beim ersten Blick auf diesen Ohrschmuck fallen einem die Spiralschlangen auf den Felsblöcken von Sakatschi-Aljan ein. Auch wer das Pflanzenmotiv in Form verspielt gewundener Weinblätter auf den Bronzespiegeln und anderen metallenen Erzeugnissen der Dschurdschenmeister sieht, kann unmöglich umhin, an die neolithische Spirale zu denken. Dieses nach Herkunft hellenistische Motiv hat in der Dschurdschenkunst nicht zufällig eine so dankbare Aufnahme gefunden, sondern folgerichtig, und zwar deshalb, weil es das krummlinige Spiralbandmuster wiederholte, das bei den Amurstämmen überliefert war. Die alte, dem Ursprung nach neolithische Spirale in der Ornamentik der Dschurdschenmeister ist in vielen Fällen in ihrer reinen Form vertreten.

Sicher, zwischen den Dschurdschen des 10. bis 12. Jahrhunderts und den Menschen der Jungsteinzeit liegen nicht nur Jahrhunderte, sondern ganze Jahrtausende. Doch diese Kluft füllen schon jetzt wenn auch nicht viele, so doch ausdrucksvolle archäologische Funde aus dieser Zwischenzeit. Das sind zum Beispiel die bronzenen, mit dem charakteristischen Spiralmuster verzierten Blechplättchen, die bei Ausgrabungen an den klassischen Fundstellen der Polzow-Kultur der frühen Eisenzeit beim Dorf Kukelewo, dem „Pompeji des Amur“, gefunden wurden.

So entdeckten wir in diesem Ablauf die „Verbindung der Zeiten“, die für immer verloren schien, und die ferne Vergangenheit der Amurstämme, ihre Steinzeit, ihre glänzende mittelalterliche Kultur und unsere Gegenwart, unser 20. Jahrhundert treffen aufeinander!

Das Dschurdschenreich fiel unter den Schlägen seiner Todfeinde, der von Tschingis Khan vereinigten mongolischen Stämme; sie waren die Begründer eines neuen Weltreiches, wie es die Geschichte in dieser Größe noch nicht gekannt hatte. In seinen chronologischen Auszügen bemerkte Karl Marx mit Bezug darauf, daß China eigentlich auf den südlichen Teil des jetzigen China beschränkt gewesen sei. Zwischen dem Amur und der Nordgrenze Chinas habe ein Teil der Stämme, die den Nüdschen Tribut zahlten, einen neuen Hordenverband gegründet, der fast ununterbrochen mit den Nüdschen (Bewohner eines Teils der Mandschurei) Krieg führte; in diesen Schlachten mit den Nüdschen haben sich die Vorfahren Temudschins hervorgetan.

Die mongolischen Armeen zerstörten die Festungen der

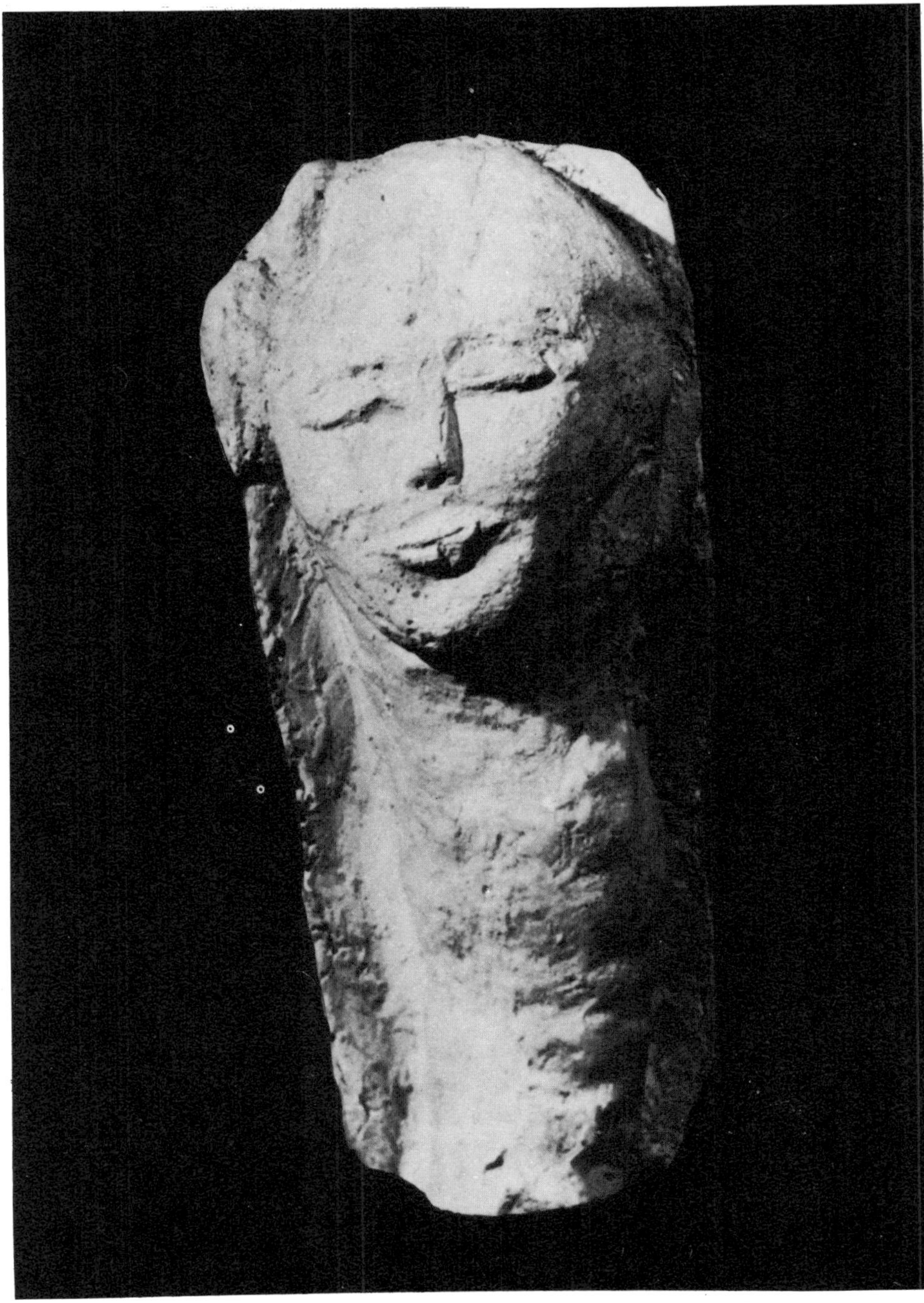

Abb. 55: Skulptur auf einem Stalagmiten aus der „Höhle der schlafenden Schönheit“ bei Wladiwostok.

Dschurdschen, vernichteten ihre Kultur und das Volk selbst. In dieser für die Völker Asiens und Osteuropas tragischen Zeit führte die Sung-Dynastie einen schweren Schlag in den Rücken der Dschurdschen, die einen mächtigen Schutzschild für China darstellten. Nach dem Fall des Tangutenreiches Xia (Hsia) schwebte die Todesgefahr auch über dem Land der Dschurdschen. Ihr letzter Kaiser schickte seinen Gesandten zum Hof der Sung mit den Worten: „Die Mongolen, die vierzig Fürstentümer verwüstet haben, kamen ins Xia-Reich. Nachdem sie dieses vernichtet hatten, kamen sie in unseren Staat. Wenn sie unserem Staat das Ende bereiten, so werden sie bestimmt ins Sung-Reich gelangen. Wenn es keine Lippen gibt, frieren auch die Zähne."

Aber die in alter Feindschaft erblindete Sung-Dynastie ging ihrem eigenen Verderben entgegen, sie schloß ein Bündnis mit den Mongolen und zog mit ihnen gegen die Dschurdschen, die ihre letzten Stellungen verzweifelt verteidigten.

Nachdem er sein Hauptziel, die Zerschlagung des Dschurdschenstaates, erreicht hatte, zeigte sich der schreckliche Tschingis Khan großzügiger als die Heerführer der Sung. Während seine Generäle 1225 den letzten Dschurdschenherrscher verfolgten, sagte er ihnen: „Da wir Hirsche und Antilopen, die unserer Treibjagd zum Opfer fielen, gefangen haben und nur ein einziger Hase an der Kette blieb, warum sollen wir ihn nicht loslassen?" Dann setzte die Vergeltung für die kurzsichtige Politik der chinesischen Feudalherren ein. Das China der Sung-Dynastie als Verbündeter der Mongolen kam nun selbst an die Reihe. Die Mongolen eroberten China, das somit unter die Herrschaft derjenigen Eroberer geriet, die schon die Völker Ostasiens versklavt hatten.

Und was ging in China dann vor sich? Nach dem Fall der mongolischen Yüan-Dynastie, seit der Zeit, als in China schon die Ming-Dynastie herrschte, kam es zu drei abenteuerlichen Versuchen eines Ming-Würdenträgers, des Hofeunuchen Yishiha, zum Unterlauf des Heilong-jiang (Heilunkiang)[65] vorzudringen. Das einzige, was von diesen Versuchen (1414, 1428 und 1433/34)

[65] Fluß des schwarzen Drachen = Amur.

Zeugnis gibt, sind die Ruinen des Tempels auf dem Tyr-Felsen und zwei steinerne Stelen mit Inschriften.

Wie W. P. Wassiljew von ähnlichen Kriegszügen, die die Ming-Kaiser in verschiedene, von Peking entfernte Länder, bis zur Südsee hin, unternahmen, bildhaft sagte, waren sie der Tribut der Eitelkeit dieser chinesischen Regenten, die sich bemühten, vorübergehend illusorischen Ruhm als „Herrscher unter dem Himmel" zu erlangen.

Und in der Ming-Zeit entsteht hinter der Großen Mauer, auf dem Territorium der Mandschurei, neuerlich ein eigener mandschurischer Staat und seine Qing-Dynastie. Diese unterwarf sich für drei Jahrhunderte nicht nur die Mandschurei, ihre Heimat, sondern auch China und danach die Mongolei, die von inneren Streitigkeiten geschwächt war und von ihren geistlichen und weltlichen Fürsten ihren Feinden ausgeliefert wurde.

Begeistert vom langen und schweren Kampf zur Schaffung und Erweiterung des neuen, mächtigen chinesischen Imperiums achteten die Kaiser der mandschurischen Qing-Dynastie nicht darauf, was am Amur und im Küstenland vor sich ging. Denn dort setzten die Urstämme dieser Gebiete ihr Leben auf ihre Weise fort, kehrten wieder zum Leben ihrer Vorfahren zurück, die keine Staatsmacht gekannt hatten. In diesem Zustand, niemand untertan, trafen sie die ersten russischen Abteilungen an, die um die Mitte des 17. Jahrhunderts ihre große Bewegung „der Sonne entgegen" fortsetzten – vom Ural zum Stillen Ozean.

So wird im Lichte neuer archäologischer Unterlagen und Schriftquellen der langwierige und verschlungene historische Weg rekonstruiert, den die Völker des Fernen Ostens bis zum Anschluß an das russische Reich durchwanderten. Von nun an, also seit dem 17. Jahrhundert, als die Abteilungen wagemutiger russischer Pioniere an die Ufer des Amur und Stillen Ozeans kamen, war das historische Schicksal der fernöstlichen Völker für immer mit dem Schicksal des russischen Volkes, mit Rußland verbunden.

Zusammenfassung

Von den neuen historischen Fakten ausgehend, zeichnet sich im Spiegel der Jahrtausende vor uns deutlich der historische Weg der Völker des Fernen Ostens ab. Die Etappen, die zurückgelegten Wegstrecken, liegen klar vor uns, wenn wir die Erkenntnisse aus dieser überreichen Fülle von Details herausgreifen und als Schlußfolgerungen formulieren.

Im Fernen Osten wie auch in den nordasiatischen Nachbargebieten spielte sich im Lauf der Jahrtausende, also seit mindestens 15.000 bis 20.000 Jahren, ein im Grunde progressiver Entwicklungsprozeß der Wirtschaft, der gesellschaftlichen Beziehungen und der Kultur der örtlichen Bevölkerung ab, reich an verschiedenartigen historischen Geschehnissen.

Im Verlauf dieses Prozesses trat die örtliche Bevölkerung in komplexe Beziehungen mit der Bevölkerung anderer, benachbarter Territorien, wie Sibirien, Ostasien, Korea, der Japanischen Inseln, ja sogar Indochina und den Inseln der Südsee, Australien, Zentralasien – Mongolei und Mandschurei. Besonders große Bedeutung für den Fortschritt im Leben der fernöstlichen Stämme hatten die Verbindungen mit türkischen und anderen, etwa indoeuropäischen Stämmen, die im Altertum vom Himalaya bis zum Baikal, bis zum Schwarzen Meer und Donau siedelten.

Am Rande sei vermerkt, daß anthropologische und historisch-ethnographische, darunter linguistische Fakten sowie die Archäologie die Beteiligung der Indoeuropäer, der Verwandten der Slawen, konkret der iranischsprechenden Stämme, an der

Geschichte Südsibiriens, Zentralasiens und der ihm benachbarten Gebiete Ostasiens beweisen. Darüber schrieb seinerzeit G. E. Grum-Grzimailo, der in einer seiner Arbeiten die gezielte Frage stellte: „Warum zeichnen die Chinesen die Dämonen blondhaarig?“ Wenn wir seine Begeisterung außer acht lassen, die er zum Beispiel für das Problem der „Dingling“-Herkunft Tschingis Khans zeigte – man kann nicht umhin, die Berechtigung der prinzipiellen Annahme eines europäiden physischen Typus der alten „Dingling“ der chinesischen Chroniken anzuerkennen. Das Studium des anthropologischen Bestandes der alten Bevölkerung Südsibiriens und Mittelasiens scheint diese Theorie zu beweisen.

Was die Zeugnisse der Archäologie betrifft, so zeigen die Grabungsfunde in den Kurganen von Pasyryk und die Analyse des gewaltigen Materials der Denkmäler des ersten Jahrtausends v. Chr. die zu dieser Zeit höchst aktive Rolle iranischsprachiger, bekanntlich skythischer Stämme im Osten des Pamir. In den Bergen des sowjetischen Altai fand man Abbildungen von ebensolchen Wagen wie in Mittelasien und der Mongolei, die in die Epoche der mittleren Karasuk-Bronzezeit datiert werden. Von dort dringen Pferd und Wagen nach China, und zwar in der Yin-Zeit; so beginnt in China die Yin-Zivilisation. Diese und andere Tatsachen widersprechen der irrigen Annahme, daß China seit Urzeiten isoliert gewesen sei.

Archäologische Unterlagen, Materialien der Sprache und Ethnographie zeichnen zugleich den langen und komplizierten Weg der Formierung ethnischer Gemeinschaften des Fernen Ostens, der in der fernen Steinzeit beginnt. An diesem Prozeß nahmen seit frühester Zeit nicht nur die Bewohner der südlichen Gebiete des asiatischen Kontinents aktiven Anteil, sondern auch die Bewohner Nordasiens. So war es zum Beispiel ein entscheidender Wendepunkt in der ethnischen Geschichte der Völker des Fernen Ostens und Sibiriens, als sich erstmals große historisch-ethnographische Gruppen zusammenfanden, von denen uns lokale neolithische Denkmäler Zeugnis geben. Zu dieser Zeit, im 3. bis 2. Jahrtausend v. Chr., beobachtet man das Vordringen neolithischer Stämme Ostsibiriens, der Träger der Serow-Kitoi-Kultur, aus den

Gebieten um den Baikal nach Süden bis zum Gelben Fluß und zum Ordos hin. Noch wichtigere Ereignisse, die im Effekt das Aussehen der ethnographischen Karte des gegenwärtigen Fernen Ostens bestimmten, gingen in der Eisenzeit vor sich: An die Ufer des Amur und weiter in den Süden gelangten Gruppen von Jägern und Rentierzüchtern der Baikal-Taiga, die die tungusische Sprache mit sich brachten. Infolge der Vermischung mit der paläoasiatischen Urbevölkerung des Amur- und Küstengebietes nahmen sie neue Beschäftigungen und Lebensformen an: Landwirtschaft, Schweinezucht, Seßhaftigkeit. Ihrerseits aber schenkten sie der neuen ethnischen Verschmelzung die aus dem Norden mitgebrachte tungusische Sprache.

Diese Ereignisse verursachten die Entstehung einer neuen Sprachgruppe von ungeheurer räumlicher Verbreitung, der tunguso-mandschurischen, deren Vertretern es bestimmt war, in der kulturellen und politischen Geschichte des asiatischen Kontinents eine hervorragende Rolle zu spielen. Das Erscheinen der Tunguso-Mandschuren im Fernen Osten und der damit zusammenhängende Umschwung in den Produktionskräften und Beziehungen erwies sich schließlich als Entscheidungsfaktor im Entstehen einer neuen sozialen Struktur: der Klassenordnung und des Staates.

Natürlich hat niemand die Absicht, die großen Errungenschaften und den Beitrag zu verkleinern, den das chinesische Volk zur Weltgeschichte und Kultur leistete. Aber alles dokumentarische Material, das die historische Wissenschaft sammelte, beweist unwiderlegbar, daß die Ansprüche auf eine Hegemonie des chinesischen Volkes und seiner Kultur in der Geschichte des asiatischen Kontinents unbegründet sind.

Wie wir sahen, hilft die Archäologie zusammen mit den Schriftquellen die Vergangenheit der Völker des Nordens aufzuhellen und ihren Platz in der Geschichte von einem konsequent gesamtheitlichen Standpunkt aus zu bewerten. Wie klein diese Völker auch gewesen sein mögen, unter welch schweren natürlichen Bedingungen sie existiert hatten – ihre Geschichte war dennoch reich an Ereignissen.

Die Völker Sibiriens legten einen langen historischen Weg zurück. Welchem dieser Völker aber sind die Denkmäler der frühen Kultur zuzuschreiben, wer baute diese Städte, wer meißelte die erstaunlichen Bilder aus den Felsen? In welcher Beziehung stehen die Ureinwohner Nordasiens zu dessen gegenwärtigen Einwohnern? Oder gibt es vielleicht keine solchen Beziehungen und hat es sie tatsächlich nie gegeben, sind vielleicht die alten Völker und Stämme spurlos verschwunden, ohne Nachkommen in der Gegenwart zu haben? Nicht umsonst schrieb man doch seinerzeit von Sibirien als einem Land „gefallener Reiche und verschwundener Völker"! Es ist daher bedeutsam, daß schon aus tiefster Vergangenheit, aus der Steinzeit, Verbindungen kommen, die von jenen frühen Stämmen Sibiriens zu den heutigen Einwohnern reichen. Material zur Klärung dieser Konnexionen liefern die Beispiele der alten Kunst der sibirischen Völker einerseits, der zeitgenössischen Kunst anderseits. So zeigte zum Beispiel das Studium der Felsbilder Sibiriens und des Fernen Ostens, daß die Krummlinienornamentik und auch solche Sujets wie die anthropomorphen Darstellungen in Gestalt von Masken, Schlangen, Vögeln und Hirschen auf den Petroglyphen des Amur für die heutige Volkskunst der Amurstämme gleichermaßen typisch sind.

Im Baikalraum sind viele Merkmale der alten Kultur vorhanden: geschlitzte Kleidung, Nomadenzelte als Wohnungen, Boote aus Birkenrinde, ein ornamentaler Stil, dem die Verflechtung gerader Linien zugrunde liegt; das alles hat sich bei den gegenwärtigen Waldstämmen erhalten, die der Sprache nach Tungusen sind; es ist teilweise aber auch bei den Jukagiren vorhanden. In Westsibirien und im Ural bei den heutigen Ugrierstämmen, den Chanten und Mansen, hielten sich die überlieferten Ornamente und Sujets der Felsbilder ebenso hartnäckig.

Analoge Verbindungen lassen sich in der Kunst der alten Bevölkerung des Altai in der früheren Eisenzeit (Funde von Pasyryk) und bei den heute turksprachigen Stämmen Südsibiriens und Mittelasiens entdecken, zum Beispiel die kreuzförmige Rosette, die das Weltall oder die Sonne symbolisiert. Noch deutlicher tritt dieser Konnex zwischen den mittelalterlichen Kyrgysen und den Türken Kirgisiens und des Jenissej-Tals zutage, vor allem zwischen den Dschurdschen des 10. bis 13. Jahrhunderts und den späteren Amurvölkern, den Nanai. Zu dieser Gruppe von

Nachfolgern der Dschurdschen sind auch die Mandschuren zu zählen.

So werden die tiefen Wurzeln der Kultur einst „vergessener" Völker unseres Nordens aufgedeckt. Es werden die Wurzeln der historischen Vergangenheit dieser Völker und Stämme aufgedeckt, die früher als „geschichtslos" und unfähig zu eigenständigem kulturellem Schaffen gehalten wurden. Sie haben ihren eigenen, originellen Beitrag zur gemeinsamen Kultur der Menschheit geleistet und sich den ihnen gebührenden Platz in der Geschichte erobert.

Anmerkungen zur Übersetzung

Die Übersetzung des Textes aus dem Russischen war im vorliegenden Fall besonders schwierig, da z. B. die meisten Namen – in chinesischen Schriftzeichen wiedergegeben –, ins Russische übertragen wurden und von dort erst ins Deutsche. Nun ist es bekannt, daß fremde Worte im Chinesischen nur mehr geringfügige Ähnlichkeiten mit dem originalen Wortklang aufweisen. Eine weitere Komplikation ergab sich dadurch, daß nach der am 11. Februar 1958 eingeführten offiziellen chinesischen Schreibweise (unter Verwendung der Lateinschrift) allgemein bekannte Namen ein völlig neues Gesicht bekamen: z. B. Beijing (Peking), Nanjing (Nanking) usw. In solchen Fällen wurde die schon vertraute Schreibweise belassen, während in anderen Fällen sich die neue Schreibweise gegenüber der sogenannten Wade-Transkription, die im angelsächsischen Sprachraum und z. T. in Europa gebräuchlich ist, als vorteilhaft erwies. Für die Umschrift von russischen Namen und Begriffen im Text wurde grundsätzlich die im deutschen Sprachraum übliche und bekannte Schreibung verwendet – z. B. Jenissej, Jankowskij, Kraschenninikow usw. –, während die wissenschaftliche bzw. bibliothekarische Transkription – z. B. Enisej, Jakovskij, Krašeninnikov usw. nur dort angewendet wurde, wo es unumgänglich notwendig war.

Literaturverzeichnis

Okladnikow, Alexej Pawlowitsch, The Soviet Far East in Antiquity. An archaeological and historical study of the Maritime Region of the U.S.S.R. (Arctic Institute of North America, Anthropology of the North). Translation from Russian sources. No. 6, ed. by H. N. Michael, Toronto, 1965.

Okladnikow, Alexej Pawlowitsch, Der Hirsch mit dem goldenen Geweih. Wiesbaden, 1972.

Laufer, Berthold, Petroglyphs on the Amoor. The American Anthropologist, New Series I, 1898.

Laufer, Berthold, Jade – A Study In Chinese Archeology And Religion. London, 1912.

Eberhard, Wolfram, Lokalkulturen im alten China. I, Leiden, 1942.

Namen- und Sachregister